牛常见病中西医简便疗法

主　编

严作廷　刘永明

副主编

韦旭斌　李锦宇　周学辉

编著者

谢家声　杨　英　王东升

许小琴　付本懂　张世栋

苗小楼　王胜义　严建鹏

金盾出版社

内 容 提 要

本书通过西医治疗、中药治疗以及针灸治疗三种手段，对牛常见的传染病、寄生虫病、内科病、外科病、产科病、中毒性疾病以及犊牛疾病的治疗进行了详细讲解。全书语言通俗易懂，内容先进实用，具有较强的可操作性，适合养牛专业户、基层兽医工作者、兽药生产和经销人员阅读参考。

图书在版编目(CIP)数据

牛常见病中西医简便疗法/严作廷，刘永明主编．—北京：金盾出版社，2015.2(2018.4 重印)
ISBN 978-7-5082-9944-0

Ⅰ.①牛⋯　Ⅱ.①严⋯②刘⋯　Ⅲ.①牛病—常见病—中西医结合疗法　Ⅳ.①S858.23

中国版本图书馆 CIP 数据核字(2015)第 011127 号

金盾出版社出版、总发行
北京市太平路 5 号(地铁万寿路站往南)
邮政编码：100036　电话：68214039　83219215
传真：68276683　网址：www.jdcbs.cn
北京军迪印刷有限责任公司印刷、装订
各地新华书店经销
开本：850×1168 1/32　印张：8.875　字数：231 千字
2018 年 4 月第 1 版第 2 次印刷
印数：4 001～7 000 册　定价：25.00 元
(凡购买金盾出版社的图书，如有缺页、
倒页、脱页者，本社发行部负责调换)

前　言

　　近年来,我国奶牛和肉牛养殖业得到了快速发展,2010年年末,全国的奶牛总数达到1 420万头左右,牛奶产量达到3 575万吨,肉牛存栏达到8 000万头。但是,目前我国奶牛和肉牛养殖仍然以小规模散户养殖为主,养牛户饲养管理水平不高、疾病防治水平较低,牛的各类疾病发病率尤其是乳房炎、不孕症、营养代谢病等普通病发病率居高不下,已成为影响奶牛和肉牛养殖效益及产品质量的瓶颈,严重影响着我国牛业的健康发展和乳品安全。目前,牛的重大疫病仍得不到有效控制,但流行态势趋缓。常发病仍将持续危害,缺医少药、疫情监测滞后现象仍很普遍。因此,开展牛病防治仍然是促进该产业健康持续发展的重要内容。

　　目前,我国大多数奶牛和肉牛养殖场、基层兽医站和农村的兽医技术人员在牛病的防治上主要采用西药治疗疾病,虽然取得了一定的治疗效果,但是在某些疾病的治疗方面仍然存在着一定的局限性;同时,应用化学药品、抗生素及激素治疗后,其毒副作用和抗药性也严重困扰着各种疾病的有效防治,尤其是动物产品中药物残留问题,已成为一个全社会关注的热点。我国历代兽医工作者和劳动人民在长期防治家畜疾病的生产实践过程中积累了丰富多彩的防治技术、偏方和验方。偏方、验方因其用药简单、价廉、疗效独特而受百姓的欢迎,在民间有"偏方治大病"和"小小偏方,气死名医"的说法,实践证明这些偏方、验方和简便的针灸疗法等具有疗效确实,价廉易得的优点,可以弥补西医治疗的不足和局限性。几千年来,这些能够治疗疾病的偏方和验方为保障我国家畜的繁衍及促进畜牧业发展做出了重要贡献。

　　本书是笔者在广泛查阅和收集近年来中兽医工作者治疗牛病

资料的基础上,并根据我们自己的临床应用与学习体会,除介绍牛常见传染病、寄生虫病、内科病、营养与代谢疾病、外科病、产科疾病、中毒性疾病、犊牛疾病等120余种常见疾病的主要发病原因、临床症状和西医治疗外,同时介绍了经过临床验证、疗效确实的中药疗法和针灸疗法,希望本书能够给广大养牛户和基层兽医在牛病防治方面提供一些帮助,同时也为促进我国奶牛、肉牛养殖业的健康快速发展做出一点贡献。

本书在编写过程中,参考了近年来我国兽医工作者治疗牛病的最新资料,正是因为有了他们的不断探索与辛勤工作,才促使兽医学能够不断发展壮大,也使我们有可能完成这本小册子的编写。在此,我们要对那些孜孜不倦的兽医工作者表示衷心的感谢。限于笔者的水平与精力,错误与遗漏之处在所难免,还望各位同仁不吝赐教。

编著者

目　录

第一章 传 染 病

一、巴氏杆菌病

牛巴氏杆菌病又称牛出血性败血症,是牛的急性、热性传染病,临床上以高热、肺炎和内脏广泛出血为特征。该病传染快,病程短,死亡率高。

【病 原】 本病的病原为多杀性巴氏杆菌,该菌为条件病原菌,是两端钝圆、中央微凸的短杆菌,革兰氏染色阴性。本菌对外界抵抗力不强,在干燥环境中2～3天内死亡,在血液和粪便中可存活10天,在腐尸内能可存活1～3个月,在阳光直射和高温下很快死亡。2%～3%氢氧化钠(苛性钠)水溶液和2%来苏儿溶液在短时间内即可杀死本菌。

【流行病学特点】 巴氏杆菌在正常情况下存在于动物的呼吸道内,一般不呈现致病作用。如因饲料品质低劣、营养成分不足、矿物质缺乏、拥挤、卫生条件差、天气突变、阴雨潮湿,以及机体受寒感冒等原因使牛抗病力降低时,此病菌会乘机侵入体内,经淋巴液而入血液,发生内源性传染。一旦发病,病牛会不断排出强毒细菌,感染健康牛,造成地方性流行。病牛排泄物、分泌物含中有大量病菌。当健康牛采食被污染的饲料、饮水等,经消化道感染,或健康牛吸入带细菌的空气、飞沫,经呼吸道传播,也可经损伤的皮肤和黏膜传染。

【临床症状】 潜伏期2～5天,临床表现为败血型、水肿型、肺炎型和慢性型。

1. 败血型 发病急,病程短。病牛体温升高到40℃以上,反刍停止,食欲废绝,泌乳停止,心跳加快,呼吸增数,肌肉震颤。结膜发红,有浆性或黏性鼻液,间有血液,粪中带有黏液或血液,多于病后12～24小时死亡。

2. 水肿型 病牛颈部、胸前及咽喉水肿,水肿部的皮肤硬而疼痛,压后指印不退。水肿也可在肛门、会阴和四肢皮下发生。由于咽部、舌部肿胀严重,致使吞咽及呼吸困难,黏膜发绀,乳房发紫,舌吐出口外,口流白沫,烦躁不安,后因窒息而死亡。

3. 肺炎型 病牛体温升高,心跳加快,咳嗽。从鼻孔中流出泡沫状、脓性并带血液的分泌物,呼吸困难,可视黏膜发绀,胸部叩诊有实音区,听诊有啰音、胸膜摩擦音,病初便秘,后期腹泻,粪中有血,有恶臭味。

4. 慢性型 慢性型的病牛较少见,多是由急性型转化而来。病牛长期咳嗽,慢性腹泻,消瘦,无力。长期下去则失去使役能力。

【病理变化】 败血型一般为败血症变化。水肿型可见头、颈和咽喉部水肿。急性淋巴结炎和肝、肾、心等实质器官发生变性,脾肿大罕见。肺炎型主要表现为纤维素性肺炎和胸膜炎,肺脏切面大理石样变。

【诊　断】 根据流行病学特点、临床症状及病理剖检变化,可对本病做出初步诊断,但必须进行细菌学检查才能确诊。

【预　防】 在预防本病时,要着重于日常的饲养管理,避免受寒、受热、拥挤、增加牛体抗病能力,牛舍要定期消毒,消毒药液选用3%氢氧化钠、5%漂白粉或10%石灰乳等。发生本病时,应立即隔离病牛和疑似病牛进行治疗,健康牛要进行认真观察,测温,必要时用高免血清或菌苗进行紧急预防注射。

【中西医简便疗法】

1. 西医治疗

对于急性病例,用盐酸四环素8～15克,5%葡萄糖注射液1 000～2 000毫升,静脉注射,每日2次。青霉素300万单位/头,链霉素200万单位/头,肌内注射,每日3次,连用3天,或用20%

磺胺嘧啶钠注射液 100~150 毫升/头，静脉注射（或肌内注射），每日 1 次，连用 2 天（败血型病牛连用 3 天），或磺胺嘧啶每日用药 5克（首次加倍），连用 3~4 天。抗牛出败血清注射治疗，一般成年牛 60~100 毫升，犊牛 30~50 毫升，皮下或静脉注射。或用 2%氧氟沙星注射液，3~5 毫克/千克体重，肌内注射，每日 2 次，3 天为 1 个疗程。乳酸环丙沙星粉剂全群饮水。同时，还应注意对症治疗。

2. 中药治疗

方一　八爪金 65 克，地苦胆 65 克，旱八角 60 克，七叶一枝花 60 克，天花粉 50 克，桔梗 80 克，杏仁 60 克，射干 60 克，苦参 100克，刺黄连 80 克，龙胆草 65 克，石菖蒲 65 克，藿香 80 克。水煎过滤去渣，每日早、晚各灌服 1 次，每日 1 剂，连用 4 剂。

方二　金果榄 60 克，鲜马鞭草 100 克。水煎加醋 100 毫升灌服。

方三　鲜威灵仙、鲜射干根各 60 克。共捣烂，加米醋 250 毫升调服。

方四　鲜犁头草 1 把，揉乱，拌入清凉油一小块再搓匀，塞入喉部。

方五　四块瓦（土细辛）150 克，连翘 200 克，大黄 150 克，金银花 200 克，白头翁 150 克，山豆根 150 克。水煎，去渣，候温灌服，每日 2 次，连喂 3 天。

方六　石膏 120 克，水牛角 60 克，生地黄、栀子、牡丹皮、黄芩、赤芍、玄参、知母、竹叶、连翘、桔梗各 30 克，黄连 20 克，甘草 10 克。水煎灌服。

方七　白矾、雄黄各 100 克，共研为细末，温水灌服。

3. 针灸治疗

方一　针喉脉、三焦、四蹄、锁喉穴。

方二　血针鹘脉穴。

二、破伤风

破伤风又名强直症,俗称锁口风。是由破伤风梭菌经伤口感染引起的一种急性中毒性人畜共患传染病。以病牛对外界刺激的兴奋性增高、全身或局部骨骼肌肉的强直性痉挛为特征。

【病　原】　病原体是破伤风梭菌,又称强直梭菌,为细长杆菌。该病菌的繁殖体对外界的抵抗力不强,煮沸 5 分钟即可死亡,一般消毒药均能在短时间内将其杀死,但该病菌的芽孢体具有很强的抵抗力,在土壤中能存活几十年,煮沸 90 分钟或高压灭菌 20 分钟才能将其杀死。局部创伤消毒可用 5%～10%碘酊、3%过氧化氢或 0.1%～0.2%高锰酸钾溶液。

【流行病学特点】　破伤风梭菌广泛存在于土壤和草食兽的粪便中。污染的土壤成为本病的传染源。本病主要经创伤感染,特别是小而深的创口,如钉伤、刺伤、阉割创伤、穿牛鼻环、断牛角、仔牛脱脐及母牛分娩、胎衣不下或者分娩死胎、助产消毒不严或处理不当,或因创伤内发生坏死,创口被泥土和粪便堵塞造成缺氧而感染发病。

【临床症状】　病牛体温正常,肌肉僵硬,张口困难,活动拘谨;呆立,反刍和嗳气减少,瘤胃臌气,随后出现头颈伸直、两耳竖立、对外界刺激的兴奋性增高、牙关紧闭、四肢僵硬、尾巴上举等症状,严重时关节屈曲困难;对外界刺激的反应兴奋性增高不明显。

【病理变化】　一般没有特征性的病理变化,尸僵明显。有的于死后短时间内,体温依然持续上升;有的肺充血、水肿,黏膜和浆膜上有细小的出血点;有的见心肌变性、脊髓和脊髓膜充血与点状出血性变化,肢体肌肉间结缔组织发生浆液浸润性变化。

【诊　断】　根据病牛有创伤病史和特有的临床症状,一般即可初步诊断。当临床症状和流行病学不足以诊断时,可用细菌学检查法或用病料接种实验动物来确诊。

【预 防】 应注意搞好圈舍卫生,经常清扫圈舍,随时排出圈内污水,定期用10%～20%石灰乳或2%～4%氢氧化钠水溶液进行环境消毒。要注意保持牛体清洁卫生,发现创伤应及时消毒处理。母牛产犊期最好设置干燥而清洁卫生的产圈,并且要搞好接产、去势、预防注射时的消毒工作和必要的被动性免疫工作(肌内注射破伤风抗毒素)。在本病发生较多的地区养牛,可皮下注射破伤风类毒素进行预防。

【中西医简便疗法】

1. 西医治疗

应及时查明创口,进行外科处理。若伤口已化脓,应进行清创和扩创术,彻底排除脓汁,清除异物和坏死组织,用3%过氧化氢(双氧水)、1%高锰酸钾溶液冲洗伤口,然后注入或涂布5%碘酊,再用青、链霉素于创口周围注射。

可用精制破伤风抗毒素30万单位,5%葡萄糖注射液2 000毫升,静脉注射,以后每日用破伤风抗毒素10万单位,肌内注射,连用3～6天,幼畜酌减。青霉素320万单位,链霉素300万单位,肌内注射,每日1次,连用3～6天,防止继发感染。

若病牛出现强烈兴奋和强直性痉挛时,可用盐酸氯丙嗪注射液,1～2毫克/千克体重,肌内注射。牙关紧闭时,用1%普鲁卡因注射液20毫升,0.1%肾上腺素0.5～1毫升,混合后注入咬肌。病牛不能采食和饮水时,应每日进行补糖补液。

2. 中药治疗

方一 苍耳草(去根)500～800克或干苍耳草120～150克。水煎汁,候温灌服。

方二 大蒜(以独头蒜为佳)65克,天南星、防风、僵蚕、全蝎、枸骨根各32克,乌梢蛇16克,天麻、羌活各14克,蔓荆子、藁本各13克,蝉蜕10克,蜈蚣3条。水煎取汁,加黄酒300克灌服。

方三 僵蚕7个,蜘蛛7个,慢火炒黄,毒蝎虎(蜥蝎)2～3个烧为炭。共为末,加黄酒 100 毫升,调匀服下发汗。

方四　蝉蜕研末,加黄酒与热水混匀,灌服。成年牛 200 克～300 克,黄酒 300～500 毫升;犊牛 50～100 克,黄酒 100 毫升。每日 2 次。

方五　国槐枝 2 000～3 000 克,加水 3 000 毫升,文火熬至 1 000 毫升,加黄酒 750～1 000 毫升,刚刚沸腾就好。连服 3 剂;同时,加服细辛 20 克,白芷 30 克,当归 100 克。

方六　棉籽 1 500 克,辣椒蒂 500 克,臭菖蒲 1 000 克,加水 5 000 毫升,煮至红赤色时去渣灌服。

方七　牙皂 1 克,细辛 1 克,蟾酥 0.5 克,瓜蒂 6 克,芸薹子 6 克,麝香少许。共研细末,吹入鼻内。

3. 针灸治疗

方一　灸百会、肾俞、肾角、肾棚、巴山、脾俞、风门、伏兔、开关、锁口、正中、上关、下关穴,开始每日灸 1 次,病轻的隔日 1 次。

方二　火针风门、百会、大胯、汗沟穴治张口困难。

方三　白针开关、锁口等穴,亦可电针风门、开关、下关、锁口等穴。

方四　放鹘脉或胸膛血,体弱者 50～100 毫升,体壮者 200 毫升。

方五　咬肌痉挛、牙关紧闭时,1% 普鲁卡因注射液于开关、锁口穴注射,每日 1 次。

方六　先用艾叶喷酒推擦全身出汗,再火针百会、牙关等穴。伤口扩创,用铁器烧红进行烧烙。

三、放线菌病

牛放线菌病又称大颌病,是牛的一种多菌性的非接触性慢性传染病。临床特征是在舌、颌间、头和颈等部位形成局限性的坚硬放线菌肿。

【病　原】　本病病原主要是牛放线菌,此外还有林氏放线杆菌和金黄色葡萄球菌,它们在牛体内均可引起类似病变。牛放线菌主要侵害骨骼等硬组织,是一种不运动、不形成芽孢的杆菌。在牛的组织中外观似硫黄颗粒,大小似别针头,呈灰色、灰黄色或微棕色,质地柔软或坚硬。林氏放线菌主要侵害头、颈部皮肤及软组织。

【流行病学特点】　本菌在自然界中主要存在于污染的土壤、水和禾本科植物穗的芒刺上,健康牛的口腔及上呼吸道内也有本菌存在,当口腔及皮肤损伤时而感染。多发生在2～5岁的幼龄牛,尤其在换牙时最易感染。本病呈地方性和散发式流行,在牛场内,如已有本病发生,可能会有相继的零星病牛出现。牛的年龄与发病无明显关系,各种年龄的牛都可发病,以青年牛发病较多。本病的季节性不明显,但冬、春季发病较多。

【临床症状】　病牛在上、下颌骨部出现界限明显、不能活动的硬肿,多发生于左侧。初期疼痛,后无痛觉。病牛的呼吸、吞咽及咀嚼均感困难,消瘦甚快。肿胀部皮肤化脓破溃后,流出脓液,形成瘘管,经久不愈。头颈、颌间软组织被侵害时,发生不热不痛的硬肿。舌和咽喉被侵害时,组织变硬,舌活动困难,称"木舌症"。病牛流涎,咀嚼困难。乳房患病时,呈弥漫性肿大或有局限性硬结,乳汁黏稠,混有脓液。

【病理变化】　脓肿中的脓液呈乳黄色,含有硫黄样颗粒——镜检见放线菌菌芝。受细菌侵害的骨骼体肥大,骨质疏松。舌放线菌的肉芽肿呈圆形隆起,黄褐色、蘑菇状,有的表面有溃疡。

【诊　断】　根据临床症状和特殊的病理变化,可做出诊断。

【预　防】　应避免在低洼地放牧。舍饲时最好将干草、谷糠等饲草浸湿后再喂,避免刺伤口腔黏膜,尤其是要防止皮肤、黏膜发生损伤,有伤口要及时处置治疗。

【中西医简便疗法】

1. 西医治疗

硬结可以手术摘除,若有瘘管形成,要连同瘘管同时摘除。切除后的新创腔,用1%高锰酸钾液或10%双氧水(过氧化氢)冲洗,然后塞入浸有5%碘酊的纱布,隔1~2天更换1次,伤口周围注射10%碘仿乙醚或2%碘溶液;内服碘化钾,成牛每日5~10克,犊牛2~4克,可连服2~4周;重症病牛,可用10%碘化钠注射液50~100毫升,静脉注射,隔日1次,共用3~5次,在用药过程中如出现黏膜卡他、皮肤发疹、脱毛、流泪、消瘦和食欲不振等碘中毒现象,应暂停用药5~6天或减少剂量。青霉素320万单位,10%普鲁卡因2毫升,在患部周围分4点注射。每日2次,2周为1个疗程。碘化钾与链霉素同时应用,对软组织放线菌肿和木舌病效果显著。

2. 中药治疗

方一　冰青散。冰片12克,青黛9克,皮硝30克,薄荷冰6克,滑石60克。研细末蜂蜜调涂舌。

方二　硼砂、山豆根、贯众、滑石、寒水石、海螵蛸各等份。研末用芭蕉汁调匀涂舌。

方三　砒霜20克,淀粉60克,滑石粉60克,熟地黄60克,金银花60克。研碎混匀,加适量蒸馏水,制成麦粒样大小药丸,晒干。已化脓破溃或形成瘘管者,按一般外科手术处理创腔后,将砒霜丸用镊子送入创腔或瘘管中,一次用量2克左右。

方四　砒霜15克,白矾60克,硼砂30克,雄黄30克。共研细末,与黄蜡油混合,均匀地涂在纱布条上,塞入创口。

方五　芒硝90克(后冲),黄连45克,黄芩45克,郁金45克,大黄45克,栀子45克,连翘45克,生地黄45克,玄参45克,甘草24克。水煎,一次灌服。

方六　斑蝥锭(斑蝥、黄丹、白矾、砒霜、食盐各等份,制成斑蝥锭)。用手术刀或宽针刺破创体,挤净脓汁,根据创体大小,放入适量斑蝥锭,用棉球塞住创口以防止药物掉出。

方七 取白砒、雄黄、朱砂、枯矾各等份,和少许白面制成小丸(白砒丸),放于病灶内(1~3 丸),肿块则自行脱落。

3. 针灸治疗

在舌旁两侧或舌下通关穴放血,放血后用白矾水冲洗。也可火针肿胀周围或火烙创口及其深部放线菌肿。

四、传染性鼻气管炎

牛传染性鼻气管炎又称牛媾疫、流行性流产、坏死性鼻炎,俗称红鼻子病,是牛的一种急性、热性、接触性传染病,其特征是鼻腔、气管黏膜发炎,出现发热、咳嗽、流鼻液和呼吸困难等症状,有时伴发结膜炎、阴道炎、龟头炎、脑膜炎或肠炎,也可发生流产。

【病 原】 本病由牛传染性鼻气管炎病毒(IBRV)或牛疱疹病毒I型(BHV-I)引起。病毒粒子呈圆球形,直径 115~230 纳米。本病毒比较耐碱而不耐酸,比较抗冻而不耐热,在 pH 值 6 以下很快失去活性,而在 pH 值 6.9~9 的环境下很稳定。在 4℃ 可存活 30~40 天,在 -70℃ 可存活数年。病毒对乙醚、氯仿、丙酮、甲醇以及常用消毒药都敏感,在 24 小时内可完全杀死。

【流行特点】 病牛和带毒动物是主要传染源,隐性感染的种公牛因精液带毒,是最危险的传染源。病愈牛可带毒 6~12 个月,甚至长达 19 个月。病毒主要存在于鼻、眼、阴道分泌物和排泄物中。本病可通过空气、飞沫、物体和病牛的直接接触、交配,经呼吸道黏膜、生殖道黏膜、眼结膜传播,但主要由飞沫经呼吸道传播。吸血昆虫(软壳蜱等)也可传播本病。在自然条件下,仅牛易感。各种年龄和品种的牛均易感,其中以 20~60 日龄的犊牛最易感,肉用牛较乳用牛易感。本病在秋、冬寒冷季节较易流行。过分拥挤、密切接触的条件下更易迅速传播。运输、运动、发情、分娩、卫生条件、应激因素均与本病发病率有关。

【临床症状】 潜伏期5～7天,有时长达20天以上。根据本病病毒侵害部位的不同,可将本病分为呼吸道型、生殖道型、流产型、脑炎型和眼炎型5种。

1. 呼吸道型 表现为鼻气管炎,为本病最常见的一种类型。病初高热(40℃～42℃),流泪流涎及黏脓性鼻液。鼻黏膜高度充血,呈火红色。呼吸高度困难,咳嗽不常见。

2. 生殖道型 母牛表现外阴阴道炎。阴门、阴道黏膜充血,有时表面有散在性灰黄色、粟粒大的脓疱,重症者脓疱融合成片,形成假膜。妊娠母牛一般不发生流产。公牛表现为龟头包皮炎。龟头、包皮、阴茎充血、溃疡,阴茎弯曲,精囊腺变性、坏死。

3. 流产型 一般见初胎青年母牛妊娠期的任何阶段,也可发生于经产母牛。

4. 脑炎型 易发生于4～6月龄犊牛,病初表现为流鼻液,流泪,呼吸困难,之后肌肉痉挛,兴奋或沉郁,角弓反张,共济失调,发病率低但病死率高,可达50%以上。

5. 眼炎型 表现结膜角膜炎,不发生角膜溃疡,一般无全身反应,常与呼吸道型合并发生。在结膜下可见水肿,结膜上可形成灰黄色颗粒状坏死膜,严重者眼结膜外翻。角膜混浊呈云雾状。眼鼻流浆液脓性分泌物。

【病理变化】 呼吸道病变表现上呼吸道黏膜炎症,鼻腔和气管内有纤维素蛋白性渗出物为特征。生殖道型表现为外阴、阴道、宫颈黏膜、包皮、阴茎黏膜的炎症。脑炎型表现为脑非化脓性炎症变化。

【诊 断】 根据临床症状,结合流行病学,可做出初步诊断,但确诊必须依靠实验室诊断。

【预 防】 坚持自繁自养的原则,不从疫区或不将病牛或带毒牛引进牛场。凡需引进的牛,一定要在隔离条件下进行血清学检验,阴性反应牛才能引进。对种公牛要采取精液检验,确定健康后,方可混群并参加配种。对暴发本病的牛场,在严格隔离、封锁的前提下,对牛场全群牛进行血清学检验,凡血清阳性牛,应及时从牛群中挑出来,隔离饲养,酌情予以屠宰处理。接种弱毒疫苗或灭活疫苗可防止本病发生。

【中西医简便疗法】

1. 西医治疗

病毒唑滴鼻,6 滴/每侧鼻孔,每日 2 次,连用 3～5 天。盐酸金刚烷胺,600 毫克/次,口服,每日 2 次,早、晚各 1 次,连用 3～5 天。继发感染时,可用青霉素 800 万单位、链霉素 200 万单位,肌内注射,每日 1 次,连用 3～5 天。关节肿痛、站立困难者,可胸腔内注射 10%水杨酸钠注射液(用等渗氯化钠注射液溶解),每次 10～20 毫升,每日 1 次,连用 3～5 天。

2. 中药治疗

方一 荆防败毒散加减。荆芥 45 克,防风 40 克,羌活 25 克,独活 25 克,柴胡 25 克,前胡 25 克,枳壳 25 克,桔梗 25 克,茯苓 30 克,川芎 25 克,甘草 20 克,党参 30 克,薄荷 15 克。共为末,沸水冲调,候温一次灌服,连用 2～3 剂。病牛发热、鼻镜干燥、流脓性分泌物者加金银花、连翘各 35 克。病牛口干、舌燥饮欲增加者加芦根、地骨皮各 25 克。病牛食欲不振、反刍减少者去枳壳加枳实 25 克,炒山楂 60 克,神曲 60 克。

方二 麻黄 50 克,柴胡 50 克,苏叶 40 克,陈皮 50 克,款冬花 40 克,紫菀 40 克,云茯苓 50 克,生姜 50 克,桂枝 50 克。共为末,沸水冲调,候温灌服,每日 1 剂。

3. 针灸治疗

高热者,可三棱针点刺大椎、阴陵泉穴,任其自然出血,一般出血自止 15 分钟后即退热;咳嗽较剧者,用平补平泻法针刺天突、颊车穴。

五、牛流行热

流行热又称"三日热",或暂时热,是由牛流行热病毒引起的急性、热性、全身性传染病。以突然发病、持续高热、咳嗽、流涎、四肢水肿为主要特征。

【病　　原】 本病的病原为牛流行热病毒又名牛暂时热病毒,属弹状病毒科暂时热病毒属。病毒粒子由 5 种结构蛋白和 1 种非结构蛋白组成,有弹状变化至钝头圆锥状等形态。其直径约 73 纳米,但长度在 70～183 纳米。短的弹状以及圆锥形病毒粒子是有缺陷的病毒粒子,可能会干扰病毒在组织培养中的生长。病毒在 pH 值小于 5 或大于 10 的情况下很容易失活。

【流行特点】 本病主要侵害牛。黄牛、奶牛、水牛均可感染发病。以 3～5 岁壮年牛、乳牛、黄牛易感性最大。水牛和犊牛发病较少。

病牛是该病的传染来源,该病多经呼吸道感染。此外,吸血昆虫的叮咬,以及与病畜接触的人和用具的机械传播也是可能的。本病流行具有明显的季节性,多发生于雨量多和天气炎热的 6～9 月。流行迅猛,短期内可使大批牛发病,呈地方流行性或大流行性。流行时还有一定周期性。发病牛的年龄、性别没有严格区分,但以青壮年发病较多,8 岁以上的老牛和 6 个月以内的犊牛很少发病。母牛(尤其是妊娠母牛)发病率高于公牛,产奶量高的牛发病率较高。病牛多为良性经过。

【临床症状】 潜伏期为 3～7 天。病牛恶寒战栗,继则突然高热 40℃以上,并维持 2～3 天。此时病牛精神高度委顿,皮温不整。眼结膜潮红、肿胀,羞明流泪。鼻镜干燥,流鼻液。口角大量垂涎,口边粘满泡沫。食欲废绝,反刍停止,常有轻度鼓胀。粪便初干硬,后变软,个别的发生腹泻。尿量减少,尿液浑浊。病牛呆立不动,强使行走,步态不稳,并可因关节软肿和肌肉疼痛而引起跛行,甚至卧地不能起立。奶牛产奶量迅速下降或完全停止产奶。妊娠母牛可发生流产、死胎。

除上述症状外,呼吸系统变化也很明显。病牛呼吸促迫,呼吸次数每分钟可达 80 次以上。肺部听诊肺泡音高亢,支气管音粗厉。常发出苦闷的呻吟声。个别重剧者,可因肺气肿引起肺纵隔破裂,从而使气体扩散到肩、背、腰、臀等处肌膜中,形成全身性皮下气肿。

【病理变化】 急性经过的牛,主要病变在呼吸系统。上呼吸道黏膜充血、肿胀和点状出血;肺脏高度膨隆,有程度不同的肺水肿和间质性气肿,个别的气肿可蔓延至纵隔、颌下和腰部。淋巴结充血、肿大和出血。骨胳肌、心内外膜、舌、膀胱、肾皮质等可能有出血点。

【诊　断】 根据临床症状和病理变化可做出初步诊断,确诊需进一步做实验室诊断。

【预　防】 加强牛的卫生管理对该病预防具有重要作用。管理不良时发病率高,并容易成为重症,增高死亡率。应立即隔离病牛并进行治疗,对假定健康牛和受威胁牛,可用高免血清进行紧急预防注射。加强消毒,搞好消灭蚊、蝇等昆虫工作,应用牛流行热疫苗进行免疫接种。

【中西医简便疗法】

1. 西医治疗

病初可根据情况酌用退热药及强心药,停食时间长的可适当补充生理盐水和葡萄糖溶液。可用 30% 安乃近 30～40 毫升,地塞米松 20 毫克,青霉素 300 万～400 万单位,链霉素 100 万～300 万单位,维生素 B_1 200～500 毫克,2 次/日,连用 1～2 天。若四肢关节疼痛,可静脉注射水杨酸钠注射液。对于因高热而脱水和由此而引起的胃内容物干涸,可静脉注射林格氏液或生理盐水 2～4 升,并向胃内灌入 3%～5% 盐类溶液 10～20 升。同时,重症病牛给予大剂量的抗生素,常用青霉素、链霉素,并用5％糖盐水、林格氏液、安钠咖、维生素 B_1 和维生素 C 等药物,静脉注射,每日2次。

2. 中药治疗

方一 荆防败毒散加味。荆芥40克,防风40克,羌活30克,独活30克,桔梗30克,葛根30克,麻黄20克,白芷20克,川芎25克,制杏仁25克,桂枝25克,辛夷20克,甘草20克。共研末,沸水冲调,候温灌服。

方二 蚕砂解毒汤。蚕砂60克,葛根60克,赤芍30克,金银花45克,紫草45克,板蓝根45克,黄柏36克,栀子36克,防风30克,甘草30克。跛行严重者加羌活、独活各30克;腹胀者加厚朴、青皮各30克;不食者加砂仁20克、白豆蔻25克。

方三 牛蒡子、一枝黄花、酢浆草各60克。水煎,一次灌服。

方四 解毒化燥汤。黄柏20克,黄连10克,黄芩30克,石膏30克,杏仁30克,麻黄20克,桂枝20克,大黄20克,枳实20克,厚朴20克,芒硝20克,荆芥20克,防风20克,薄荷10克,绿豆100克,红糖200克为引。水煎服。

方五 大蒜30克捣烂,食醋250毫升。调匀灌服。

方六 大葱250克捣烂,白矾30克研末。混合后加温水灌服。

3. 针灸治疗

以山根、血印、太阳、舌底(洗口)、尾尖、八字为主穴,睛灵、过梁、苏气为配穴。前肢跛行加针刺追风、中膊、中脘、百会。后肢跛行、腰部僵硬者加针刺小胯、环中、大转子等穴。对不能站立的牛可针刺寸子、八字、涌泉、滴水、三关、垂珠、百会、山根等穴。

六、牛病毒性腹泻—黏膜病

牛病毒性腹泻—黏膜病简称牛病毒性腹泻或牛黏膜病,是由牛病毒性腹泻—黏膜病病毒感染引起的一种接触性传染病。以腹泻、口腔及食管黏膜发炎、糜烂、妊娠母牛流产、产死胎或畸形胎为特征。

【病　　原】　本病的病原为牛病毒性腹泻病毒,它是一种单股核糖核酸(RNA)、有囊膜的病毒,是黄病科瘟病毒属成员,与猪瘟病毒及羊边界病毒有密切关系。病毒粒子略呈圆形,但也常呈变形性。有囊膜,病毒表面有明显纤突。病毒粒子直径为 $50\sim80$ 纳米。病毒对温度敏感,$56℃$很快可以灭活,在低温下稳定,真空冻干的病毒在 $-60℃\sim-70℃$ 可保存多年。对乙醚、氯仿、胰酶敏感。

【流行病学特点】　病牛和带毒牛是本病的主要传染源,病牛的分泌物和排泄物中含有病毒。本病主要通过摄食被病毒污染的饲料、饮水而感染,也可因病牛咳嗽、剧烈呼吸喷出的传染性飞沫而使易感动物感染,带毒公牛能长期从精液中排出病毒,通过配种可传染给母牛,也可通过运输工具,饲养用具和胎盘感染。本病大多数呈隐性感染,新疫区牛群呈暴发流行;老疫区为散发流行。本病常年均可发生,通常多发生于冬末和春季。

【临床症状】　患牛突然发病,体温升高至 $41℃\sim42℃$ 呈稽留热,食欲、反刍停止,瘤胃臌气,鼻镜及口腔黏膜发炎、糜烂、坏死,流涎增多,肠音亢进,严重腹泻,日腹泻可达 10 余次,粪便如水样、腥臭、带有气泡,后期带血。病牛精神高度沉郁,卧多立少,烦渴喜饮,全身肌肉发抖,眼窝下陷,日益消瘦,尿量少,呼吸、心跳加快,脉洪大,口干津少,舌红苔黄。有些病牛常伴发蹄叶炎及趾间蹄冠处糜烂、坏死,跛行。慢性病牛长期腹泻,喜饮水,但生长发育不良,病程长达数月,机体消瘦无力,严重衰竭,直至死亡。妊娠母牛有时发生流产。

【病理变化】　主要病变在消化道和淋巴结,口腔黏膜、食道和整个胃肠道黏膜充血、出血、水肿和糜烂,整个消化道淋巴结发生水肿。

【诊　断】　根据临床症状、流行情况和病理变化可做出初步诊断,确诊需进一步做实验室诊断。

【预　防】　加强护理和对症治疗。为预防本病传入,在引进牛时要加强检疫,防止本病的扩大或蔓延。一旦发生本病,对病牛要隔离治疗或急宰,消毒被污染环境、用具。对未发病牛群进行保护性限制。在流行区域和受威胁地区,可用牛病毒性腹泻-黏膜病弱毒疫苗或灭活疫苗进行免疫接种,以预防和控制本病,弱毒疫苗通常用于 6～8 月龄的犊牛,妊娠母牛一般不用,以免引起流产。

【中西医简便疗法】

1. 西医治疗

对高热牛一次肌注安乃近 10～20 毫升。为防止脱水,可用复方氯化钠注射液 3 000～4 000 毫升,安钠咖 4～6 克,维生素 C 2～4 克,三磷酸腺苷 200～300 毫克,辅酶 A 200～300 毫克,氢化可的松 0.2～0.5 克,10％葡萄糖 3 000～4 000 毫升,静脉注射。为防止继发感染,可用庆大霉素 40 万～50 万单位或四环素200 万～300 万单位,静脉注射,每日 2 次。

对输液困难的病牛可采用口服补液盐 50～60 包,加凉开水15 000～25 000 毫升,于 3～5 小时内分多次饮尽。

2. 中药治疗

方一　秦皮苦参汤。苦参 40 克,秦皮 30 克,木香 25 克,杭白芍 35 克,槟榔 20 克,枳壳 30 克,胡黄连 30 克,厚朴 40 克,黄柏 50 克,滑石 50 克,车前子 40 克。为末沸水冲,候温灌服。

方二　白头翁汤加减。白头翁 60 克,黄柏 40 克,黄连 50 克,秦皮 40 克,金银花 50 克,连翘 40 克,生地黄 30 克,牡丹皮 30 克,地榆 40 克。共为末,沸水冲调,候温灌服。或煎水服。

方三　葛根芩连汤加味。葛根 50 克,炙甘草 20 克,黄连、黄芩、半夏、车前子各 30 克,藿香、茯苓、乌梅、地榆、槐花各 40 克。共为末,沸水冲,温服,每日 1 剂。食滞者加焦三仙各 40 克;粪便带黏液者加木香、冬瓜仁各 40 克,腹胀者加厚朴 40 克。

方四 乌梅、柿蒂、黄连、诃子各 20 克、山楂炭 30 克,姜黄、茵陈各 15 克。煎汤去渣,分 2 次灌服。

3. 针灸治疗

针刺脾俞、大肠腧、后三里、后海等穴,每日 1 次。

七、牛传染性胃肠炎

牛传染性胃肠炎是由传染性胃肠炎病毒引起的一种急性肠道传染病。临床上以呕吐、严重腹泻和脱水为特征。

【病　原】 本病的病原为传染性胃肠炎病毒。病毒在 65℃约 10 分钟可死亡;在阳光下 6～8 小时可灭活;在阴暗环境中 7～10 天具有感染力。用 0.5% 石炭酸于 37℃下 30 分钟可将其杀死。康复牛排毒可长达 2 个月,甚至可长达 109 天。

【流行病学特点】 不同品种和年龄的牛均易感。4 周龄以内的犊牛发病率、死亡率较高。断奶牛、育成牛及成年牛发病症状较轻。病牛和带毒牛为主要传染源。排泄物和分泌物中带出的病毒常污染环境、饲料、水、空气及用具。犊牛吮吸含病毒乳汁或被污染的乳头,经消化道和呼吸道感染。常发于寒冷的冬天或早春,传播迅速,多呈地方性流行。

【临床症状】 成年牛患病后突然水样腹泻,粪便呈灰色或灰褐色,有时出现呕吐、体温升高、严重腹泻,泌乳减少或停止等症状,但一般 3～7 天即恢复,极少发生死亡。犊牛患病后往往在吃奶后突然发生呕吐,接着出现急剧水样腹泻,粪便为黄绿色或灰白色,后期粪便略带灰褐色并含有凝乳块。病犊牛精神委靡、被毛粗乱、无光泽、战栗,吃奶减少或停止吃奶,严重口渴,迅速脱水,很快消瘦,最终衰竭而亡。病愈后生长缓慢,成为僵肉牛。

【病理变化】 病变主要在胃和小肠,患牛胃内充满凝乳块,胃底黏膜轻度充血,黏膜下有出血斑,胃壁松弛,小肠充血,伴有卡他性炎症,小肠内充满黄绿色液状物,有泡沫和未消化的小凝乳块。肠壁薄、透明、扩张、弹性降低。肠系膜血管及肠系膜淋巴结充血、肿胀。小肠绒毛萎缩及变短(此系本病组织学上的重要特征)。

【诊　断】　根据流行病学、临床表现及剖检病变,尤其是结合该病组织学的重要特征,即可诊断为牛传染性胃肠炎。

【预　防】　平时加强卫生措施,牛舍内保持干燥清洁,阳光充足。地面和用具要经常进行消毒。尽量不从外地引进牛只,坚持自繁自养的原则。发病牛要与健康牛隔离饲养,防止传染,并进行消毒。

【中西医简便疗法】

1. 西医治疗

磺胺脒 0.2 克/千克体重,分作 2～3 次内服,连用 3 天。为吸附胃肠道内的有害物质和收敛,牛空腹时用矽炭银,犊牛每头每日 10 克,内服,连用 3 天。同时供给充足的口服补液盐溶液(每1 000 毫升水中加氯化钠 3.5 克、氯化钾 1.5 克、磷酸氢钠 2.5 克、葡萄糖 20 克),以防患牛因严重腹泻而造成脱水。对脱水严重者可用 5%糖盐水 100～300 毫升与 10%碳酸氢钠注射液 25～50 毫升、20%安钠咖注射液 4～6 毫升,静脉注射,同时配合应用抗生素,如恩诺沙星或磺胺类药物,如 20%磺胺嘧啶钠注射液 10～20 毫升。

2. 中药治疗

方一　加味槐花散。炒槐花 9 克,炒地榆 60 克,侧柏叶 90 克,荆芥炭 50 克,炒枳壳 40 克,炒蒲黄 40 克,黄柏 40 克,栀子 30 克,当归 70 克,赤芍 50 克,茯苓 30 克,苦参 40 克,甘草 25 克。水煎,日服 1 剂,连服 2～5 剂。对便血较久者,去炒蒲黄、炒地榆,加生地榆 60 克、西洋参 60 克、白术 50 克。

方二　白头翁汤加减。白头翁 60 克,黄连 30 克,黄柏 60 克,秦皮 50 克,泽泻 60 克,甘草 40 克,柴胡 70 克,诃子 60 克。煎汤内服,一剂煎 3 次。

方三 炒槐花,枳壳、炙甘草、大黄炭、杜仲炭、赤石脂各 30 克,炙五味子、荆芥穗、当归炭各 40 克,太子参 60 克。煎汤加米粥 500 毫升温服。

3. 针灸治疗

针灸带脉、后海、后三里、脾俞、百会等穴;也可用痢菌净 10 毫升或者黄连素注射液 10 毫升,后海穴注射,每日 1 次。

八、牛传染性角膜结膜炎

牛传染性角膜结膜炎,俗名红眼病,是由牛摩勒氏杆菌引起的一种急性传染病,其临床特征是羞明、流泪、结膜炎和角膜混浊。

【病　原】 牛传染性角膜结膜炎是一种多病原的疾病。其主要病原菌为牛摩勒氏杆菌。该菌是一种长 1.5~2.0 微米、宽 0.5~1.0 微米的革兰氏阴性杆菌。只有在强烈的太阳紫外光照射下才产生典型症状。用此菌单独感染眼,或仅用紫外线照射,都不能引起此病,或仅产生轻微的症状。本菌对理化因素的抵抗力弱,一般浓度的加热至 59℃的消毒剂,经 5 分钟均有杀菌作用。病菌离开病畜后,在外界环境中存活一般不超过 24 小时。对青霉素、四环素等敏感。

【流行病学特点】 病牛和康复带菌牛为主要传染源。病牛的眼、鼻分泌物可向外排菌,污染饲料、饮水、用具、土壤和空气等外界环境。本病不分年龄和性别,均易感染,但犊牛发病较多。病牛可通过头部等部位的相互摩擦和通过打喷嚏、咳嗽而传染。本病主要发生于天气炎热和湿度较高的夏秋季节,其他季节发病率较低。一旦发病,传播迅速,多呈地方性流行。青年牛群的发病率可达 60%~90%。

【临床症状】 本病潜伏期一般为 2~7 天,最长可到 21 天。病牛一般无全身症状,很少发热初期患眼羞明、流泪、眼睑肿胀、疼痛,稍后角膜凸起,角膜周围血管充血、舒张,结膜和瞬膜红肿,或在角膜上出现白色或灰色小点。严重者角膜增厚,发生溃疡,形成角膜瘢痕及角膜翳。有时发生眼前房蓄脓或角膜破裂,晶状体可能脱落。多数病例初起为一侧眼患病,后为双眼感染。当眼窝化脓时,则体温升高,食欲减退,精神沉郁,产奶量下降。病程一般为20~30天。多数可自然痊愈,但往往招致角膜云翳、角膜白斑和失明。

【病理变化】 结膜水肿及高度充血,角膜可呈现凹陷、白斑、白色混浊、隆起、突出等多种变化。角膜组织学变化依不同类型而异,如白斑类型,可见固有层局限性胶原纤维增生和纤维化;白色混浊类型,可见上皮增生,固有层弥漫性玻璃样变性。

【诊　断】 根据流行病学特点,发病传播迅速,发病季节性以及临床症状等可以做出初步诊断。确诊需进行实验室检查。

【预　防】 切勿从疫区引进牛、饲料及动物产品,引进的牛要隔离观察3~7天,严格消毒圈舍、器具,观察无病的方可入群。对病牛立即隔离,彻底清除厩肥,消毒牛舍,避免强烈阳光刺激。在夏、秋季节要注意灭蝇,定期应用1%~2%敌百虫溶液喷洒牛体,炎热季节要设有凉棚,避免强烈阳光刺激。

【中西医简便疗法】

1. 西医治疗

对病牛用2%~4%硼酸水洗眼,拭干后再用3%~5%弱蛋白银溶液滴入结膜囊,每日2~3次。也可滴入青霉素溶液(每毫升含5 000单位),或涂四环素眼膏。用盐酸普鲁卡因青霉素眼底封闭(应用10厘米封闭针头),用0.5%盐酸普鲁卡因5毫升、稀释青霉素20万单位,完全溶解后进行眼底封闭,每日1次,连用3~5天。

眼部消毒后,静脉抽血6毫升,加入青霉素800万单位,2%盐酸普鲁卡因8毫升,混合溶解后,当即分数点等量注入眼睑皮下,隔2日重注1次,一般1次即愈,最多2次。

2. 中药疗法

方一 硼砂、硇砂、朱砂各等份，研为细末，用竹管吹入眼内，每日1次。

方二 菊花50克，连翘50克，金银花100克，石决明25克，决明子25克，荆芥40克，防风40克，郁金40克。水煎后去渣灌服，每日1次，连用3~5天。

方三 硼砂6克，白矾6克，荆芥6克，防风6克，郁金3克。水煎后去渣，趁温洗眼。

方四 拨云散。炉甘石30克，硼砂30克，大青盐30克，黄连30克，铜绿30克，硇砂10克，冰片10克。共为极细末，过筛分装成10小包密封备用。每日用2小包吹入患眼，一般连用3~5天即愈。

方五 狗骨嫩叶90克，龙胆草30克，水煎服。

3. 针灸治疗

小宽针或三棱针刺太阳、睛灵、顺气等穴，每日1次、连续5天。初期病情较重者，可针刺太阳穴破皮出血。

也可采用顺气孔插枝疗法，即用约20厘米长（火柴棍粗细）的剥皮柳树条（其他柔韧挺直光滑枝条亦可），酒精消毒，插入病牛顺气孔（即上颌齿板切齿乳头两侧的小孔）至底，将多余部分枝条在距孔缘1~2厘米处折断。枝条插入后，不用取出，病愈后会自行脱出。

九、恶性卡他热

恶性卡他热是由牛恶性卡他热病毒引起的一种急性、热性传染病，其临床特征主要是上呼吸道、窦和口腔、胃肠道黏膜发生卡他性纤维素性炎症，并伴有角膜混浊和神经症状，致死率较高。本病呈散发，一年四季都可发生，但以冬季和早春发生较多。发病率不高，但致死率很高。

【病　原】　本病病原为狷羚疱疹病毒Ⅰ型,属于疱疹病毒科、疱疹病毒亚科。病毒对外界环境的抵抗力不强,不能抵抗冷冻及干燥。含病毒的血液在室温中 24 小时,冰点以下温度可失去传染性,因而病毒较难保存。病毒存在于病牛的血液、脑、脾等各组织中,血液中的病毒牢固附着于白细胞上,不易脱离,也不易通过细菌滤器。

【流行病学特点】　隐性感染的绵羊、山羊和角马是本病的主要传染源。黄牛、水牛、奶牛易感,牛的性别、品种、年龄与易感性无显著相关,1～4 岁牛较为多发,老龄牛及 1 岁以下的牛很少发病。发病不分季节,但冬季与早春较多。一般呈散发,发病率低,而病死率可高达 60%～90%。绵羊与非洲角马是本病毒的宿主,但仅传播病毒,本身并不致病。病牛不能接触传染健康牛,主要通过绵羊、角马以及吸血昆虫而传播,也可通过胎盘感染犊牛。本病一年四季均可发生,但以春、夏季节发病较多。

【临床症状】　潜伏期 3～4 周。根据临床表现,一般可分最急性型、头眼型、肠型和皮肤型,其中以头眼型最常见,各型也可相互混合。

1. 最急性型　病初体温升高达 41℃～42℃,稽留不退,精神委顿,被毛松乱;眼结膜潮红,鼻镜干热;食欲和反刍减少,饮欲增加,泌乳停止,呼吸和心跳加快,少数病例可能在此时死亡。

2. 头眼型　病牛眼结膜发炎,羞明流泪,以后角膜混浊,眼球萎缩、溃疡且失明。鼻腔、喉头、气管、支气管及颌窦卡他性及假膜性炎症,呼吸困难,炎症可蔓延到鼻窦、额窦、角窦,角根发热,严重者两角脱落。鼻镜及鼻黏膜先充血而后坏死、糜烂、结痂。口腔黏膜潮红肿胀,出现灰白色丘疹或糜烂。

3. 肠型　以纤维素性坏死性肠炎症状为主,伴发高热稽留;严重腹泻,粪便如水样带血,恶臭,纤维素性假膜和血液,末期粪便失禁。口腔黏膜充血,常在唇、齿龈、硬腭等部位出现假膜,脱落后形成糜烂及溃疡。

4.皮肤型 病牛的颈部、肩胛部、背部、乳房、阴囊等处皮肤出现丘疹、水疱,结痂后脱落,有时形成脓肿。

5.混合型 较为多见,病牛同时有头眼症状、胃肠炎症状及皮肤丘疹等。有的病牛呈现脑炎症状。一般经5～14天死亡,病死率达60%。

【病理变化】 鼻窦、喉、气管及支气管黏膜充血肿胀,有假膜及溃疡。口、咽、食管糜烂、溃疡,第四胃充血水肿、斑状出血及溃疡,整个小肠充血出血。头颈部淋巴结充血和水肿,脑膜充血,呈非化脓性脑炎变化。肾皮质有白色病灶是本病特征性病变。

【诊 断】 根据典型临床症状和病理变化可做出初步诊断,确诊需进一步做实验室诊断。本病应与牛瘟、黏膜病、口蹄疫等病相鉴别。

【预 防】 目前尚无特效治疗药物和免疫预防的制品,主要是加强饲养管理,增强动物抵抗力,注意栏舍卫生。牛、羊分开饲养,分群放牧。发现病牛后,采取严格控制、扑灭措施,防止扩散。病牛应隔离扑杀,污染场所及用具等,实施严格消毒。在有本病流行地区,禁止牛和羊同群放牧或相互接触,发现病牛应立即隔离、消毒。

【中西医简便疗法】

1.西医治疗

本病尚无特效治疗方法,发病后主要采取对症治疗。四环素300万～400万单位,地塞米松注射液,维生素C 10克,10%安钠咖注射液30毫升,5%糖盐水3 000～5 000毫升,25%葡萄糖注射液1 000毫升。四环素、维生素C,地塞米松分别静脉注射。

复方磺胺嘧啶注射液100毫升,肌内注射,每日2次,连用5天,首次量加倍。

可选用1%硼酸溶液、0.1%～0.5%来苏儿、0.1%～0.5%克辽林溶液、0.1％～0.3％硫酸铜溶液或 0.5％～2％白矾溶液等溶液洗涤眼结膜及口、鼻黏膜。

2. 中药治疗

方一　清瘟败毒饮。石膏 150 克,生地黄 60 克,水牛角 90克,川黄连 20 克,栀子 30 克,黄芩 30 克,桔梗 20 克,知母 30 克,赤芍 30 克,玄参 30 克,连翘 30 克,甘草 15 克,牡丹皮 30 克,鲜竹叶 30 克。石膏打碎先煎,再与其他药同煎,水牛角锉细末冲入后灌服。

方二　黄芩 30 克,黄连、牛蒡子、桔梗、升麻、马勃、僵蚕、薄荷各 25 克,玄参、板蓝根、柴胡、连翘、金银花各 40 克,甘草、陈皮、木香各 20 克,知母、黄柏各 45 克。水煎,候温灌服。

方三　鱼腥草、板蓝根、桑白皮、淡竹叶各 290～120 克。煎水灌服。

方四　玉竹、生地黄、玄参各 150 克,莲子心 50 克,栀子、麦冬、连翘各 90 克,生石膏 150 克,知母、石斛、山药、金银花、贯众、白芍各 120 克,女贞子 80 克,龟板 100 克,鲜茅根 250 克为引。水煎,候温灌服。

方五　龙胆草、柴胡、生地黄各 30 克,黄芩、栀子、泽泻、木通各 25 克,车前子、甘草各 15 克,当归 20 克。水煎候温灌服,每日1 剂,连用 5 天。若体温过高则加石膏 200 克、芦根、小蓟、大黄、黄柏、紫花地丁各 25 克;角膜翳则酌加决明子 15 克、石决明 20克、菊花、蝉蜕各 20 克、鱼腥草 25 克等。

第二章 寄生虫病

一、蛔虫病

牛蛔虫病由牛蛔虫(又名犊新蛔虫、犊弓首蛔虫)寄生在牛的小肠引起的一种寄生虫病。临床上以肠炎、腹泻、腹部膨大、腹痛等消化道症状为特征。

【虫体特征及生活史】 牛新蛔虫是一种大型线虫,淡黄色,呈中间稍粗,两端较细的圆柱形。雄虫长 11～26 厘米,雌虫长14～30 厘米。虫卵近圆形,大小为(70～80)微米×(60～66)微米,壳厚,外层呈蜂窝状,内含 1 个卵细胞。雌虫在小肠内产卵,卵随宿主粪便排出体外,在适当的温度和湿度下,经 7～9 天在卵壳内发育为第一期幼虫,再经 13～15 日,经 1 次蜕化,变为第二期幼虫,即感染性虫卵。牛吞食后,幼虫在小肠内逸出,穿过肠壁,移行到肝、肺、肾等器官组织,进行第二次蜕化,变为第三期幼虫,并停留在那些器官组织内。待母牛妊娠 8.5 个月左右时,幼虫便移行至子宫,进入胎盘羊膜液中,进行第三次蜕皮,变为第四期幼虫,在胎盘蠕动作用下,被胎牛吞食入小肠内发育,进行最后 1 次蜕皮后,经 25～31 天发育为成虫。另一途径是幼虫从胎盘的血液循环到胎儿肝脏,肺脏,然后从支气管、气管、咽到小肠,在小肠内发育为成虫。犊牛出生时小肠中已有成虫。成虫在小肠中可存活 2～5 个月,以后逐渐排出。

【临床症状】 轻症病牛被毛粗乱,精神、食欲稍差,喜卧,常回头顾腹,时而呻吟,排灰白色如膏泥样粪便。重度感染者精神萎靡,食欲废绝,鼻镜干燥,腹泻带血的灰白粪便,气味腐臭,腹痛,仰卧。危症病牛剧泻、带血,眼窝凹陷,腹痛不安,后肢无力,卧地不起,精神高度沉郁,肌肉痉挛,呼吸喘粗。胆道蛔虫病牛则下颌水肿,角膜黄染,常张口吐舌,喜将下颌浸入水中。病牛后期多出现四肢无力,消瘦,肌肉弛缓,四肢下部和口鼻发凉,病牛爬卧不起,贫血严重,呼吸困难,咳喘,严重衰竭而死。

【诊　断】　根据临床症状结合虫卵检查即可确诊。

【预　防】　每年早春和晚秋各进行1次预防性驱虫。搞好牛舍内外的卫生,清除粪便,堆肥发酵,进行生物热消毒,避免粪便污染草料和饮水。在本病常发地区,对妊娠后期的母牛,应用左旋咪唑进行驱虫,防止母牛妊娠期感染犊牛,犊牛出生后隔离饲养,减少感染。

【中西医简便疗法】

1. 西医治疗

方一　敌百虫40~50毫克/千克体重,一次口服,隔4~5天再用药1次。

方二　丙硫苯咪唑,按每千克体重10~20毫克,混入饲料中投喂,隔3~5天再用药1次。

方三　伊维菌素,按每千克体重0.2毫克,一次皮下注射。对于病重、极度消瘦的病牛,除给予以上抗寄生虫药外,还可进行补液疗法。

2. 中药治疗

方一　神曲、贯众各30克,使君子、苦楝树二层皮各18克,雷丸、槟榔各24克,水煎,分2次灌服。

方二　百部、枇杷叶、贯众各30克,青皮、槟榔各15克。共研为末,以洋葱120克为引,冲水灌服。

方三　使君子、雷丸、木香、鹤虱、干漆各30克,贯众60克,轻粉12克。共研为末,加适当面粉和水调制成丸,每次灌服60~90克丸剂。

方四　青皮、槟榔各15克,百部、枇杷叶、贯众各30克,共研细末,以洋葱 120 克为引,冲水灌服。

方五　石榴皮 36 克,槟榔 18 克,乌梅 90 个,共研为末,拌入饲料中饲喂。

方六　鲜苦楝根皮 80～100 克,百部根 30～50 克,切碎捣烂,水煎煮,灌服。

方七　葱白捣汁 100 毫升,对食用植物油 300 毫升喂服。

方八　马齿苋 500 克,红麻籽 150 克,鲫鱼草 200 克,牛奶 100 克,干茅草 100 克,铁苋菜 100 克。将药煎水去渣服。

方九　花椒 50 克,植物油 300 毫升。先将油用锅烧热,放入花椒炒酥,去渣,温服。

二、疥螨

疥螨病又称牛癫子、疥疮,是由疥螨科的螨类寄生于牛体表或表皮内所引起的慢性皮肤病,能引起患牛发生剧烈的痒感以及各种类型的湿疹性皮炎。临床上以患部奇痒、皮肤增厚、脱毛并逐渐向周围扩展和高度接触性传染为主要特征。

【虫体特征及生活史】　疥螨形体很小,肉眼不易见,呈龟形,背面隆起,腹面扁平,浅黄色。体背面有细横纹、锥突、圆锥形鳞片和刚毛,腹面有 4 对粗短的足。虫体前端有一假头(咀嚼式口器)。雌螨的第 1,2 对足,雄螨的第 1,2,4 对足的附节末端长有一带长柄的膜质、钟形吸盘。

疥螨和痒螨的全部发育过程都在宿主体上度过,包括虫卵、幼虫、若虫和成虫 4 个阶段,其中雄螨有 1 个若虫期,雌螨有 2 个若虫期。疥螨的发育是在牛的表皮内不断挖掘隧道,并在隧道内不断繁殖和发育,完成 1 个发育周期需 8～22 天。

【临床症状】　牛疥螨多在头、颈部发生不规则丘疹样病变,病牛剧痒,使劲摩擦患部,使患部落屑、脱毛,皮肤增厚而失去弹性,并形成厚厚的褶皱,鳞屑、污物、被毛和渗出物黏结在一起,形成痂垢,病变逐渐扩大,严重时可蔓延至全身。病牛食欲逐渐减退,生长发育缓慢、消瘦,产奶量下降。

【诊　断】　根据其症状表现及疾病流行情况,刮取皮肤组织查找病原进行确诊。

【预　防】　加强饲养管理,坚持"以防为主"方针,有计划地对牛群定期驱虫;保持养牛场圈舍、场地、器具的卫生,实行定期消毒制;保持圈舍卫生、干燥和通风良好;对患牛应及时治疗,可疑患牛应隔离饲养;治疗期间,应注意对饲管人员、圈舍、用具同时进行消毒,以免病原散布,不断出现重复感染。

【中西医简便疗法】

1. 西医治疗

方一　用2%敌百虫溶液涂搽患部,用量不得超过10克/次,以防引起中毒。患部面积过大时应先重后轻,分数次治疗,每次间隔2～3天,同时应注意防止牛舔食药液。

方二　0.1～0.2毫克/千克体重伊维菌素,一次口服或0.2毫克/千克皮下注射。屠宰前30天禁用。

2. 中药治疗

方一　硫磺30克,花椒30克,木鳖子30克,大枫子30克,水银6克,蛇床子60克,食盐15克,胡桃仁120克。共研细末,和棉油调匀涂搽患部。

方二　狼毒500克,煅硫磺150克,炒白胡椒45克。共为细末,取药30克,加入烧沸的植物油750毫升搅匀,凉后,用带柄毛刷涂搽患部。

方三　木槿皮、蜂房各等量。木槿皮晒干与蜂房共碾细末,加适量青油混合,调匀后装瓶备用。临用时直接涂患部。每2日1次,连用3～5次。

方四　花椒30克,儿茶20克,雄黄20克,冰片15克,白矾20克。水煮沸30分钟,过滤去渣,待温后洗患部。每次洗的时间不少于 15 分钟,连用 3 天为 1 个疗程,隔 5 天再用 1 个疗程,可连用 2～3 个疗程。

方五 苦参 90 克,地肤子 60 克,白矾 90 克,楝树根皮 250 克。煎水外洗,每剂可洗 4 次,一般 2 剂可愈。

方六 满天星适量,捣溶,混硫磺少量涂搽患处。

方七 水蛭数条,蜂蜜少许,待水蛭溶化后,涂搽患处。

方八 辣椒 500 克,烟叶 1 500 克,加水 1 500～2 500 毫升混合水煎,待汁浓缩至 500～1 000 毫升,去渣候温涂搽患部。

方九 硫磺粉 6 份,烟叶末 4 份,植物油 90 份。调匀涂搽患部。

三、肝片吸虫病

肝片吸虫病也叫肝蛭病或柳叶虫病,是由肝片吸虫和大片吸虫的成虫寄生在肝脏和胆管中引起急性或慢性肝炎和胆管炎,并发全身中毒现象的一种病证,临床上以营养障碍、贫血、消瘦、水肿、异食为特征。

【虫体特征和生活史】 肝片吸虫成虫虫体呈扁平如柳叶状,灰褐色,长 20～35 毫米,宽 5～13 毫米,雌雄同体。虫卵为长椭圆形,黄褐色,两层卵壳内含有 1 个胚细胞和许多小的卵黄颗粒,一端还有一个不明显的卵盖。肝片吸虫在胆管内寄生产卵,虫卵随粪便排出体外。在温暖潮湿有适量水分条件下,虫卵发育成毛蚴,当毛蚴游于水中遇中间宿主——椎实螺,则在其体内发育成尾蚴,由于毛蚴至尾蚴的发育时间长达 50～80 天,1 个毛蚴最后可以发育成 100 个甚至上千个尾蚴。尾蚴离开螺体很快变成囊蚴,囊蚴黏附于草上或游于水中。牛在吃草或饮水时吞食囊蚴被感染。囊蚴最终进入到肝胆管发育为成虫,需要 2～4 个月。成虫寿命 3～5 年。但一般 1 年左右即被牛自然排除。

【临床症状】 本病多呈慢性经过,犊牛症状明显,成年牛一般不明显,但如果感染严重,营养状况较差时,也能引起死亡。患牛精神沉郁,被毛粗乱,食欲减退,步行缓慢,黏膜苍白,继而出现周期性瘤胃鼓胀或前胃弛缓,腹泻,日渐消瘦。到后期颌下、胸下出现水肿,触诊有波动感或揉面团样感觉,严重贫血,公牛生殖力降低,母牛不孕或流产,往往由于极度衰竭而死亡。

【诊　断】　在本病发生地区,一般根据临床症状提出怀疑,确诊须发现虫卵或虫体。

【预　防】　消灭椎实螺同时要注意不在有肝片吸虫病原的潮湿牧场或低洼地带放牧,也不要割这些地方的青草喂牛,不饮死水。定期进行预防性驱虫,在本病的流行地区,对牛群进行有计划的驱虫,每年2～3次。驱虫后一定时间内排出的粪便必须集中处理,堆积发酵,进行生物热处理。

【中西医结合简便疗法】

1. 西医治疗

治疗肝片吸虫病时,不仅要进行驱虫,而且应注意对症治疗,尤其对体弱的重症患牛,尤其如此。驱虫可选用丙硫苯咪唑20～30毫克/千克体重,内服,或硝氯酚3～4毫克/千克体重,内服;硫双二氯酚,40～60毫克/千克体重,内服;阿苯达唑片20～30毫克/千克体重,内服。

2. 中药治疗

方一　鸦胆子42克,大茶药120克,生姜90克。煎水候温灌服。

方二　肝蛭散。贯众50克,苦参40克,槟榔40克,苦楝皮40克,龙胆草40克,大黄30克,茯苓50克,泽泻30克,厚朴30克,苏木20克,肉豆蔻20克。水煎候温灌服,服药前30分钟灌服蜂蜜250克。

方三　苏木15克,贯众9克,槟榔12克。水煎去渣,加白酒60毫升,灌服。

方四 复方贯众驱虫散（贯众 150 克，槟榔 50 克，榧子 50 克，苍术 50 克，陈皮 50 克，厚朴 50 克，龙胆草 50 克，藿香 50 克）。碾成粉末或煎水分 2 次内服。

方五 鸦胆子 40 克，大茶药 120 克，干姜 90 克。水煎灌服。

方六 蜂蜜 120 克，地浆水 2 000 毫升，青油 500 毫升，混合灌服。

方七 红糖 90 克溶于水中内服，1 小时后再灌 20% 的石灰澄清液 1 000 毫升。

方八 白糖 500～1 000 克，加温水溶化后灌服。灌服前禁食半天。

方九 贯众 250 克，大活血 250 克，水煎服。

四、牛皮蝇蛆病

牛皮蝇蛆病又称牛翁眼或牛跳虫病。是由皮蝇科皮蝇属的牛皮蝇和纹皮绳的幼虫寄生于牛的背部皮下组织内所引起的一种慢性寄生虫病。临床上以皮肤痛痒、局部结缔组织增生和皮下蜂窝织炎为特征。

【虫体特征及生活史】 本病的病原为皮蝇科皮蝇属的牛皮蝇和纹皮蝇的幼虫。其成虫形态相似，不致病，外形像蜜蜂，体表被有绒毛，触角分 3 节，口器已退化，不能采食，亦不能蜇咬牛只。牛皮蝇体长约 15 毫米，虫卵产在牛的四肢上部、腹部、乳房区和体侧的被毛上，单个地黏着于被毛上。卵呈淡黄白色，有光泽。牛皮蝇的第三期幼虫，体较粗大，长约 28 毫米，深褐色，分为 11 节，背面较平，腹面呈疣状带小刺的结节，最后 2 节背腹面均无小刺，虫体前端较尖，无口钩，后端较平，有两个呈漏斗状深棕褐色的气孔板。

纹皮蝇比牛皮蝇小，体长只有 13 毫米，虫卵产在牛后腿的后下方和前腿部分，一根毛上可固着成排的虫卵。纹皮蝇的第三期幼虫与牛皮蝇的相似，体长 26 毫米，虫体最后 1 节无小刺，第十节的腹面仅后缘有刺,气孔板较平。

成蝇于每年4～8月间追牛产卵,卵后端有长柄,牢固地粘在牛毛上。蝇卵经4～7天孵出第一期幼虫,经皮肤钻入体内移行,8月份至翌年1月份纹皮蝇第二期幼虫在牛食管部寄生;10月份至翌年3月份牛皮蝇幼虫在椎管硬膜中寄生。纹皮蝇与牛皮蝇第三期幼虫在背部皮下停留两个半月,经皮肤逸出落地变成蛹,羽化成蝇,整个发育周期为1年。

【临床症状】 雌蝇飞翔产卵时,常引起牛只不安,影响采食,有些牛只奔逃时受外伤或流产。幼虫钻入牛皮肤时,引起牛瘙痒、不安和局部疼痛。幼虫在体内长时间移行,使组织受损伤,在咽头、食管部移行时引起咽炎、食管壁炎症。幼虫分泌的毒素对牛有一定的毒害,常使患牛消瘦,贫血,肌肉稀血症。牛肉的质量降低,产奶量下降。犊牛贫血和发育不良。幼虫寄生于牛背部皮下时,其寄生部位往往发生血肿和蜂窝炎。感染化脓时,常形成瘘管,经常流出脓液,直到幼虫逸出后,瘘管才逐渐愈合,形成瘢痕。

【诊　断】 结合病史调查、流行病学资料分析和检查患牛背部皮肤与皮下的典型病变并发现虫体,即可做出明确的诊断。

【预　防】 加强牛体卫生,每年夏、秋季节,每隔半个月向牛体喷洒1次1%敌百虫溶液,防止皮蝇产卵。在流行区域,皮蝇活动季节,可用0.01%溴氰菊酯或0.02%氰戊菊酯对牛体进行喷洒,每隔20天喷洒一次。牛舍、运动场定期用滴滴涕或除虫菊酯喷雾消毒。

【中西医简便疗法】

1. 西医治疗

消灭移行中的幼虫可用10%～15%精制敌百虫水溶液0.1～0.2毫升/千克体重,分别于10月中旬和翌年1月下旬,臀部肌内注射。或在11～12月份用倍硫磷,7毫克/千克体重,肌内注射。

消灭尚未到达牛背部皮下的幼虫,可用10%或15%的敌百虫溶液,每年蚊虫活动季节一结束,用伊维菌素或爱比菌素 0.2 毫克/千克体重,一次皮下注射,可有效地预防牛皮蝇蛆病。溴氰菊酯、氯氰菊酯、氟氯氰菊酯、氰戊菊酯的油乳剂加水稀释后喷洒牛体和牛舍有驱避成蝇的作用。

2. 中药治疗

方一　当归 2 千克,放在 4 升食醋中浸泡 48 小时,在 9 月中旬、10 月上旬,给牛的背部两侧各涂搽浸液 1 次,大牛每次用浸液 150 毫升,小牛用 80 毫升,以浸湿被毛和皮肤为度。

方二　蒲芦茶(葫芦茶)100 克,陈石灰 25 克,捣烂敷患处。

方三　蒲芦茶 500 克,鳊鱼(或鲢鱼)1 条,水煎,去渣灌服。

方四　无爷藤(无根藤)500～1 000 克,水煎,去渣灌服 2～3 次,并洗患处。

方五　用红烟丝(炒)适量,捣烂后加适量煤油混匀塞进患处。

方六　生石灰 50 克,熟烟 100 克。加水调成糊状,塞进患部。

方七　熟香蕉皮 15 个,捣烂后加水适量灌服。外用百草霜、煤油适量混匀,涂患处。

方八　狗骨粉,石灰适量,用桃叶煎水洗患处后,取上药混合撒入患处。

方九　猫尾草(长穗猫尾草)叶适量,捣烂后塞进患处,蛆虫即出。

五、伊氏锥虫病

伊氏锥虫病又称苏拉病,俗称肿脚病,是由伊氏锥虫寄生于家畜血液中引起的一种原虫病。主要由虻和螫蝇传播,多发于夏、秋季节,牛较易感。本病多呈慢性经过。临床上以间歇性发热、贫血、消瘦、水肿以及神经等一系列病理症状为特征。

【虫体特征和生活史】　伊氏锥虫为单型锥虫,呈柳叶状,长 18～34 微米,宽 1～2 微米。前端较尖。虫体中部有一呈圆形的主核。靠近后端有一动基体,其稍前方有一生毛体,鞭毛由此长出,并沿虫体边缘向前延伸。鞭毛和虫体之间有波动膜相连。伊氏锥虫寄生在血液、淋巴液及造血器官中,以纵分裂方式进行繁殖。虻等吸血昆虫在患病或带虫动物体上吸血时,将虫吸入体内。伊氏锥虫在吸血昆虫体内不发育,只起到机械传播病原的作用。当携带伊氏锥虫的虻等再吸食健康动物的血时,即将伊氏锥虫传给健康动物。注射或采血时消毒不严以及带虫的妊娠母牛经胎盘均有传播可能。

【临床症状】 本病的潜伏期为4～14天。分急性和慢性两种。一般多呈慢性经过或带虫状态。

1. 急性型 多发生于春耕和夏收期间的肥壮牛,发病后体温突然升高到40℃以上,精神不振,黄疸,贫血,呼吸困难,心悸亢进,口吐白沫,心律不齐,外周血液内出现大量虫体。如不及时治疗,多于数周或数天内死亡。

2. 慢性型 病牛精神沉郁,嗜睡,食欲减少,瘤胃蠕动减弱,粪便秘结,贫血,间歇热,结膜稍黄染,呈进行性消瘦,皮肤干裂,最后干燥坏死。四肢下部、前胸及腹下水肿,起卧困难甚至卧地不起,后期多发生麻痹,不能站立,最终死亡。少数有神经症状,妊娠母牛常常发生流产。

【诊 断】 根据临诊症状、流行特点、病原以及血清学检查进行综合诊断。

【预 防】 在流行季节,对疫区的易感动物应进行药物预防,可选用苏拉明,每月1次,直至吸血昆虫停息期。定期检疫,查出病牛,尤其是带虫动物,对阳性者及时给予药物治疗。对患病或带虫动物应限制其进入疫区。平常抓好消灭吸血昆虫的工作。

【中西医结合简便疗法】

1. 西药治疗

用拜耳205,按每千克体重8～12毫克,用生理盐水配成10%

注射液静脉注射,每日 1 次,连用 3 天。

方一 血虫净(贝尼尔),按每千克体重 3.5～5 毫克,用注射用水配成 5%注射液,臀部肌内注射,每日 1 次,连用 3 天。

方二 安锥赛,按每千克体重 3～5 毫克,配成 10%注射液,肌内注射,每日 1 次,连用 2～3 天。

2. 中药治疗

方一 夏枯草、鱼腥草、蒲公英、野菊花根、棉葛藤根各 1 000克,皂荚刺 250 克,灯芯草、车前草、薄荷、苦参根、土大黄各 500克。水煎去渣服,每日 1 次,连服 7～10 天。

方二 灭锥灵。白英 150 克,白花蛇舌草 100 克,马鞭草 100克,锦鸡儿 100 克,虎杖 100 克,淡竹叶 100 克,黄荆子 80 克,南瓜子 60 克,生地黄 60 克,茯苓 60 克,苦参 50 克,黄柏 50 克,黄芩 50克,茵陈 50 克,鱼腥草 50 克,车前草 50 克,厚朴 50 克,苍术 50克,龙胆草 50 克,田皂角 50 克,当归 50 克,半边莲 50 克,薏苡仁50 克,瞿麦 40 克,白术 35 克,贯众 30 克,萹蓄 30 克,泽泻 30 克。水煎去渣灌服,每日 1 剂,连用 5 剂。

方三 大沙叶(满天星)200 克,血宽筋 200 克,葫芦茶 500克,苦楝子 200 克,牛白藤 200 克,金钱草 150 克,金银花 200 克,野菊花 150 克。加水煎服,连服 4～5 剂。

方四 秦艽 63 克,独活 30 克,五加皮 30 克,吴茱萸 16 克,补骨脂 30 克,莪术 30 克,山苍子 63 克,骨碎补 30 克,百部 30 克,贯众 30 克,何首乌 60 克,牛膝 30 克。水煎,加入硫黄粉 30 克,冲酒60 克灌服,连服 7 天。

六、泰勒焦虫病

泰勒焦虫是由环形泰勒虫和瑟氏泰勒虫寄生于牛的网状内皮系统和红细胞内所引起的一种原虫病。临床上以高热、贫血、消瘦和体表淋巴结肿大为主要特征。此病分布广泛,呈地方性流行,发病后病情严重,常造成牛只死亡。

【虫体特征和生活史】 环形泰勒焦虫寄生在红细胞内,血液型虫体标准形态为戒指状,大小为 0.8～1.7 微米,另外还有椭圆形、逗点状、杆状、十字形等形状,但环形的戒指状比例始终大大多于其他形状。姬姆萨染色核位于一端,染成红色,原生质淡蓝色。1 个红细胞内感染虫体 1～12 个不等,常见 2～3 个。瑟氏泰勒虫血液型虫体亦呈环形、椭圆形、逗点形和杆状等,其与环形泰勒虫的主要区别为杆形虫体多于圆形类虫体。

环形泰勒焦虫生活史需两个宿主,一个是蜱,另一个是牛(羊)。其中蜱是终末宿主,牛是中间宿主。泰勒焦虫需经无性生殖和有性生殖两个阶段,并产生无性型及有性型两种虫体。

无性生殖阶段在牛体进行,当虫体子孢子随蜱唾液进入牛体后,在脾、淋巴结、肝等网状内皮细胞内进行裂体增殖,经大裂殖体(无性型),到大裂殖子,大裂殖子又侵入其他网状内皮细胞,重复上述裂殖过程,此过程是无性繁殖。产生的大裂殖子侵入网状内皮细胞时变为小型裂殖体(有性型),后形成小裂殖子,进入红细胞内变为配子体(血液型虫体),分为大配子体与小配子体。当幼蜱吸血时,红细胞进入蜱胃内后,释放出的大小配子体结合成为合子。进而经动合子、孢子体,在唾液腺内增殖成许多子孢子,此过程为有性繁殖。当蜱吸血时,子孢子随蜱唾液进入牛体内,完成一个生活史的循环。

【临床症状】 本病潜伏期 14～20 天,病初体表淋巴结肿痛,体温升高到 40.5℃～42℃,呈稽留热,呼吸急促,**心跳加快**。精神委顿,结膜潮红。中期体表淋巴结显著肿大,为正常的 2～5 倍。反刍停止,先便秘后腹泻,粪中带血丝。可视黏膜有出血斑点。步态蹒跚,起立困难。后期结膜苍白、黄染,在眼睑和尾部皮肤较薄的部位出现粟粒大至扁豆大的深红色出血斑点,病牛卧地不起,最后衰竭死亡。

【诊 断】 根据临床症状,体表淋巴结肿胀、高热稽留,结合流行病学,可怀疑为本病。确诊需做病原学检查。

【预 防】 有蜱的地区应定期灭蜱,牛舍内 1 米以下的墙壁,要用杀虫药涂抹,杀灭残留蜱。对牛体表的蜱要定期喷药或药浴,以便杀灭之。不要在有蜱的牧场放牧,对在不安全牧场放牧的牛群,于发病季节前,定期药物预防,以防发病。

【中西医简便疗法】

1. 西医治疗

方一 贝尼尔,按 5~7 毫克/千克体重,配成 7% 溶液,深部肌内注射,连注 3 天,必要时间隔 2 天再连注 2 次。

方二 黄色素,按 4~6 毫克/千克体重,配成 0.5% 水溶液静脉注射,间隔 24 小时再注 1 次。或者将贝尼尔与黄色素交替使用,第一、三日用贝尼尔,第二、第四日用黄色素,效果较好。

方三 阿卡普林,每千克体重用 0.6~1 毫克,配成 5% 溶液皮下注射。

在选用以上药物治疗的同时,还应该采用对症疗法,才能收到更好的效果。

2. 中药治疗

方一 常山、黄花蒿各 100 克,炒鸦蛋子、柴胡、雄黄、乌梅各 60 克。共为末,沸水冲调,候温一次灌服,每日 1 剂,连用 3~5 剂。

方二 黄芩 60 克,木通 30 克,天花粉 60 克,黄连 24 克,连翘 90 克,茵陈 120 克,地骨皮 180 克,栀子 60 克,云茯苓 30 克,黄柏 30 克,牛蒡子 30 克,桔梗 30 克,柴胡 60 克,贯众 80 克。水煎,加蜂蜜 60 克,灌服。

方三 鲜青蒿 500 克,龙胆草 60 克,栀子 50 克,黄芩 50 克,柴胡 60 克,生地黄 60 克,泽泻 50 克,车前 30 克,木通 50 克,当归 40 克,甘草 30 克。鲜青蒿捣烂,其他药共为末,一同用沸水冲,候温灌服。

方四　对重型、贫血严重,中、后期的病牛,可用十全大补汤。党参 40～60 克,茯苓 30～60 克,白术 60～100 克,炙甘草 20～40 克,当归 40～90 克,川芎 20～50 克,白芍 40～80 克,熟地黄 60～100 克,黄芪 80～150 克,肉桂 20～40 克。共为末,沸水冲调,一次灌服,每日 1 剂。

七、巴贝斯虫病

牛巴贝斯虫病又称梨形虫病,旧称焦虫病,是由梨形虫目巴贝科巴贝属中的双芽巴贝斯虫和牛巴贝斯虫寄生在牛的红细胞及网状内皮细胞内所引起的一种血液原虫病。是通过蜱叮咬传播的一种血液原虫病。其流行特点是具有较强的季节性,多呈急性发生,发病率和死亡率较高。临床特征是发热、贫血、黄疸、血红蛋白尿等。

【虫体特征和生活史】　巴贝斯虫为大型虫体,其长度大于红细胞半径,呈圆环形、椭圆形、单梨籽形、双梨籽形和不规则形。典型的双梨籽形虫体以其尖端相连成锐角,其长度为 4～5 微米。圆环形虫体的直径约为 2～3 微米。多数虫体位于红细胞的中部。

硬蜱是本病病原体的传播者,当蜱在牛体上吸血时,寄生在红细胞内的巴贝斯虫体被吸入到蜱体内进行发育繁殖,并可经过蜱的卵传递给下一代,在幼蜱的唾液腺细胞里发育到感染阶段。当幼蜱吸食健康牛血时,将巴贝斯虫接种到健康牛体内,在牛的红细胞内以"成对出芽"的方式进行繁殖并继续进行上述生活史和传播。

【临床症状】　牛巴贝斯虫病潜伏期为 9～15 天,突然发病,体温升高到 40℃以上,呈稽留热。病牛精神萎靡,食欲减退或消失,反刍停止,呼吸和心跳增快,可视黏膜黄染,有点状出血,初期腹泻,后期便秘,尿呈红色乃至酱油色。红细胞减少,血红素指数下降,急性病例可在 2～6 天内死亡。轻症病牛几日后体温下降,恢复较慢。

【诊　断】　根据病牛主要症状、病变和流行特点,可做出初步诊断,但确诊必须查到病原。

【预　防】　本病预防的关键在于灭蜱。在温暖季节,如发现牛体上有蜱寄生,可使用化学药品如1%～2%敌百虫溶液等将其杀死。在流行季节,疫区内,每年要定期检查血液。检查出病牛及时隔离饲养,并用药物治疗,以防引起本病的流行。由安全区向疫区输入牛只时,必须预先用特效杀虫药进行注射,使其保护,以免引入后,立即被感染而引起流行。由疫区向安全区输入牛只时,必须要证明无带虫方可放行。

【中西医简便疗法】

1. 西医治疗

可参照泰勒焦虫病治疗。

2. 中药治疗

方一　茵陈60克,黄芩60克,木通30克,天花粉30克,黄连70克,连翘60克,地骨皮60克,栀子60克,茯苓30克,牛蒡子24克,桔梗24克,柴胡60克,贯众60克,加蜂蜜200克。共为末,一次投服。

方二　青蒿100克,鳖甲10克,知母30克,生地黄30克,牡丹皮20克,柴胡30克,槟榔20克,常山30克,乌梅30克。若病牛出现血色素尿,加墨旱莲50克。若病情较重,体质虚弱,加党参30克,黄芪30克,熟地黄30克,当归30克,白芍40克。水煎,候温灌服。

方三　青蒿散。青蒿150克,常山45克,柴胡90克,黄芩、何首乌各80克,党参、生地、金银花各12克,甘草30克。水煎服,每日1剂。

方四　取鲜青蒿1.5～2千克,切碎冷浸50分钟后,连药渣分上、下午2次灌服。

方五　驱焦散。常山 100 克,青蒿 120 克,草果 100 克,槟榔 60 克,乌梅 60 克,厚朴 60 克,青皮 100 克,陈皮 60 克,柴胡 100 克,黄芩 100 克,川羌活 60 克,建曲 100 克,甘草 60 克,生姜 120 克,大枣 30 枚作引。研末冲服或煎汤灌服,每日 1 剂,连服 7 剂。

八、球　虫　病

球虫病是球虫寄生于牛肠道而引起临床上出血性肠炎为特征的寄生虫病。主要发生于犊牛,可导致死亡。文献记载,寄生于牛的球虫有 10 余种,常见的以邱氏艾美耳球虫、牛艾美耳球虫和奥博艾美耳球虫的致病性最强,也最常见。该病常发于犊牛,多见于夏、秋潮湿阴雨季节,呈地方性流行。

【虫体特征和生活史】　邱氏艾美耳球虫主要寄生在直肠,也可寄生在盲肠、结肠黏膜上皮细胞内。卵囊为圆形或椭圆形,大小为 14～17 微米×17～20 微米,呈淡黄色。原生质团几乎充满了卵囊腔。卵囊壁为双层,光滑,厚 0.8～1.6 微米。无卵膜孔,卵囊和孢子囊内无残体。

牛艾美耳球虫寄生在牛小肠、盲肠和结肠黏膜上皮细胞内。卵囊呈椭圆形,大小为 20～21 微米×27～29 微米,呈褐色。卵囊壁亦为双层,光滑,内层厚约 0.4 微米,外层厚约 1.3 微米。卵膜孔不明显,卵囊内无残体,孢子囊内有残体。

各种牛球虫在寄生的肠管上皮细胞内首先反复进行无性的裂体增殖,继而进行有性的配子生殖(内生性发育)。当卵囊形成后随粪便排出体外,经 48～72 小时的孢子生殖过程,卵囊发育成熟(外生性发育)。如牛只吞食了孢子化的卵囊后即发生感染重复上述发育。

【临床症状】　本病潜伏期为 2～3 周,有时达 1 个月,犊牛一般为急性经过,病程为 10～15 天,也有在发病后 1～2 天犊牛即发生死亡的。病初,病牛精神沉郁,被毛松乱,体温略升高或正常。

粪便稀薄稍带血液。约1周后,症状加剧,病牛食欲废绝,消瘦,精神萎靡,喜躺卧。体温上升到40℃~41℃,瘤胃蠕动和反刍停止,肠蠕动增强。排出带血的稀粪,其中混有纤维素性假膜,恶臭。疾病末期,粪便呈黑色,几乎全是血液,体温下降,在恶病质状态下死亡。

慢性者可能长期腹泻,消瘦,贫血,如不及时治疗,亦可发生死亡。

【诊　断】　根据流行病学、症状和病变可做出初步诊断。粪便和直肠刮取物检查若发现大量球虫卵囊即可确诊。

【预　防】　加强预防措施,犊牛与成年牛应分群饲养,以免球虫卵囊污染犊牛的饲料;在发病时可用3‰~5‰热碱水或1‰克辽林溶液对牛舍、饲槽消毒,每周1次;圈舍要保持干燥,粪便要勤清除,粪便和垫草等污秽物集中进行生物热发酵处理。要保持饲料和饮水的清洁卫生。

【中西医简便疗法】

1. 西医治疗

方一　盐霉素,按每日2毫克/千克体重,连用7天。或者土霉素,犊牛每千克体重20毫克,每日2~3次,连用3~4天。

方二　莫能霉素,每吨饲料中添加20~30克,连用7~10天。

方三　氨丙啉,按20~50毫克/千克体重,一次内服,连用5~6天。

方四　磺胺二甲嘧啶钠注射液,按100毫克/千克体重,一次肌内注射,每日1次,连用5天。连用2天后转为内服药物。

2. 中药治疗

方一　槐花15克,地榆15克,白头翁20克,甘草10克,青蒿10克,牡丹皮10克。共为细末,一次内服,每日1次,连用3天。

方二　槐花60克,白头翁60克,马齿苋60克,木香50克,金樱子、地榆炭、五倍子、墨旱莲、枳实、诃子各70克。研末水调服,每日 1 次,连服 4 天。

方三　青蒿 180 克,野南瓜苋(鲜)300 克,侧柏叶、蒲公英、凤尾草各 100 克,墨旱莲(鲜)、车前草(鲜草)各 200 克,煎水灌服。

方四　炒贯 40 克,元莲 25 克,黄柏 25 克,川厚朴 20 克,黄芩 25 克,侧柏叶 25 克,焦术 25 克,陈皮 20 克,甘草 25 克,仙鹤草 25 克,使君子 20 克。共研末,沸水冲,候温灌服。

方五　白头翁 45 克,黄连 25 克,广木香 25 克,黄芩 30 克,秦皮 30 克,炒槐米 30 克,地榆炭 30 克,仙鹤草 30 克,炒枳壳 30 克。水煎取汁,一次灌服,每日 1 剂,连用 3 天。

方六　鸦胆子 45 克,地榆 40 克,白头翁 35 克,黄连 30 克,侧柏炭 30 克。共为末,沸水冲调,灌服。每日 1 次,连用 3～5 天。

第三章 内科病

第一节 呼吸系统疾病

一、咽 炎

咽炎是指咽黏膜与黏膜下层部位炎症。包括软腭、扁桃体等部位发生炎性变化,临床上一般以吞咽障碍、疼痛、厌食、咳嗽为特征。

【病 因】 由于采食粗硬的饲草或霉败的饲料;或采食过冷或过热的饲料,或者受刺激性强的药物、刺激性气体的刺激和损伤;或受寒或过劳时,机体抵抗力降低,受到链球菌、大肠杆菌、巴氏杆菌等条件性致病菌的侵害。此外,牛患口炎、喉炎、炭疽、口蹄疫、结核等疾病,亦可继发咽炎。

【临床症状】 病牛头颈伸直,采食缓慢而谨慎,并常中断,吞咽困难,吞咽时伸头、点头或头向侧边运动;常空口咀嚼、空口吞咽,前蹄踏地或刨地;触诊咽部敏感、热痛。严重者食团(草料)或饮入的水从口、鼻中漏出;饮食时多咳嗽并咳出食物;口中垂涎,呼吸困难并常伴有鼾鸣音或口哨音。

【诊 断】 根据病牛头颈伸展、流涎、吞咽障碍以及咽部视诊的特征病理变化明显,可做出诊断。

【预 防】 搞好平时的饲养管理工作,注意饲料的质量和调制;搞好圈舍卫生,防止受寒、过劳,增强防卫功能;在插胃管等时,应避免损伤咽黏膜,以防本病的发生。

【中西医简便疗法】

1. 西医治疗

病初,咽喉部先冷敷,后热敷,每日 3～4 次,每次 20～30 分钟。也可涂抹樟脑酒精或鱼石脂软膏,或用复方醋酸铅散或 25% 的硫酸镁外敷患部。0.1% 高锰酸钾溶液 500 毫升,冲洗口腔。

也可将 1%～2% 来苏儿溶液加热后套在口上用蒸汽熏蒸。还可用醋酸铅 10 克、白矾 5 克、樟脑 2 克、薄荷脑 1 克、白陶土 80 克,用水调和成泥状,涂于外咽部或碘甘油(1∶3)涂抹咽部。

青霉素 400 万单位、链霉素 400 万单位,一次肌内注射,每日 2 次,连用 5 天。

青霉素 240 万～320 万单位,0.25% 普鲁卡因注射液 50 毫升,咽喉部封闭。

复方新诺明 10～15 克,碳酸氢钠 10 克,碘喉片 10～15 克,研磨混合后装于布袋,衔于病牛口内。

2. 中药疗法

方一　青黛 20 克,冰片 6 克,白矾 16 克,黄连 15 克,硼砂 12 克,柿霜 16 克,黄柏 20 克,栀子 12 克,共研为末,装入布袋里衔进口中,每日换 1 次。以上剂量,5 次用完。

方二　雄黄、白及、龙骨、大黄、白蔹各等份,共研为末,用醋调,敷在口外咽部。

方三　青黛散。青黛 50 克,黄柏 50 克,儿茶 50 克,冰片 5 克,胆矾 25 克。研细末,纱布包,口衔。

方四　冰片、硼砂、元明粉各 3 份,朱砂 1 份,共研为末,向咽部吹进。

方五　熟黄瓜 1 条、白矾 30～50 克,将黄瓜挖去籽,装入白矾,在阴凉处阴干后,研末备用。每日 1 次,吹入咽部。

方六　五味消毒饮。金银花 40 克,野菊花 40 克,紫花地丁 40 克,蒲公英 40 克,连翘 40 克。水煎,一次灌服。

方七 金银花42克,紫花45克,紫花地丁43克,菊花50克,蒲公英50克,连翘45克,水煎汁温热灌服。

3. 针灸治疗

针刺玉堂穴,膘肥体壮者,可彻鹕脉血。

二、喉 炎

喉炎是喉黏膜及其下层组织的炎症。临床上以剧烈咳嗽,呼吸困难,咽部增温、肿胀、敏感为主要特征。

【病 因】 喉炎多是由于气候突变,夜间寒潮,皮肤受冷,吸入寒冷空气,饮用冷水导致感冒后发生。此外,喉头黏膜受机械性或化学性损伤,如尘埃、异物、烟火刺激性气体或药液等也可引起本病发生。可发生于传染性胸膜肺炎、恶性卡他热、犊白喉、结核等疾病过程中。喉炎还可能是邻近器官炎症如鼻炎、咽炎、气管炎等蔓延所致。此外,粗暴投送胃管,亦可诱发该病。

【临床症状】 初期病牛干痛咳,触诊喉部时,感觉过敏,以后变为湿而长的咳嗽,疼痛缓解,但饮冷水,采食干料及吸入冷空气时,咳嗽加剧,甚至发生痉挛性咳嗽。病牛喉部肿胀,头颈伸展,呈吸气性呼吸困难。喉部听诊可听到大水泡音或狭窄音。鼻孔中流出浆液性或黏液性或黏液脓性鼻液,下颌淋巴结急性肿胀。继发咽炎时则咽下障碍,有大量混有食物的唾液随鼻液流出。重症病例,精神沉郁,体温升高1℃～1.5℃,脉搏增数,结膜发绀,咳嗽剧烈,呼吸极度困难。四肢开张站立,喉部肿胀。

【诊 断】 根据临床症状可做出诊断。

【预 防】 防止受寒、感冒,注意饲养管理,避免条件致病菌的侵害。

【中西医简便疗法】

1. 西医治疗

初期宜用冰水冷敷喉部,后可用10%食盐水温敷,每日2次,也可局部涂搽 10％樟脑酒精或涂复方醋酸铅散、鱼石脂软膏等。重症喉炎，可用青霉素 400 万～500 万单位、链霉素 200 万～300 万单位，混合一次肌内注射，每日 2～3 次，连用 2～3 天。体温升高者配合选用 10％复方氨基比林、30％安乃近或柴胡注射液 30～40 毫升，肌内注射。必要时可进行蒸汽吸入法，在鼻液黏稠时，可用 1％～2％碳酸氢钠溶液。

为了祛痰镇咳，可内服碳酸氢钠 15～30 克，远志酊 30～40 毫升加温水 500 毫升；12％复方磺胺-5-甲氧嘧啶钠注射液 80 毫升，一次肌内注射，每日 2 次，连用 3～5 天，首次量加倍；0.25％普鲁卡因注射液 20～30 毫升，青霉素 80 万～160 万单位混合，在喉头周围封闭，每日 1～2 次。

2. 中药治疗

方一　升麻牛白散。牵牛子 80 克，升麻 30 克，蒲公英 60 克，紫花地丁 60 克，白芷 30 克，水煎灌服。严重的咽炎病牛，将药物研成细末，沸水冲泡后，小心灌服。

方二　硼砂 180～250 克（研末），鸡蛋清 7～8 个，麻油 500～100 毫升，调匀后 1 次徐徐灌服；

方三　雄黄散。雄黄、白及、白蔹、龙骨、川大黄各等份。共为末，用醋或水调外敷。

方四　中成药六神丸 100～200 丸，凉水冲服或研成细末，吹入咽喉内。

方五　青黛 7 克，冰片 7 克，硼砂 12 克，共研为细末，取适量用纸筒、竹筒吹入咽喉内。

3. 针灸治疗

方一　针刺鹘脉穴放血，针鼻俞穴；病势严重则开喉俞穴。

方二　针刺承浆（命牙）、开关（牙关）、喉门（锁喉）穴，放通关（舌底）血。

三、胸膜炎

胸膜炎是指胸膜发生以纤维蛋白沉着和积聚大量炎性渗出物为特征的一种炎性疾病。临床上以胸部疼痛、体温升高和胸部听诊出现摩擦音为特征。

【病　因】　常见的胸膜炎是支气管肺炎、大叶性肺炎、创伤性心包炎等病蔓延的结果;在某些传染病(如传染性胸膜肺炎、鼻疽、结核等)过程中,也常见有胸膜炎症状。

【临床症状】　主要是胸痛。不愿行动,咳嗽短、弱而痛苦,呼吸浅而速或为腹式呼吸,心跳(脉数)加快,中热,呆立不卧。叩诊胸壁时呈浊音,易发咳嗽,并伴有疼痛症状,常向对侧躲避,发哼声。听诊肺泡呼吸音减弱,病初可发现胸膜摩擦音,出现渗出液后即消失。病至后期,当胸腔积液很多时,在肺部可听诊到拍水音和明显的支气管呼吸音。叩诊肺部,浊音明显,并在一侧或两侧出现水平浊音。病牛侧卧时则浊音占据一侧胸部的全面。当胸腔积聚有大量渗出液时,穿刺胸腔可流出淡黄色穿刺液;若穿刺液有腐臭味或为脓汁时,表明胸腔已化脓坏死。

【诊　断】　根据临床症状、临床检查结合胸腔穿刺可做出诊断。

【预　防】　加强饲养管理,增强机体抵抗力,防止胸部创伤,及时治疗原发病。

【中西医简便疗法】

1. 西医治疗

可用10%氯化钙注射液120~220毫升,40%乌洛托品注射液60~110毫升,20%安钠咖注射液12~22毫升,混合,静脉注射,每日1次,连续4~6天;10%磺胺嘧啶钠注射液120~260毫升,5%葡萄糖注射液600毫升,40%乌洛托品注射液60~120毫升,混合,静脉滴注,或者青霉素300万~600万单位,蒸馏水40

毫升,0.5%氢化可的松注射液70~110毫升,胸腔注射;如为化脓性胸膜炎,渗出液过多,呼吸极其困难时,可进行胸腔穿刺,排除积液,后用0.1%雷佛奴尔溶液反复清洗胸腔,然后直接注入抗生素。

2.中药治疗

方一 当归30克,白芍30克,白及30克,桔梗15克,川贝母18克,麦冬15克,百合15克,黄芩20克,天花粉24克,滑石30克,木通24克。共为末,沸水冲,一次内服。热盛加金银花、连翘、栀子各20克;喘盛加葶苈子、枇杷叶、杏仁各15克;胸水多时加猪苓、泽泻、车前子各20克;胸疼盛加没药、乳香各15克;气虚加党参、黄芪各25克。

方二 当归35克,川贝母23克,滑石36克,白芍35克,天花粉30克,麦冬19克,白及36克,黄芩26克,木通30克,桔梗20克,百合19克,共研为末,用沸水冲烫后,一次灌服。

方三 瓜蒌皮75克,黄芩30克,柴胡36克,牡蛎35克,薤白23克,郁金25克,白芍36克,甘草20克。共研为细末,沸水冲调,一次灌服。

方四 赤芍36克,知母35克,当归36克,天花粉35克,黄芩52克,白及36克,栀子48克,桔梗36克,百部35克,马兜铃36克,桑白皮35克,水煎,灌服。

3.针灸治疗

用16号静脉注射针头,在胸前大脉,即颈静脉处放血60~100毫升,如果胸膜发炎长期不消,可用箭头针在肿胀的软处刺穿,让内中的黄水流出。

四、支气管炎

支气管炎是各种原因引起动物支气管黏膜表层或深层的炎症,临床上以咳嗽、流鼻液和不定热型为特征。以老龄和幼畜较多见。一般根据疾病的性质和病程分为急性和慢性两种。

【病　因】　急性支气管炎主要是受寒感冒,导致机体抵抗力降低,由病毒、细菌直接感染,呼吸道寄生菌(如肺炎球菌、巴氏杆菌、链球菌菌等)或外源性非特异性病原菌乘虚而入,呈现致病作用;也可由急性上呼吸道感染的细菌和病毒蔓延而引起;还可因吸入过冷的空气、粉尘、刺激性气体(如二氧化硫、氨气、烟雾等)直接刺激支气管黏膜而发病。投药或吞咽障碍时由于异物进入气管,可引起吸入性支气管炎。在流行性感冒、牛口蹄疫、恶性卡他热等疾病过程中,常表现支气管炎的症状。另外,喉炎、肺炎及胸膜炎等疾病时,由于炎症扩展,也可继发支气管炎。饲养管理粗放,如牛舍卫生条件差、通风不良、闷热潮湿以及饲料营养不平衡等,导致机体抵抗力下降,均可成为支气管炎发生的诱因。

慢性支气管炎通常由急性转变而来,常见于致病因素未能及时消除,长期反复作用,或未能及时治疗,饲养管理及使役不当,均可使急性转变为慢性。老龄牛由于呼吸道防御功能下降,喉头反射减弱,单核—吞噬细胞系统功能减弱时,该病发病率较高。维生素C、维生素A缺乏,影响支气管黏膜上皮的修复,降低了溶菌酶的活力,也容易发生本病。另外,也可由心脏瓣膜病、慢性肺脏疾病(如结核、肺气肿等)或肾炎等继发引起。

【临床症状】

1. 急性支气管炎　主要症状是咳嗽。初期短咳、干咳,以后则长咳、湿咳。初期鼻孔流出液性鼻漏,以后则变成黏液性或黏液脓性。胸部听诊,初期肺泡音粗,3天左右则出现啰音。叩诊则无明显变化。体温稍高,一般升高 $0.5℃\sim1.0℃$。呼吸稍增,脉跳稍快。食欲减退,眼结膜充血。腐败性支气管炎症,呼出的气有恶臭味,鼻孔流出污秽和有腐败臭味的鼻液。全身症状严重。

2. 慢性支气管炎　长期持续性咳嗽,尤其是运动、使役、喂食和早、晚气温低时更为明显,并且多为剧烈干咳、气喘。鼻孔流黏液性鼻涕,量少,较黏稠。胸部听诊,可听到干性啰音,叩诊无变化。病程越长,病情越加重。

【诊　断】　急性支气管炎根据病史,结合咳嗽、流鼻液和肺部出现干、湿啰音等呼吸道症状即可初步诊断。慢性支气管炎可根据持续性咳嗽和肺部啰音等症状即可诊断。X线检查可为诊断提供依据。本病应与流行性感冒、急性上呼吸道感染等疾病相鉴别。

【预　防】　加强平时的饲养管理,改善环境卫生,圈舍应经常保持清洁卫生,注意通风透光,避免烟雾、粉尘和刺激性气体对呼吸道的影响。使役出汗后,应避免受寒冷和潮湿的刺激。

【中西医简便疗法】

1. 西医治疗

对咳嗽频繁、支气管分泌物黏稠的病牛,可口服溶解性祛痰剂,可用氯化铵 10～20 克,或吐酒石 0.5～3 克,内服,每日 1～2 次。若分泌物不多,但咳嗽频繁且疼痛,可用复方樟脑酊 30～50 毫升,每日 1～2 次;复方甘草合剂 100～150 毫升,内服,每日 1～2 次。为了促进炎性渗出物的排除,可用来苏儿、松节油、薄荷脑等蒸气反复吸入,也可用碳酸氢钠等无刺激性的药物进行雾化吸入。

还可以用抗生素抗菌消炎。青霉素 40 万～80 万单位/千克体重,每日 2 次,连用 2～3 天。青霉素 100 万单位,链霉素 100 万单位,溶于 1% 普鲁卡因注射液 15～20 毫升,直接向气管内注射,每日 1 次。

慢性支气管炎可用盐酸异丙嗪片 250～500 毫克,盐酸氯丙嗪 250～500 毫克,复方甘草合剂 100～150 毫升 或复方樟脑酊 30～40 毫升,人工盐 80～200 克,加赋形剂适量,做成丸剂,一次投服,每日 1 次,连服 3 天,效果良好。

2. 中药治疗

方一　荆防散合止咳散加减。荆芥、紫菀、前胡各 30 克,杏仁

20 克,苏叶、防风、陈皮各 24 克,远志、桔梗各 15 克,甘草 9 克,共研末,一次沸水冲服。

方二 紫苏散。紫苏、荆芥、防风、陈皮、茯苓、桔梗各 25 克,姜半夏 20 克,麻黄、甘草各 15 克,共研末,生姜 30 克、大枣 10 枚为引,一次沸水冲服。

方三 款冬花散。款冬花、知母、浙贝母、桔梗、桑白皮、地骨皮、黄芩、金银花各 30 克,杏仁 20 克,马兜铃、枇杷叶、陈皮各 24 克,甘草 12 克,共研末,一次沸水冲服。也可用桑菊银翘散:桑叶、杏仁、桔梗、薄荷各 25 克,菊花、金银花、连翘各 30 克,生姜 20 克,甘草 15 克,共研末,一次沸水冲服。

方四 淡竹叶 100 克,白茅根 150 克,炒莱菔子 200 克,共为细末,沸水冲调,加入蜂蜜 250 克为引,一次灌服。每日 1 次。连用 3～5 天。

方五 对于慢性支气管炎,可用参胶益肺散:党参、阿胶各 60 克,黄芪 45 克,五味子 50 克,乌梅 20 克,桑白皮、款冬花、川贝母、桔梗、罂粟壳各 30 克,共研末,沸水冲服。

方六 葶苈子、紫苏子各 50 克,冬瓜子、枇杷叶、甘草各 100 克,炙苦杏仁,40 克,共为细末,沸水冲调,加麻油 200 毫升为引,候温灌服。每日 1 次。连用 5～7 天。

3. 针灸治疗

外感寒邪者,针肺俞、苏气、山根、耳尖、尾尖、大椎穴等;内伤者针肺俞、脾俞、百会、六脉、苏气、山根等穴。

五、支气管肺炎

支气管肺炎是个别小叶或小叶群的肺泡及与其相连接的细支气管的炎症。一般因支气管炎的蔓延所引起,又称小叶性肺炎。临床上以细支气管和少数肺小叶的肺泡内充满上皮细胞、白细胞等炎性渗出物为主征,多呈现弛张热、咳嗽、呼吸加快以及肺部听诊有异常呼吸音。

【病　因】　通常在牛遭受风寒感冒和饲养不当而使牛机体抵抗力降低时,便可发生微生物感染而致病。此外,机械性刺激或化学因素的作用,如吸入尘埃和刺激性氨和毒气、烟雾等,直接对肺刺激也可引发炎症;又如,牛营养缺乏,幼弱老衰、维生素 A 和矿物质缺乏等,也可成为发病的诱因。在恶性卡他热、结核病、口蹄疫、子宫内膜炎和乳房炎等疾病时,病原菌借血液或淋巴途径侵入肺部亦可引发炎症。

【临床症状】　病初表现急性支气管炎的症状。随病情加重,体温升至 40℃ 以上,呈弛张热型,呼吸促迫,精神不振,食欲大减甚至废绝,反刍急剧减少,逐渐消瘦。体温升高,则心跳脉数增加,反之则减少。咳嗽为阵发性,病重时由粗大转为低沉。叩击胸部时,可引起咳嗽。流灰白色黏性鼻液。肺泡呼吸音减弱,病初有湿性啰音,病重者可出现支气管呼吸音。叩诊肺部可发现范围不大的局限浊音区。白细胞总数及嗜中性白细胞一般均有明显增加。X 线检查,显示肺纹理增重,伴有小片状模糊阴影。

【诊　断】　根据典型临床症状,如咳嗽、弛张热型、叩诊浊音及听诊捻发音和啰音等,结合 X 线检查和血液学变化,即可诊断。本病与细支气管炎和大叶性肺炎有相似之处,应注意鉴别。

【预　防】　加强饲养管理,给牛群提供良好的生存环境,牛舍保持清洁、干燥、温暖和通风,避免淋雨受寒、过度劳役等诱发因素。供给全价日粮,完善兽医防疫措施,定期检疫、消毒和防疫注射,减少应激因素的刺激,增强机体的抗病能力。及时治疗原发病。

【中西医简便疗法】

1. 西医治疗

方一　青霉素 320 万单位,链霉素 2～3 克,肌内注射,每日2～3 次,连用 5～7 日。

方二 10%磺胺嘧啶钠注射液，或10%磺胺二甲嘧啶注射液100~150毫升，肌内注射，1次/日，连用5~7日。

方三 硫酸阿米卡星注射液20毫升、地塞米松注射液10毫升、维生素C注射液1000毫升，10%葡萄糖注射液100毫升，混合，一次静脉注射，连用3~5日。

方四 10%氯化钙注射液100~200毫升，静脉注射，1次/日；或氢氯噻嗪（用双氢克尿塞）0.5~2克，碘化钾2克，远志末30克，温水500毫升，一次口服，1次/日，连用3~5日。对咳喘严重、呼吸困难者可用10%葡萄糖注射液100毫升，氨茶碱注射液静脉注射；体温过高可给解热药，配合使用强心药和退热药；制止渗出和促进渗出物的吸收和排出。

2. 中药治疗

方一 马鞭草、板蓝根各200~400克，煎汁灌服。

方二 麻黄15克，杏仁8克，生石膏90克，金银花30克，连翘30克，黄芩25克，知母25克，玄参25克，生地黄25克，麦冬25克，天花粉25克，桔梗20克。共为末，沸水冲调，蜂蜜为引，一次灌服。

方三 桑白皮、地骨皮、葶苈子、天冬、知母、川贝母、黄芩、麦冬、桔梗各24~30克，甘草18克。水煎灌服。

方四 穿心莲、十大功劳各150~200克，陈皮50克。煎汁灌服。

3. 针灸治疗

针肺俞、脾俞、百会、苏气、山根、耳尖、尾尖、大椎等穴。

六、大叶性肺炎

大叶性肺炎是整个肺叶发生的急性炎症过程。因支气管和肺泡内充满大量纤维蛋白和血细胞等易于凝固的渗出物，又称纤维素性肺炎。临床上以高热稽留、铁锈色鼻液、叩诊肺部广泛浊音区和定型病理经过为特征。

【病　因】　本病主要由病原微生物引起,但真正的病因仍不十分清楚。多数研究表明,人和动物的大叶性肺炎主要由肺炎双球菌引起,并且常见于一些传染病过程中,如牛的传染性胸膜肺炎主要表现大叶性肺炎的病理过程,巴氏杆菌可引起牛发病。此外,肺炎杆菌、金黄色葡萄球菌、绿脓杆菌、坏死杆菌、副流感病毒、溶血性链球菌等在本病的发生中也起重要作用。过度劳役,受寒感冒,饲养管理不当,长途运输,吸入刺激性气体,使用免疫抑制剂等均可导致呼吸道黏膜的防御功能降低,成为本病的诱因。

【临床症状】　发病初期,体温就迅速升高,精神不振,食欲大减,反刍减少,不愿走动,呼吸迫促,心率或脉数增快,体温呈典型的稽留热型;同时,食欲继续减退或废绝,心率或脉数继续增快,心律失常,脉象虚弱,而且体温开始下降时,脉数并不减少。严重者常呆立不卧,不时发出哼声,晚间及走动时更明显。人工诱咳,容易引起咳嗽,但低弱无力,表现疼痛;两鼻孔流出铁锈色或棕红色鼻脓,有时可闻到臭味;呼吸困难。叩诊时最先在肘后出现微浊的叩诊音,继则迅速变为完全的浊音区,并保持3~5天不变,若病有好转,则浊音区逐渐缩小,并转为鼓响音或清音。肺部听诊,在充血与渗出阶段,出现肺泡呼吸音增强和干性啰音,以后逐步转为湿性啰音、捻发音,肺泡呼吸音减弱。肝变期则出现支气管呼吸音。随着溶解期的开始,支气管呼吸音又逐渐消失,而湿性啰音逐渐明显,接着又出现捻发音,最后转为正常呼吸音。在健侧或健康的肺组织部位,可听到肺泡呼吸音增强。

【诊　断】　本病主要根据病牛的发病过程,高热稽留,铁锈色鼻液的临床特征,结合胸部叩诊和听诊变化,即可做出初步诊断。

【预　防】　加强饲养管理,饲喂营养丰富且易消化的饲料,增强牛只抗病能力。对发热、出汗的牛免受寒冷、风、雨、潮湿等袭击,不可将出汗牛只置于冷厩舍之中。圈舍、饲养用具要经常用3%来苏儿溶液或1‰石灰水等消毒,加强舍内环境卫生,保持干净清洁。要及时发现、早隔离、早治疗,以防传染。

【中西医简便疗法】

1. 西医治疗

方一 卡那霉素 10～50 毫升,每日 2～3 次,连用 5～7 日。

方二 青霉素 80 万～800 万单位,链霉素 0.5～6 克,地塞米松 5～25 毫克,10～50 毫升注射水溶解后,肌肉注射,每日 2～3 次,连用 5～7 日。

方三 清开灵 20～30 毫升,配合卡那霉素 100 万～500 万单位,肌内注射,每日 2～3 次,连用 3 天。

方四 红霉素 60 万单位、氢化可的松 60 毫升、维生素 C 100 毫升、5%葡萄糖注射液 1 500 毫升,一次静脉注射,每日 1 次,连用 3 天。

病牛恢复期间可用长效磺胺药 10～50 毫升,隔日肌内注射 1 次。也可静脉注射氢化可的松或地塞米松,降低机体对各种刺激的反应性,控制炎症发展。

复方甘草片 10～50 片或羧甲司坦片 10～40 片灌服,每日 2 次,以镇咳祛痰。

为制止渗出和促进吸收,可静脉注射 10%氯化钙或 10%葡萄糖酸钙注射液。

2. 中药治疗

方一 清瘟败毒散。石膏 120 克,水牛角 30 克,桔梗 25 克,淡竹叶 60 克,甘草 10 克,生地黄 30 克,栀子 30 克,牡丹皮 30 克,黄芩 30 克,赤芍 30 克,玄参 30 克,知母 30 克,连翘 30 克。水煎取汁,水牛角锉末冲入,候温一次灌服。

方二 天冬 20 克,瓜蒌 20 克,知母 20 克,川贝母 20 克,人参 20 克,杏仁 20 克,紫苏(炒)20 克,桑白皮 25 克,黄药子 25 克,荷叶 30 克,款冬花 25 克,桔梗 25 克,甘草 25 克。共为细末,沸水冲调,候温灌服,每日 1 剂,连服 3 剂。

方三 复方清毒活瘀汤。白花蛇舌草60克，鱼腥草、穿心莲各50克，虎杖、当归、生地黄、黄芩、白茅根、赤芍、川芎、桃仁各30克，甘草15克。1剂/日，水煎2次，取2000毫升，分4次服，每次500毫升。热盛伤津者加麦冬、天花粉、沙参、石斛等；胸痛不适甚者加郁金、延胡索等；痰多黄稠者加瓜蒌皮、冬瓜仁、桔梗等；咳嗽喘息者加桑白皮、葶苈子、杏仁、麻黄、射干等；咳血痰者加白茅根；气血亏虚者加黄芪、党参等。

方四 黄芩30克、栀子25克、知母25克、浙贝母25克、桔梗25克、苦参40克、前胡25克、天花粉30克、大黄120克。共研细末，沸水冲药灌服。

方五 知母、川贝母各25克，瓜蒌30克，连翘、紫菀、兜铃、黄柏、天花粉各40克，百合、黄芩、桔梗、炙杏仁各50克，甘草100克。共为细末，沸水冲调，加蜂蜜250克为引，一次灌服。

3. 针灸治疗

针鹊脉、肺俞、脾俞、胸膛、苏气、耳尖、尾尖穴等。

七、异物性肺炎

异物性肺炎是由于异物误入肺脏引起肺组织的炎症、坏死和分解，从而形成坏疽性肺炎。

【病　因】 由于强迫灌药时患牛抬头过高，或药液过于浓稠，投药瓶插入太深，且猛灌不拔，使病牛无吞咽机会，使异物进入支气管、气管乃至肺脏，奶牛很容易发生该病。另外，奶牛的吞咽功能障碍，如感染咽炎、咽喉炎、咽麻痹、破伤风等也可使其发生异物性肺炎。

【临床症状】 初呼吸急速而困难，腹式呼吸，长声带痛性咳嗽。体温升高呈弛张热型，伴有寒颤出汗，肺部听诊有湿罗音，叩诊肺区下部呈浊音。发生肺坏疽时，则呼气恶臭，两鼻孔流出恶臭而污秽的鼻液，呈褐灰色带红或淡绿色，在咳嗽或低头时常大量流出。

【诊　断】　根据病史、临床症状即可做出诊断。

【预　防】　严格执行兽医技术操作规程,防止异物吸入肺内。灌药或喂奶时,牛头不能吊得过高,不能过快、过急。对确诊为患咽、食管麻痹、乳热和呼吸困难病牛,严禁经口灌药,并加强对原发病的治疗。

【中西医简便疗法】

1. 西医治疗

方一　青霉素、链霉素各 200 万～300 万单位,肌内注射,每日 2～3 次,连用数天。

方二　10%磺胺嘧啶钠注射液 100～150 毫升,加入 500～1 000 毫升 5%糖盐水中,静脉注射,每日 2 次,连用 5～7 天。

方三　10%氯化钙注射液 100～200 毫升、10%安钠咖注射液 20 毫升,5%糖盐水 1 500～2 000 毫升,缓慢静脉注射。

若牛发生严重的误咽现象并有窒息的危险,应立即进行气管手术,在气管的合适部位开个天窗,用双层纱布包扎,以过滤空气。

2. 中药治疗

方一　鲫鱼 1 000～1 500 克,捣如泥状,加适量温水,用纱布或细箩过滤去渣,用胃导管投服。每日 1 次,连用 3 天。

方二　皂荚 50～100 克,研粉纱布包之贴于牛的两鼻孔外(可吹入鼻孔),每日 8～10 次,每次停留半分钟(咳时取出)以刺激牛的呼吸道,使牛不断咳嗽排出肺内异物(痰液)。

方三　清肺散加味。川贝母、葶苈子、桑白皮、板蓝根、桔梗、麦冬、牛蒡子、陈皮、枳壳、黄芩、生地黄各 50 克,百合 60 克,甘草 20 克,蜂蜜 250 克,鸡蛋清 20 个为引。水煎候温灌服。

方四　千金苇茎汤加味。鲜芦根 40 克,鱼腥草 40 克,金银花 40 克,连翘 40 克,野菊花 40 克,败酱草 40 克,蒲公英 40 克,紫花地丁 40 克,冬瓜子 40 克,皂荚 40 克,桃仁 30 克、枳壳 30 克,黄芪

30 克,甘草 15 克。水煎服,每日 1 剂。

方五 葶苈散。葶苈子 60 克,知母 60 克,川贝母 30 克,马兜铃 30 克,升麻 20 克,黄芪 60 克。水煎服,每日 1 剂。

方六 鲜鲤鱼 1 条,煎汤内服。

八、间质性肺气肿

间质性肺气肿又名肺泡间气肿,是由于肺泡和细支气管损伤,空气进入小叶间结缔组织中产生的一种疾病。

【病 因】 牛的肺泡内压力增高,常可引起本病。在顽固而剧烈的呼吸困难或连续咳嗽时,如支气管炎、肺脓肿、肺丝虫、霉菌中毒、气管内吸入异物等,都容易引起本病。也可于拉重载、分娩、呕吐等情况下,腹压特别增高时,易引起本病。

【临床症状】 病牛突然发生气喘,严重时张口呼吸,鼻翼翕动。病牛取站立姿势,不愿卧地,低头,颈伸长,舌伸出,口有泡沫。经 1~2 日后,在颈侧部、背部和臀部以及肩胛周围的皮下,出现不同程度的窜入性气肿,多发于颈部及肩胛,也有蔓延至全身,致使整个身体全部鼓满。触诊感到皮下有气泡移动,手压有捻发音。肺部叩诊呈过响音,间或伴有鼓音性质。听诊肺部呈噼噼啪啪音或爆鸣音,原有的呼吸音变弱。病程一般 1~2 日,有的可达 1 周。

【诊 断】 根据肺泡和细支气管损伤及临床症状可做出诊断。

【预 防】 不饲喂霉变、污染及混有铁钉等异物的饲草料,防止超负荷使役。

【中西医简便疗法】

1. 西医治疗

急性肺气肿,可用吡苯胺(扑尔敏)100 毫克,或异丙嗪(非那根)500 毫克,肌内注射,每日 2~3 次,连用 3~4 天。同时用氨茶碱 5 毫克,青霉素 320 万单位,肌内注射,每日 2~3 次,连用 3~4

天。除了最急性在很短时间内出现皮下气肿的病牛来不及抢救外，若能配合良好的护理病牛可痊愈。

2. 中药治疗

方一　栀子 21 克，黄柏 20 克，百合 24 克，生地黄 18 克，玄参 21 克，川贝母 21 克，桑白皮 18 克，当归 24 克，瓜蒌 24 克，款冬花 21 克，罂粟壳 24 克，麦冬 24 克，白芍 24 克，硼砂 30 克，甘草 18 克。共为末，沸水冲调后温服。前 3 日每日 1 剂，以后隔日 1 剂。

方二　蛤蚧（去头、足）1 对，罂粟壳 24 克，百合 21 克，麻黄 15 克，天冬 18 克，秦艽 24 克，白芷 18 克，杏仁 24 克，玄参 21 克，川贝母 21 克，马兜铃 21 克，阿胶 45 克，白芍 21 克，枳壳（炒）24 克，麦冬 24 克，硼砂 30 克。共为末，沸水冲调，候温灌服。每日 1 剂，蛤蚧一般用 3～5 对即可。

3. 针灸治疗

针肺俞、脾俞、玉堂、鹘脉穴。

九、肺充血及肺水肿

肺充血是指肺毛细血管过度充满血液，使肺中血量增加的病症。分主动性与被动性充血两种，前者是由于流入肺脏和流出肺脏的血量同时增多，使毛细血管过度充盈；而后者则由于流出肺脏的血量减少，流入肺脏的血量正常或增多所致。

肺水肿是由于毛细血管内液体渗出而漏入肺间质与肺泡所引起，为肺充血的必然结果。由于肺泡空间数量的丧失程度不同，故其临床以呼吸困难程度各异为特征。

【病　因】　肺充血及肺水肿是许多疾病常见的一种最终结果，但常被其他障碍所掩盖而忽视。引起肺充血的原因分原发性和继发性两种。

原发性充血基本损害在肺脏。多见于肺炎初期；炎热天气而无遮阴、防暑设施所致的日射病和热射病；吸入烟雾和刺激性气体及毒气中毒;农药中毒如有机磷和有机氟中毒,以及由再生牧草热所致的急性过敏反应等。这些均能引起肺毛细血管扩张而造成主动性充血。

继发性充血基本损害部位为其他器官。主要见于充血性心力衰竭的疾病,如心扩张、心肌炎、心肌变性及二尖瓣膜狭窄和闭锁不全,由于肺脏内血液流出受阻而造成肺瘀血;也见于病牛长期躺卧,造成局部血液停滞而引起的所谓沉积性充血。

【临床症状】 突然发病,高度混合性呼吸困难,弱而湿的咳嗽,头颈伸展,鼻翼翕动,甚至张口呼吸。呼吸数明显增多。眼球突出,静脉怒张,结膜发绀,体温升高,两侧鼻孔流出大量粉红色泡沫状的鼻液。胸部叩诊呈浊音,肺部听诊有干性、湿性啰音,叩诊为鼓音。病末期可视黏膜发绀,末梢冰凉。严重时窒息死亡。

肺充血与肺水肿病状相似,常迅速发生呼吸困难,黏膜鲜红或发绀,颈静脉怒张。病牛由兴奋不安转为沉郁。咳嗽短浅、声弱而呈湿性,鼻液初呈浆液性,后期鼻液量增多,常见从两鼻孔内流出黄色或淡红色、带血色的泡沫样鼻液。严重呼吸困难者,头直伸,张口吐舌,鼻孔张大,喘息,腹部运动明显。也有表现为两前肢叉开,肘头外展,头下垂者。心跳加快至100次/分钟以上,心音初增强而后减弱。

肺部叩诊音不同,充血初期无异常,有水肿时为鼓音,当肺泡被大量水肿液充满时则呈浊音或半浊音。肺部听诊,充血时有粗糙的水泡音、无啰音;肺水肿时,肺泡音减弱,能听到小水泡音和捻发音。

【诊　断】 临床诊断肺水肿及肺充血区别困难。通过临床症状可以诊断。在临床诊断时,应与热射病、肺炎等鉴别。

【预　防】 加强饲养管理,注意牛舍通风,避免不良气体的刺激,严禁饲喂霉败饲料。夏季应做好防暑降温工作,防止牛受热应激。加强对农药保管,防止牛误食、误饮有机磷等杀虫剂而引起中毒。为防止突然饲喂青草、紫花苜蓿、甘蓝等饲料而诱发本病,可在饲料中加喂莫能霉素,以抑制色氨酸转化为 3-甲基吲哚。对因产后瘫痪等疾病而引发的躺卧母牛,或因蹄病而卧地不起的病牛,应加强护理,每日应人工翻动体躯 1~2 次,以防止沉积性肺瘀血的发生。

【中西医简便疗法】

1. 西医治疗

颈静脉放血 1 000~2 000 毫升,以降低肺内血压,改善肺循环,减轻心脏负担,缓解呼吸困难。还可用呋塞米(速尿)0.5~1.0 毫克/千克体重,一次肌内注射,每日 2 次。阿托品 0.048 毫克/千克体重,一次肌内注射,每日 2 次。氢化可的松 0.2~0.5 克,一次静脉注射。

5%葡萄糖 500 毫升、10%葡萄糖酸钙 200~500 毫升、20%甘露醇注射液 500~1 000 毫升,静脉滴注,以减少液体的渗出,消除水肿。

为防止渗出,可用 5%氯化钙注射液 200~250 毫升,一次静脉注射。

乙酰水杨酸(阿司匹林)、甲氯灭酸钠对牛抗过敏作用效果较好,可用阿司匹林 15~30 克,一次内服;或甲氯灭酸钠 1 毫克/千克体重,一次内服;每日 2 次。

2. 中药治疗

方一 葶苈子、牵牛子各 35 克,麻黄、杏仁、桔梗、陈皮、黄柏各 24 克. 水煎服,每日 1 剂,连用 3 天。

方二 白矾散。白矾、川贝母、白芷、葶苈子、甘草各 30 克,黄连、郁金各 40 克 ,黄芪及大黄各 50 克。共为末,加蜂蜜,沸水冲服。

方三 葶苈子 75 克,生石膏 10 克,紫菀、木通、桑白皮、百合、甘草、栀子、沙参各 50 克. 共为细末,蜂蜜 20 克为引,热水冲调,候温灌服,每日1次。

3. 针灸治疗

方一　血针颈脉、血堂、通关、天门为主穴,配穴:耳尖、尾尖、蹄头。

方二　百会为主穴,配大眼角、尾根、丹田。针后用冷水浸湿麻袋搭于牛背上,并不时用冷水浇湿麻袋。

方三　0.1%盐酸肾上腺素注射液5~8毫升,肺俞穴一侧注入,针深2~3厘米,每日1次。

第二节　消化系统疾病

一、口　炎

口炎又叫口疮,是口腔黏膜或深层组织的炎症,临床上以舌和口腔黏膜发生红肿、水疱、溃烂、流涎、拒食或厌食为特征。

【病　因】　采食粗硬、有芒刺或刚毛的饲料(如谷草、麦芒等),或者饲料中混有玻璃、铁丝、鱼刺、尖锐骨头以及不正确地使用口衔、开口器或锐齿直接损伤口腔黏膜;抢食过热的饲料或灌服过热的药液;采食冰冻饲料或霉败变质饲草;采食有毒植物(如毛茛、白头翁等)后,亦可发生;不适当地口服刺激性或腐蚀性药物(如水合氯醛、稀盐酸等)或长期服用汞、砷和碘制剂可导致口炎的发生;此外,还常继发于咽炎、唾液腺炎、前胃疾病、胃炎、肝炎以及某些维生素缺乏症;也可见于一些传染性疾病,如口蹄疫、钩端螺旋体病、牛黏膜病、牛恶性卡他热等特殊病原疾病。

【临床症状】　病牛采食、咀嚼障碍,流涎;口腔不洁,气味腐臭,黏膜呈斑纹状或弥漫性潮红,温热疼痛,肿胀;上腭、下腭、颊部、舌、齿龈等黏膜色鲜红或暗红,或有大小不等的溃烂面。继而分泌物增多,白色泡沫附着于唇缘或蓄积于颊腔,有时呈纤缕状流出口角。唾液内常混有草料屑、血丝。采食、咀嚼缓慢,严重者常吐出草团或食团。常发生于夏季。

【诊　断】　根据临床症状、口腔检查即可做出诊断。

【预　防】　搞好平时的饲养管理,合理调配饲料,防止尖锐的异物、有毒的植物混于饲料中;不喂发霉变质的饲草、饲料;服用带有刺激性或腐蚀性的药物时,一定按要求使用;正确使用口衔和开口器;定期检查口腔,牙齿磨损不齐时,应及时修整。

【中西医简便疗法】

1. 西医治疗

用3%碳酸氢钠溶液或0.1%高锰酸钾溶液或0.1%雷佛奴尔溶液冲洗口腔。如果唾液多,则用2%～5%硼酸溶液或者1%～2%白矾溶液、2%甲紫溶液冲洗口腔。0.2%～0.6%硝酸银溶液或10%磺胺甘油乳剂涂搽口腔。如果病牛口腔溃烂、溃疡处可涂搽碘甘油。也可用磺胺噻唑40克,小苏打35克,蜂蜜150～250克,混合后涂在病牛的舌头上让其舔服。若有全身炎症时,可以肌内注射青霉素或者磺胺噻唑钠,连续注射5天左右。

2. 中药治疗

方一　青黛散。青黛、黄连、黄柏、薄荷、桔梗、儿茶各10克。研成细末,用纱布做一长条小袋,将药物放入袋内,水中浸湿,于喂草后,将袋的两端系一绳,让其含于口内。

方二　冰硼散。冰片0.5克,硼砂15克,元明粉15克,朱砂0.6克。共研极细末,装瓷瓶内贮存。每次用1捻,装竹管内吹于患处。

方三　二霜洗涤汤。柿霜10克,孩儿茶、黄连各12克,黄柏15克,西瓜霜3克(另包)。将上药除西瓜霜外共合一处,加水1 000毫升,煮3沸,用纱布过滤去渣,再加入西瓜霜。每次用50～100毫升药液,以胶皮球吸入,注入口腔内。每日1～2次。

方四　龙骨散。龙骨(水飞)、黄丹(水飞)、白及、白蔹、狗脊各等份,研为极细末,敷贴患部。

方五 半夏散加减。牛蒡子、茯苓、枇杷叶、白芍各20克,枯矾、当归、半夏、陈皮、白药子各15克,升麻20克,甘草15克。共为细末,沸水冲调,候温灌服。

方六 青黛15克,黄连10克,黄柏10克,薄荷5克,桔梗10克,儿茶10克,人中白10克,混合。研为细末,涂或吹入口腔病变部位,每日1～2次。轻症1次可痊愈,重症连用2次可痊愈。对于特别严重病牛,配方中可加白矾10克,效果更佳。

方七 取灯芯草适量,放在锅内,用文火炒至黄褐色或微黑色。研为粉状,涂抹于患牛口腔病灶部,每日1次,连续3～5天。

3. 针灸治疗

舌体肿胀者,以针通关穴为主;有痴高及齿龈肿胀者,以针刺玉堂穴为主;身热体壮,心经有热者,宜胸膛穴放血。

二、前胃弛缓

前胃弛缓是指前胃功能紊乱而表现出兴奋性降低和收缩减弱或缺乏,从而引起瘤胃内容物运转迟滞的一种消化功能紊乱综合征。临床上以食欲减少,前胃蠕动减弱,缺乏反刍和嗳气为主要特征。

【病 因】 本病可分为原发性和继发性前胃弛缓,继发性前胃弛缓的发病率在临床上要高于原发性前胃弛缓。

原发性前胃弛缓由饲料单纯,饲养管理不当引起。长期饲喂粗硬劣质难以消化的饲料,大量富含水分的酒糟、豆腐渣,饲料的调制保管不当,内含泥沙、发霉腐烂、变质,以及饲喂不定时定量、饥饱不均;产后血钙降低等都可使前胃神经的兴奋性降低及消化功能障碍,均可导致前胃弛缓的发生。

继发性前胃弛缓多由瘤胃臌胀、积食、创伤性网胃炎、子宫炎、乳房炎等;某些寄生虫病,如肝片吸虫、血孢子虫病等;某些传染病,如结核病、布鲁氏菌病等;某些代谢性疾病,如酮病、维生素 A 及维生素 B_1 缺乏症等都可以导致此病发生。

【临床症状】　前胃弛缓在兽医临床上可分为急性型和慢性型两种类型。

1. 急性前胃弛缓　首先是食欲减退,进而多数病牛食欲废绝,反刍无力,次数减少,甚至停止。瘤胃蠕动音减弱或消失。网胃和瓣胃蠕动音减弱。瘤胃触诊,其内容物松软,有时出现间歇性鼓胀。病初一般粪便变化不大,随后粪便坚硬,色暗,被覆黏液,继发肠炎时,排棕褐色粥样或水样粪便。

2. 慢性前胃弛缓　症状与急性相似,但病程较长,病势起伏不定。病牛精神沉郁,鼻镜干燥,食欲减退或拒食、偏食,异嗜,经常磨牙,反刍逐渐弛缓,嗳气减少,嗳出的气体常带臭味。瘤胃蠕动音减弱或消失。其内容物松软或呈坚硬感,多见慢性轻度瘤胃臌胀。

【诊　断】　根据食欲、反刍障碍、瘤胃听诊和触诊等情况,再结合患牛全身状况,即可做出初步诊断。

【预　防】　平时加强饲养管理,合理搭配饲料,不突然更换饲料,更不能喂霉败、冰冻等品质不良的饲料,保持牛舍卫生,适当运动或使役。

【中西医简便疗法】

1. 西医治疗

方一　复合维生素 B 液 1 500～2 000 毫升,加常水 2 000 毫升一次灌服,1 次/日,恢复慢者可增加 1 次。

方二　新斯的明 50 毫克,皮下或肌内注射。

方三　人工盐 300 克、碳酸氢钠粉 100 克,加水混合一次灌服。

方四　硫酸钠 500 克,松节油 30～40 毫升,清洁水 4 000～5 000 毫升,混合后一次内服。

方五　液状石蜡 1 000～2 000 毫升,苦味酊 20～40 毫升,混合后一次内服。

方六　酒石酸锑钾 6～12 克,口服。

方七　酒石酸锑钾 3～5 克,陈皮酊 40～80 毫升,马钱子酊 15～25 毫升,硫酸钠 100～300 克,加水 1～3 升,一次灌服,每日 2 次。

方八　10％葡萄糖酸钙液、25％葡萄糖液、5％碳酸氢钠液各 500 毫升与 5％糖盐水 1 000 毫升,混合一次静脉注射。

方九　对于因血钙水平降低引起的原发性前胃弛缓可用 10％氯化钠注射液 100～200 毫升,或 10％氯化钙注射液 100～200 毫升,配合 20％安钠咖注射液 10 毫升,静脉注射。

2. 中药治疗

方一　生姜 60 克,大枣 100 克,食醋 120 毫升,水煎汁灌服。

方二　神曲 300 克,食醋 700 克,加适量温水,一次内服。

方三　黄芪 64 克,党参 65 克,生姜 40 克,陈皮 40 克,槟榔 38 克,白芍 40 克,焦三仙各 35 克,枳壳 37 克,甘草 35 克,水煎灌服。

方四　食醋 600～1 200 毫升,炒草果 120～180 克。先把草果研成细末,再加入食醋和温水 1 200 毫升,一次灌服。连服 2～3 天。

方五　炒莱菔子 200 克,炒食盐 40 克,大蒜 150 克,水煎汁加植物油 280 毫升灌服。

方六　大戟 35 克,大黄 32 克,滑石 35 克,续随子 34 克,甘草 18 克,官桂 10 克,牵牛子 30 克,甘遂 15 克,白芷 10 克,共为末加植物油 350 克,加适量水一次灌服。

方七　神曲 200 克,沸水冲调,再加醋 500 毫升与枇杷叶(去毛)50 克,加清水适量共煎,取汁灌服,每日 1 次,连用 5～8 天。

方八　食用米醋 1 500～2 500 克,每日分 2 次灌服。

3. 针灸治疗

方一　针脾俞、百会、肷角、关元俞、顺气穴。

方二 电针关元俞、脾俞、百会穴。

方三 10％氯化钾注射液 40 毫升或新斯的明 15 毫升,后海穴一次注射。

三、瘤胃鼓气

瘤胃臌气又名气鼓胀、瘤胃鼓胀,是牛只采食了大量多汁、幼嫩的青草或含蛋白质较高的豆科植物,以及霉变、潮湿、发酵饲草料,导致瘤胃内容物异常发酵而产生大量气体,嗳气功能障碍而不能排出,致使瘤胃、网胃过度膨胀与消化功能紊乱的一种疾病。临床上以反刍嗳气障碍、呼吸极度困难、腹围急剧膨大和触诊瘤胃紧张而有弹性为特征。

【病 因】 瘤胃鼓胀按病因分为原发性膨胀和继发性臌胀。

原发性瘤胃臌气主要是由于采食大量容易发酵的饲料而引起,如饲喂大量多汁、幼嫩的青草、霜草和豆科植物(如苜蓿)以及易发酵的甘薯秧、甜菜、马铃薯等;或饲喂含蛋白质高而又未经浸泡的饲料(如大豆、豆饼等);或饲喂发霉变质或经雨淋潮湿的饲料;或食入大量的豆腐渣、糖糟、青贮饲料;或食入有毒物质(毒芹等)等都可引起瘤胃鼓气。

继发性瘤胃鼓胀常继发于前胃弛缓、创伤性网胃炎、瓣胃阻塞、食管阻塞、食管痉挛等疾病。

【临床症状】 腹痛不安,经常回头,后肢常常踢腹部,摇尾,频频起卧甚至打滚,停止吃食,反刍和嗳气停止。腹围很快扩大,左肷窝部尤其突出,严重者甚至高出脊背。如触诊肷窝部位,可感到紧张而又有弹性,呈鼓音。听诊瘤胃蠕动音则是减弱或者消失。呼吸极度困难,每分钟 60～80 次,甚至张口呼吸。口内流涎。可视眼黏膜为红黑色。心跳加快,静脉怒张。后期病牛精神沉郁,呻吟,步态不稳,常常卧地不起,常因窒息痉挛或者心脏麻痹而亡。

【诊 断】 根据左肷部突发膨大、突起,叩诊呈鼓音和呼吸困难等临床症状,即可做出诊断。

【预　防】　平时加强管理,防止牛采食过量的多汁、幼嫩的青草和豆科植物(如苜蓿)以及易发酵的甘薯秧、甜菜等。不在雨后或带有露水、霜等的草地上放牧。在由舍饲转为放牧时,应先喂些干草或粗饲料过渡,避免突然转换青绿饲料。适当使役,防止饮喂太猛。做好饲料保管和加工调制工作,严禁饲喂发霉腐烂饲料。

【中西医简便疗法】

1. 西医治疗

单纯性瘤胃臌气的初期,可用消气灵加适量水一次灌服;或投服植物油、稀盐酸等制酵剂。

泡沫性瘤胃臌气则须投服消泡剂,石蜡油 500～1 000 毫升、松节油 40～50 毫升,加温水内服;或聚氧化丙烯与聚氧化乙烯合剂 20～25 克,或聚合甲基硅油(即消胀片)4 克,加水投服。

继发性臌气,可用硫酸镁 500～800 克、碳酸氢钠粉 100～150 克,加水 1 000 毫升,一次灌服。

臌气严重,呼吸困难,有窒息危险的,应尽快采用套管针穿刺瘤胃放气进行急救。但放气不宜过快,以免因大脑贫血而昏迷。或从口腔送入胃导管,使气体通过胃导管排出。若是泡沫性瘤胃臌气或伴发高度呼吸困难,宜果断地施行瘤胃切开术,取出其中大部分内容物后,再移植健康牛的瘤胃液。

对妊娠后期或分娩后的病牛或高产病牛,可一次静脉注射10%葡萄糖酸钙注射液 500 毫升。

2. 中药治疗

方一　莱菔子(研成末)120 克,芒硝 300 克,**陈醋 300 克**,菜油 300 毫升,加入适量温开水灌服。

方二　对于慢性病牛,将菜油 300 毫升加入 120～160 克的熟石灰中,滤渣后温凉灌服。

方三　豆油脚 300 克左右,红辣椒末 80～120 克,混合后加温水 1 500 毫升,一次灌服。

方四　滑石粉 400～900 克,丁香末 50 克,肉豆蔻粉 50 克。一次调服。

方五　续随子 200 克研成末,加入陈醋 250～300 克,一次灌服。

方六　食醋 1 000～2 000 毫升,植物油 500～1 000 毫升,一次灌服。

方七　生石灰 150～180 克,加水 3～5 升,溶化后取澄清液灌服。

方八　旱烟叶 60 克,放入 500 毫升植物油中,煮沸 5～10 分钟,捞出烟叶,待油凉后灌服。

3. 针灸治疗

方一　针刺脾俞、百会、苏气、山根、耳尖、三江、八字、尾尖、顺气等穴。

方二　火针,脾俞穴。

方三　血针,三棱针在舌根放血,针刺山根穴。

顺气穴插枝疗法:用细柳条从顺气穴刺进直达鼻腔内。病重时可用套管针在肷俞穴放气。

四、瘤胃积食

瘤胃积食又叫瘤胃食滞或急性瘤胃扩张,中兽医又称宿草不转。是牛采食大量粗纤维饲料或容易鼓胀的饲料引起瘤胃扩张,瘤胃容积增大,内容物停滞和阻塞以及整个前胃功能障碍,形成脱水和毒血症的一种严重疾病。临床上以反刍、嗳气停止,瘤胃坚实、疝痛,瘤胃蠕动音极弱或消失为特征。

【病　因】　瘤胃积食主要是由于贪食大量富含粗纤维的饲料,如豆秸、山芋藤、老苜蓿、花生蔓、紫云英、谷草、稻草、麦秸、甘薯蔓等,缺乏饮水,难于消化所致。过食麸皮、棉籽饼、酒糟、豆渣等,也能引起瘤胃积食。或者长期舍饲的牛因运动不足,当突然变换可口的饲料,常常造成采食过多,或者由放牧转舍饲,采食难于消化的干枯饲料而发病。耕牛常因采食后立即犁田、耙地或使役后立即饲喂,影响消化功能,引起本病的发生。此外在前胃弛缓、创伤性网胃腹膜炎、瓣胃秘结以及皱胃阻塞等病程中,也常常继发瘤胃积食。

【临床症状】 发病初期,食欲、反刍、嗳气减少或停止,鼻镜干燥,表现为弓腰、回头顾腹、后肢踢腹、摇尾、卧立不安。触诊时瘤胃胀满而坚实呈现沙袋样,并有痛感。叩诊呈浊音。听诊瘤胃蠕动音初减弱,以后消失。严重时呼吸困难、呻吟、吐粪水,有时从鼻腔流出。直肠检查可发现瘤胃扩张,容积增大,有坚实或黏硬内容物,但胃壁显著扩张。如不及时治疗,多因脱水、中毒、衰竭或窒息而死。

【诊　断】 根据病史和临床症状可以确诊。但须与前胃弛缓、急性瘤胃鼓胀、创伤性网胃炎、皱胃阻塞、牛黑斑病甘薯中毒、皱胃变位、肠套叠等疾病进行鉴别。

【预　防】 加强饲养管理,合理配合饲料,定时定量,防止过食,避免突然更换饲料,粗饲料要适当加工软化后再喂。注意充分饮水,适当运动,避免各种不良刺激。

【中西医简便疗法】

1. 西医治疗

在左肷部用手掌按摩瘤胃,每次5～10分钟,每隔30分钟按摩1次。

硫酸钠或硫酸镁500～800克,加水2 000毫升,液状石蜡或植物油1 000～1 500毫升,灌服,可加速排出瘤胃内容物。

洗胃疗法:用直径4～5厘米、长250～300厘米的胶管或塑料管一条,经牛口腔,导入瘤胃内,然后来回抽动,以刺激瘤胃收缩,使瘤胃内液状物经导管流出。若瘤胃内容物不能自动流出时,可在导管另一端连接漏斗,向瘤胃内注温水3 000～4 000毫升,待漏斗内液体全部流入导管内时,取下漏斗并放低牛头和导管,用虹吸法将瘤胃内容物引出体外。如此反复,即可将精料洗出。冲洗完毕,可抽取健牛瘤胃液灌入病牛瘤胃内,以接种纤毛虫。

病牛饮食欲废绝,脱水明显时,应静脉补液,同时补碱,如25%葡萄糖注射液500～1 000毫升,复方氯化钠注射液或5%糖盐水3～4升,5%碳酸氢钠注射液500～1 000毫升等,一次静脉注射。同时也可给胃兴奋药,如新斯的明、氨甲酰胆碱等。

危重病例应及时行瘤胃切开术,取出瘤胃内容物。

2. 中药治疗

方一 食醋500～700毫升,加水1 200～1 400毫升,煎沸以后温凉灌服。

方二 椿皮散。椿皮、莱菔子各60～90克,枳实或枳壳30克,常山、柴胡各20～25克,甘草15克。水煎或研末灌服。

方三 食盐300～550克,去皮大蒜250～300克,捣碎与600克食用油调和,加入温开水适量,一次灌服。

方四 生姜70克,大蒜140克,捣烂后调和陈石灰40克,然后加入植物油300克,喂服。

方五 和胃消食汤。刘寄奴、槟榔、枳壳、茯苓、山楂、甘草各30克,木通、神曲、青皮各18克,厚朴、木香各15克。水煎,候温服。

方六 食醋300克,红糖250克,生姜250克,生姜捣烂后与上述醋、糖混合后用温开水一次灌下。

3. 针灸治疗

针刺脾俞、百会、山根、滴明等穴。电针两侧关元俞。三棱针在病牛的舌根、耳梢放血,用宽针针刺八字穴,用火针刺脾俞穴,用细柳条或者榆树条在顺气穴刺入,直达鼻腔。

五、瓣胃阻塞

瓣胃阻塞又称瓣胃秘结,是由于前胃弛缓,瓣胃收缩能力减弱,瓣胃内容物滞留,水分被吸收而干涸,致使瓣胃秘结、扩张的一种疾病。中兽医称之为百叶干、重瓣胃秘结、百叶干燥或津枯胃结。临床上是以瓣胃收缩无力,大量干涸性内容物积滞,瓣胃麻痹和胃小叶压迫性坏死为特征的重剧性消化系统疾病。

【病　因】　多因长期饲喂大量富含粗纤维的干饲料、粉状饲料(如甘薯蔓、花生秧、豆荚、米糠、麸皮等),或混有泥沙的饲料,且饮水、运动不足或过劳等引起,特别是铡短草喂牛,为本病的病因之一。也常继发于创伤性网胃炎、皱胃变位、生产瘫痪等。

【临床症状】　发病初期,病牛精神迟钝,前胃弛缓,食欲不定或减退,便秘,瘤胃轻度膨胀,奶牛泌乳量下降。于瓣胃部触诊敏感。病情进一步发展,则鼻镜干燥、龟裂,排粪减少,粪便干硬、色黑,呈算盘珠样或栗子状,呼吸、脉搏增数,体温升高,精神高度沉郁。最后,可因机体中毒、心力衰竭而死亡。

【诊　断】　根据鼻镜干裂,粪便干硬、色黑,呈算盘珠样或栗子状,在右侧第7～9肋间肩关节水平线上触诊敏感等,即可确诊。

【预　防】　加强饲养管理,减少坚硬的粗纤维饲料,增加青绿饲料和多汁饲料,清除饲料中的泥沙,保证足够饮水,给予适当运动。对前胃弛缓等病及早治疗,以防止内容物停滞于瓣胃内。铡草喂牛时,注意不能将饲草铡得过短,并适当增加运动。

【中西医简便疗法】

1. 西医治疗

病初可于后海穴注射新斯的明20～50毫升。液状石蜡1 500～2 000毫升、胡麻油300～500毫升、硫酸钠或硫酸镁500～1 000克,加水5～8升,一次灌服。同时,用5%氯化钠注射液300～500毫升、20%安钠咖注射液10毫升,一次静脉注射。

毛果芸香碱 0.02～0.05 克,或新斯的明 0.01～0.02 克,或氨甲酰胆碱 1～2 毫克,皮下注射。但体弱、妊娠母牛、心肺功能不全的病牛忌用。

病情较重者,可采用瓣胃内直接注入药液的方法。即在右侧 9～11 肋间与肩端水平线交点,可选择 9～10 肋间和 10～11 肋间两处。局部剪毛、消毒,以 16～18 号针头与皮肤呈直角刺入,深度可达 10 厘米以上。先向瓣胃内注射少量生理盐水,并立即回抽,如有带草渣的黄色液体,则证明针头已进入瓣胃内,然后注入 10%～20% 硫酸镁液 1 000～2 000 毫升。

2. 中药治疗

方一　芒硝 180 克,麻仁 120 克,玄参、生地黄、麦冬、大黄、杏仁、瓜蒌仁、当归、肉苁蓉各 60 克,水煎去渣,灌服。

方二　猪膏散。大黄 60 克,滑石、牵牛子各 30 克,甘草 25 克,续随子 20 克,官桂、甘遂、大戟、地榆各 15 克,白芷 10 克;共为细末,沸水冲调熟猪油 500 克、蜂蜜 200 克,一次灌服。

方三　白萝卜 6 000 克,取其汁水,猪油 1 500 克,混合以后一次灌服。

方四　白芝麻(磨碎)700～1 200 克,白萝卜汁 3～6 千克,调匀以后内服。接着再用去皮的大麦仁 6～8 千克,煮成汤,让牛自饮。

方五　麻油 1 200 毫升、蜂蜜 1 500 克,加水 5 000 毫升,一次灌服。

方六　大黄牵牛子汤。大黄、牵牛子各 60 克,加猪油 500 克。共捣,沸水冲调,候温灌服。

方七　活泥鳅或小黄鳝 2 千克,加若干水一起灌服,连用 3 天。

方八　大白菜 12.5 千克,切碎,加少量水煮熟,猪油 1 千克,混合喂服。或做成菜团,送服,再服猪油。

3. 针灸治疗

针刺舌底、耳尖、山根、后丹田、百会、八字、脾俞穴。

六、创伤性网胃炎

牛创伤性网胃炎是由于尖锐金属异物混杂在饲料中,被误食进入网胃,损伤网胃,引起的网胃炎症。临床上以顽固性前胃弛缓、瘤胃反复鼓胀、消化不良、网胃区敏感性增高为特征。

【病　因】　多因饲养管理疏忽,草料中混有尖锐的铁丝、铁钉、缝针、别针、发卡、玻璃、木片、硬质塑料等异物,而牛采食急促,不经细嚼即下咽入胃,随着网胃的强烈收缩,尖锐异物刺伤胃壁而发病。有时还可穿透网胃壁,损伤横膈膜、心包及肺脏、肝脏、脾脏等脏器。单纯刺伤胃壁的病牛,病情较轻而发展缓慢。

【临床症状】　病牛表现为顽固性的前胃弛缓,食欲减少,反刍停止,瘤胃臌气,下坡、转弯、走路、卧地时表现缓慢和谨慎,起立时多先起前肢(正常情况下先起后肢),卧地时常头颈伸直,站立时常肘部外展,肘肌发抖。个别牛会出现反复的剧烈呕吐,甚至从鼻腔中"喷粪"的现象。病牛体温中度偏高。用手捏压肩胛部或用拳头顶压剑状软骨左后方,患牛表现疼痛、躲闪。病牛还常表现为喜走上坡路,不愿走下坡路,或前肢踏槽等。

【诊　断】　根据临床症状、用手捏压肩胛部或用拳头顶压剑状软骨左后方,患牛表现疼痛、躲闪可做出诊断。此外,用金属探测器检查或X线检查,也可用取铁器进行治疗性诊断。

【预　防】　加强饲草、饲料管理,防止尖锐异物混入饲草是防止本病发生的基本方法。对所有的饲料可用电磁吸引器吸除其中的金属异物;或在犊牛10～12月龄时经口投放磁棒,使磁棒留在网胃中;或给牛佩带磁铁牛鼻环,都有一定的预防效果。每年用牛瘤胃取铁器对1岁以上的牛实施瘤胃取铁1～2次,可以有效地减少本病发生。还可向牛瘤胃中投入磁笼。在以色列的奶牛群中,

70％的 1 岁以上奶牛都采用瘤胃投放磁笼的方法来预防本病发生。

【中西医简便疗法】

1. 西医治疗

治宜排除金属异物。胃壁尚未被金属异物穿透时,用合金制成的恒磁吸引器吸出金属异物。本病治疗早期一般是用对症疗法和手术疗法,对症疗法效果不明显,手术较麻烦。治疗的关键是排除异物,故应尽快利用吸铁器或切开瘤胃取出异物;然后用青霉素 800 万单位与链霉素 4 克、地塞米松 25 毫克混合肌内注射,控制炎症发展。

2. 中药治疗

配合西医治疗,给予清热解毒等药物治疗。也可用磁石 50 克(煅为末)、韭菜 500 克(切细捣烂),混合均匀,沸水冲服,连服 3～4 天。

3. 针灸治疗

针刺脾俞、百会、关元俞、后丹田、八字等穴或电针肚角、脾俞、关元俞、肝俞等消除疼痛。

七、真胃炎

真胃炎是指各种原因引起牛真胃黏膜及黏膜下层的炎症,是牛消化系统的多发病。临床上以不食、腹痛、腹水、真胃病变为特征。

【病　因】 多因饲喂粗硬、生霉腐败饲料,饲料突然改变,过饥或过饱,长途运输,精神恐惧发生应激等引起;某些化学与有毒物质中毒、前胃病、营养代谢病、寄生虫病、传染病等亦可继发本病。

【临床症状】 初期患牛精神稍有沉郁,食欲减退,反刍减少,对精料无亲切感,时常剩料,饮欲也减少。随着时间的延长,病牛表现精神沉郁,鼻镜干燥,眼窝下陷。被毛逆乱无光泽,皮肤弹性降低,明显消瘦。瘤胃蠕动次数减少,力量微弱,真胃蠕动音增强,触诊右腹部真胃区敏感,表现后肢踢腹、躲闪、呻吟。可视黏膜呈粉红色,心音亢进、加快、心律失常。有时磨牙,流涎,饮欲减少,不爱吃精料或躲料,反刍次数减少。排粪量少而干硬,粪便表面光滑附有黏液,粪便中的草粗糙而长,有时患牛呈现腹泻。在真胃区进行触压或触压之后有疼痛反应。个别牛呈现腹痛,叩诊倒数一、二肋骨呈钢管音。

【诊　断】　根据临床症状、真胃触诊、叩诊和听诊检查可做出诊断。触诊多见病牛出现回头顾腹、躲闪呻吟、后肢蹴腹等。

【预　防】　加强牛的饲养管理,饲料搭配要合理,防止饲喂霉变或质量不佳的饲料,增强机体的抗病能力。及时治疗易继发胃肠炎的便秘和消化不良等原发病。

【中西医简便疗法】

1. 西医治疗

消炎镇痛可用30％安乃近10～40毫升,一次肌内注射,每日2次。强心补液、纠酸解毒,根据机体脱水及酸中毒程度决定补充液体量。一般每日补充液体量为1 000～5 000毫升。补液同时可配合应用抗生素,如磺胺脒,磺胺嘧啶钠,氨苄青霉素等,必要时可以采取瓣胃注射链霉素、长效环丙沙星等。

2. 中药治疗

方一　白头翁汤加减。白头翁100克,黄柏、黄连、秦皮各50克,苦参50克,猪苓、泽泻25克。水煎去渣温服,或为末,稍煎,温服。

方二　海螵蛸90克,川贝母45克,木香,香附,红花,桃仁,延胡索各30克,白芍40克,丁香25克,共为末。沸水冲,候温灌服。

方三　法半夏20克,黄连40克,黄芩50克,干姜30克,炙甘草30克,木香30克,川厚朴50克,砂仁20克,党参60克,枳壳40克,大枣40克。水煎取汁,候温灌服。

方四 真胃消炎散。苍术 20 克,甘草 15 克,陈皮 30 克,厚朴 20 克,蒲公英 50 克,紫花地丁 50 克,金银花 40 克,连翘 40 克,郁金 20 克,香附 15 克,枳壳 25 克,胡盐 50 克。每日 1 剂,连用 3～5 天。

方五 保和金铃散。焦三仙各 200 克,大黄 50 克,川楝子 50 克,延胡索 40 克,陈皮 60 克,厚朴 40 克,槟榔 20 克,莱菔子 50 克。水煎灌服,连用 3 次。

3. 针灸治疗

针刺后丹田、百会、八字、脾俞穴,腹痛明显的,可针刺三江、分水穴位。

八、真胃溃疡

真胃溃疡包括黏膜浅表的糜烂和侵及黏膜下深层组织的溃疡,因黏膜局部缺损、坏死或自体消化而形成。临床上以厌食、腹痛和黑粪为特征。成年牛与犊牛都会发病,随着产奶量的提高,本病发病率亦不断增加。

【病 因】 本病在临床上可分为原发性真胃溃疡和继发性真胃溃疡。

原发性真胃溃疡 通常起因于饲料突变,饲料品质不良、粗硬、霉变等所致的消化不良。另外,由于长途运输,拥挤,妊娠分娩等应激因素,所以本病多发于肉牛、妊娠分娩的奶牛及断奶后的犊牛。断奶后的犊牛可能是由于从人工乳或代用乳转变为固体饲料过程中,使真胃黏膜受到机械性损伤所致。高产奶牛由于高精料、低粗料饲喂,加之牛舍狭窄、缺乏运动、缺乏优质干草、饲料单一等诸多因素的诱导,致使真胃的运动和代谢功能紊乱,血浆中的皮质类固醇水平升高,因而促进胃液大量分泌,胃酸增多,保护性黏液相对减少,胃蛋白酶在酸性胃液中呈现自体消化作用,致使胃黏膜组织形成溃疡。

继发性真胃溃疡　本病常继发于真胃移位、真胃扭转、真胃阻塞、真胃迷走神经性消化不良、真胃炎、真胃肿瘤等疾病。另外,在黏膜病、口蹄疫、恶性卡他热、血矛线虫病、水疱病、传染性鼻气管炎等传染病和寄生虫病的经过中,也可导致真胃黏膜的出血、糜烂、坏死,以至发生真胃溃疡。

【临床症状】　病初食欲减退或废绝,反刍减退或停止,病牛神情抑郁、紧张,腹壁收缩,磨牙、空嚼,伴随呼气发吭,呻吟,鼻镜干燥,触诊真胃区(腹中线右侧,剑状软骨后方 10～30 厘米)有疼痛反应或按压真胃区,病牛无疼痛反应,但除去按压时,反而表现疼痛。听诊瘤胃蠕动音低沉,蠕动波短而不规则。排粪量少,粪便表面棕褐色,里面多见到暗褐色肉质索状物或絮状物(为脱落的胃黏膜)。舌底紫暗,大便潜血阳性。

【诊　断】　根据临床症状如突发厌食,真胃深部触诊疼痛,心搏过速,黑色粪便,贫血等可初步做出诊断。应与沙门氏菌病、肠套叠、创伤性网胃腹膜炎和肠穿孔等疾病相鉴别。

【预　防】　平时应加强饲养管理,供应平衡日粮,严格控制精料,特别是谷物饲料的喂量,减少不良应激因素对牛体的作用,可减少真胃溃疡的发生。此外,在饲养过程中根据牛的生产情况合理调配精粗比是必要的。正常情况下精粗比可维持在 3：7 和 4：6 之间,在泌乳盛期精粗比可达到 6：4,但应该注意牛的适应情况并及时调整。精料中添加 0.8%～1.5%(50～150 克/日)的碳酸氢钠,也可有效预防真胃溃疡。

【中西医简便疗法】

1. 西医治疗

方一　卡巴克洛(安络血)20 毫升/次,肌内注射,3 次/日,连用 3～5 天,或酚磺乙胺(止血敏)2～2.5 克/次,2～3 次/日。

方二　5%糖盐水 1 000 毫升/次,静脉注射,2 次/日,连用 5 天。

方三 氧化镁 100 克,犊牛用次硝酸铋 5 克,饲喂前半小时投服,以保护胃黏膜受胃酸侵蚀。

方四 碳酸氢钠 100 克,滑石粉 300 克,加温水 2 升灌服。

方五 西咪替丁 3 克/头、阿莫西林 30 毫克/千克体重,连服 3～5 天。

方六 硫酸镁 250 克,鱼石脂(加酒精 50 毫升溶解)15 克,鞣酸蛋白 20 克,碳酸氢钠 40 克,常水 3 000 毫升,一次灌服。磺胺二甲嘧啶 40 克,一次口服,每日 2 次,首次量加倍,连用 3～5 天。

2. 中药治疗

方一 牡丹皮 50 克,栀子 50 克,柴胡 30 克,麦冬 40 克,玄参 40 克,白芍 30 克,当归 30 克,炙黄芪 100 克,地榆炭 100 克,槐花炭 50 克,大黄炭 80 克。将前 8 味水煎 2 次,合并滤液,再将后 3 味(注意将大黄完全炒成炭)研成细末,搅拌于滤液中一次灌服,每日 1 剂。

方二 炙黄芪 100 克,党参 60 克,白茯苓 50 克,炒白术 40 克,炙甘草 25 克,当归 40 克,龙眼肉 50 克,炒枣仁 50 克,远志 30 克,蒲黄炭 30 克,五灵脂 40 克,干姜炭 50 克。干姜单包完全炒成炭后,同蒲黄炭一起研成细末,其余药味水煎 2 次,合并滤液,搅入蒲黄、干姜炭水,二次灌服,每日 1 剂。

方三 失笑散。炒蒲黄、五灵脂、白及、延胡索、地榆炭、白芍、大黄各 60 克,栀子 50 克,木香 45 克,槐米、甘草各 20 克。研末水煎,温后灌服,每日 1 剂,连用 2～3 剂。食欲不振者加炒鸡内金 45 克,炒麦芽 60 克,神曲 60 克;胃胀满者加砂仁 45 克,青皮 50 克,莱菔子 60 克;热盛者加黄芩 40 克,栀子 40 克,金银花 50 克;眼窝下陷者加天花粉 40 克,生地、麦冬各 45 克。

方四 炒蒲黄、五灵脂、白及、延胡索、地榆炭、炒白芍、生地黄各 60 克,栀子 50 克,木香 45 克,焦三仙各 40 克,麦冬 45 克,天花粉 40 克,升麻 40 克,党参、黄芪、当归、苍术各 80 克,炒白术 70

克,甘草 20 克。水煎服。

3. 针灸治疗

方一　电针肚角、脾俞、关元俞、肝俞穴。

方二　针刺脾俞、百会、关元俞、后丹田、八字等穴。

九、真胃阻塞

真胃阻塞也叫真胃积食,是由于摄入劣质纤维性饲料过多间或排空不畅造成的真胃内容物积滞、胃壁扩张和体积增大的疾病。本病主要发生于黄牛、水牛和奶牛,其中以体质强壮的成年牛较为多见。

【病　因】　原发性真胃阻塞,主要起因于长期采食粗硬难消化的粉碎饲料,如谷草、麦秸、麦糠、豆秸以及饲草中泥沙过多等,加上饮水不足、劳役过度、精神紧张和气候变化等。此种阻塞,真胃内积滞的是黏硬的食物或坚硬的异物(泥沙),而且瓣胃和瘤胃内也常有不同程度的积食。

继发性真胃阻塞主要是由前胃弛缓、创伤性网胃炎、皱胃炎、皱胃溃疡、小肠秘结等疾病引起。

【临床症状】　一般发病后病情缓慢,阻塞后 3～5 天才发现,病畜精神沉郁,鼻镜干燥,食欲反刍停止,右侧腹卧,痛苦呻吟。粪便逐渐减少,常呈排粪姿势,有时排出少量糊状、带有黏液或血丝的粪便。瘤胃和瓣胃蠕动音减弱或消失,瘤胃内容物充满,瘤胃积液。视诊右侧中腹部向后下方皱胃区局限性膨大,在肷窝部结合叩诊肋骨弓进行听诊,呈现叩击钢管清朗的铿锵音;触诊右侧腹部皱胃区敏感,皱胃穿刺内容物的 pH 值 1～4;直肠检查,于骨盆腔前缘右前方,瘤胃的右侧中下腹区,可摸到向后伸展扩张呈捏粉样硬度的皱胃。

【诊　断】　根据临床症状、直肠检查可发现真胃内有大量呈捏粉状或糊状的内容物,可做出诊断。

【预　防】　加强饲养管理是预防本病的关键。不能长期饲喂粗硬饲草,避免饲草切得过碎。牛群要定时定量饲喂饲草料,提供优质牧草,保证充足清洁的饮水,并供给全价饲料。此外,还应注意清除草料中的沙土和异物。

【中西医简便疗法】

1. 西医治疗

早期,可用 25％硫酸镁溶液 50 毫升、甘油 30 毫升、生理盐水 100 毫升,注入皱胃中,注射部位在皱胃区,右腹下肋骨弓处胃体突起的部位。注射 8～10 小时后,用比赛可灵 2 毫升,皮下注射,效果明显。或者用 25％硫酸镁注射液 500～1 000 毫升,乳酸 10～20 毫升,生理盐水 1 000～2 000 毫升,混合,右腹部皱胃区一次注射。

用液状石蜡 1 000～3 000 毫升口服,同时也可给刺激胃兴奋药,如新斯的明、氨甲酰胆碱等。也可后海穴注入新斯的明 10 毫克,以促进胃肠蠕动。

胃蛋白酶 80 克,稀盐酸 40 毫升,陈皮酊 40 毫升,番木鳖酊 20 毫升,一次口服,每日 1 次,连用 3 天。或者硫酸钠 400 克,植物油(或液状石蜡)800 毫升,鱼石脂 20 克,酒精 50 毫升,加温水 5 000 毫升,一次灌服。

2. 中药治疗

方一　当归苁蓉汤。当归 200 克,肉苁蓉 100 克,番泻叶、神曲各 60 克,厚朴、炒枳壳、醋香附各 30 克,瞿麦、木香各 15 克,通草 10 克。水煎取汁,候温加麻油 250～500 克,同调灌服。

方二　加味大承气散。芒硝 360 克,大黄 60～90 克,枳实、厚朴各 30 克,槟榔 15 克。共为细末,加温水 7～10 升,胃管投服。

方三　加味承气汤。大黄 60 克,芒硝、五灵脂、厚朴、枳实、木通、牵牛子各 30 克,大戟、泽泻各 24 克,香附、陈皮、当归各 15 克,木香 9 克。共为末,沸水冲调,植物油 120 毫升为引,同调,候温灌服。

方四 大黄 100 克,厚朴 50 克,枳实 50 克,芒硝 200 克,滑石 100 克,木通 50 克,郁李仁 100 克,京三棱 40 克,莪术 50 克,醋香附 50 克,山楂 50 克,麦芽 50 克,青皮 40 克,沙参 50 克,石斛 50 克,糖瓜蒌 2 个。水煎加植物油 250 毫升,一次灌服。

方五 旋覆花 45 克,代赭石 120 克,半夏 30 克,党参 45 克,生地黄 120 克,熟地黄 120 克,当归 200 克,桃仁 45 克,红花 30 克,升麻 20 克,甘草 30 克,生姜 20 克,大枣 30 克,磺胺脒 40 克。代赭石研细末,其他药水煎取汁,加入液状石蜡 500 毫升,与代赭石一起灌服。

3. 针灸治疗

方一 针刺三江、姜牙、通肠、后海、后丹田、百会、八字、脾俞等穴。

方二 电针治疗两侧关元俞穴,每次大约 10 分钟,重复 2~3 次,共 20~30 分钟。若电针数小时后结症未愈,可再电针 1 次。

十、真胃移位

真胃移位又称真胃变位,是指皱胃的正常解剖学位置发生改变,皱胃形成机械性转移,离开原有位置,引起消化器官功能紊乱的疾病,是一种消化道梗阻的综合病征。移动到左腹侧部或左胁部者,为左方移位;移动至右腹侧或右前方者,为右方移位。临床上以左方移位为最多。奶牛多发,其他牛少见。

【病 因】 其发病原因目前尚不完全清楚,但通常认为与糟粕饲料过多,粗饲料食入太少;或长期饲喂青贮玉米,而其铡得过短(5 毫米以下);或缺乏运动,真胃消化障碍,胃内停留不易消化的食物和气体等诸种因素有关。或由于妊娠后期子宫逐渐增大而沉重,瘤胃从腹底被抬高,真胃趁机向左方移位;而母牛分娩时胎儿被娩出,瘤胃又重新下沉,游离的真胃被压到瘤胃与左腹壁之间。同时,由于真胃产生相当多的气体,也很容易进一步上升到左腹腔的上方。

【临床症状】 真胃左方变位大多在分娩前几日或分娩后突然发病。病初呈现前胃弛缓症状,食欲减退,厌食精料,嗳气和反刍减少或停止,瘤胃蠕动音减弱,排粪量减少,呈糊状。随着病程的进展,左腹胁部局限性膨胀,在该区域内听诊或在听诊器周围同时叩诊,可听到钢胃音或钢管音。冲击式触诊可听到液体振荡音,该部穿刺获得的胃液 pH 值 1~4,缺乏纤毛虫。直肠检查,可感到右侧腹腔上部空虚,在瘤胃的左侧可触到膨胀的钢胃。

真胃右方变位,多呈急性型,突然发生腹痛,不安、呻吟、踢腹。心率每分钟达 100~120 次,体温低于常温,瘤胃蠕动音废绝,粪软色暗,后变血样乃至黑色。视诊右腹部膨大,在该膨大部听诊,并同时在听诊器周围叩诊,可听到高朗的钢管音,冲击触诊可听到一种液体振荡音,膨大部穿刺可得褐色血样液体,pH 值 1~4,无纤毛虫。直肠检查,在最后肋弓处可触摸到充满气液的真胃。

【诊 断】 根据病史,症状中特征性听诊,叩诊及其他症状和真胃穿刺检查,一般可做出诊断。

【预 防】 平时应加强饲养管理,产前加强运动,合理配比精粗料,注意补硒。奶牛在干奶期适度控制精料、青贮饲料的饲喂量,增加干草的长度及喂量,以扩大瘤胃容积。及时有效防治低血钙、酮病、胎衣滞留、乳房炎、消化不良等产后代谢性疾病和感染性疾病。

【中西医简便疗法】

1. 西医治疗

右方变位应尽早实行手术整复,而左方变位可采取以下几种治疗方法。

(1)西药治疗 促反刍液 500 毫升、25%葡萄糖 500 毫升、林格氏液 1 000 毫升、10%维生素 C 注射液 40 毫升,一次静脉注射。并配合维生素 B₁ 肌内注射,40 毫升/次,3~5 天为 1 个疗程。或静脉注射钙制剂,皮下注射新斯的明等拟副交感神经药,投服盐类泻剂,以增强胃肠蠕动,促进真胃内气液的排空,使之复位。

(2)翻滚疗法　在禁食 48 小时与剧烈运动后,病牛取仰卧状态,以牛背为轴心,左右成 60°反复摇晃 3 分钟,突然停止,将前后两肢分别固定,保持仰卧姿势,待瘤胃内容物向背部下沉,对腹底壁潜在空隙的压力减轻,变位的真胃随摇晃上升到腹底空隙处,且逐渐右移而复位。

(3)手术疗法

①站立式　病牛取站立保定,用盐酸普鲁卡因做腰旁传导和腹壁浸润麻醉后,先后在左侧胁部与右侧较左侧低 10 厘米处的右胁部,同时切开腹腔。左侧切口即可见到真胃左移于瘤胃与左腹壁之间。然后,左侧术者用手将真胃向下按压送至腹腔底部,右侧术者在腹腔底部将左侧术者按压过来的真胃轻轻地向右侧提拉,两侧术者相互配合,使左移的真胃复位到腹腔的右侧。为防止复发,可用长约 40 厘米的 12 号缝线,在幽门部网膜上或真胃浆膜层上相距 5 厘米处分别固定两针,再分别在手指保护下将两针带入腹腔,于右侧肋弓下真胃解剖位置处,由内向外将针穿出腹壁,并逐渐抽紧两线,打结于皮下,以使真胃与腹壁紧贴,造成网膜或真胃在该处发生人工粘连。为了便于穿针,可先在该处皮肤上做一个 5 厘米长的切口。打结后缝合皮肤。最后,按常规方法闭合处理左右侧胁部创口,并用抗生素治疗 5～7 天。

该方法需要手术者较多,组织损伤也稍大。但其只需采用局麻,左右术者相互配合,使真胃的复位十分方便,疗效确实,术后能很快恢复;特别是真胃发生粘连或臌气时,在直观下进行分离和放气,可确保手术圆满完成。

②侧卧式　病牛取左侧横卧保定与全身镇静麻醉,在腹中旁线右侧和乳静脉间做一条 15 厘米长的水平切口,依次切开皮肤直至腹腔。术者右手沿腹底伸入左侧腹腔,将左移的真胃先拉到瘤

胃下方,再拉向创口。如上法,将真胃幽门部网膜或真胃大弯的浆膜,用12号缝线固定在右侧真胃近腹壁的解剖位置上,再闭合腹腔,而后用抗生素治疗5～7天。

2. 中药治疗

方一 大黄80克,醋香附75克,猪牙皂、槟榔、五灵脂、厚朴、三棱、莪术、木香各45克,生牵牛子、炒牵牛子各30克。共为细末,温水调服,每日1～2剂,连用3～5天。

方二 黄芪250克,白术、枳实、代赭石(研末另包)各100克,陈皮、沙参、当归各60克,柴胡、升麻各45克,川楝子、炙甘草各30克。它药研末,赭石煎水冲调,候温灌服,每日1～2剂。

3. 针灸治疗

针刺三江、姜牙、通肠、后海、后丹田、百会、八字、脾俞等穴。

十一、瘤胃酸中毒

瘤胃酸中毒又称乳酸酸中毒。是指由于过多采食富含碳水化合物的粉状精料,或长期大量食入酸度过高的青贮饲料,导致瘤胃内发酵异常,产生大量乳酸,引起全身代谢性中毒的一种疾病。临床上以消化障碍、精神高度兴奋或沉郁,瘤胃兴奋性降低,蠕动减慢或停止,瘤胃内容物 pH 值降低,脱水,衰弱为典型特征。本病呈散发性,冬、春季多发,该病常引起患牛死亡。

【病 因】 本病是由于大量饲喂易发酵、反酸的草料,或过食碳水化合物含量高的饲料,使瘤胃内产生大量乳酸,致使胃壁麻痹,引起前胃功能障碍、排空功能减弱而致自体中毒、全身代谢紊乱。临床多表现为发病急、病程短、死亡率高。发病特点是青年牛发病率高于老年牛;产犊前、后的牛发病率高于空怀母牛;高产奶牛发病率高于低产奶牛。

【临床症状】 临床上由于采食的谷类和碳水化合物饲料的量、瘤胃液 pH 值降低程度以及经过时间等的不同,临床症状也有所不同。大致可分为最急性、急性、亚急性和慢性等类型。

1. 最急性酸中毒　通常在过食或偷食精料后 4～8 小时突然发病,病牛精神高度沉郁,极度虚弱,侧卧而不能站立,有时出现腹泻,瞳孔散大,双目失明。体温下降至 36.5℃～38℃,重度脱水。腹部显著膨大,瘤胃蠕动停止,内容物稀软或呈水样,瘤胃液 pH 值低于 5.0,甚至 4.0。循环衰竭,心跳达每分钟 110～130 次,终因中毒性休克而死亡。

2. 亚急性酸中毒　行动迟缓,常呆立懒动,驱赶时亦不愿走动,步态不稳,左右摇摆,伸头缩项,流涎,呼吸急促,气喘,心跳加快。多在 4～6 小时内死亡,死前倒地,甩头蹬腿,张口吐舌,高声哞叫,口内流出带血的液体。

3. 慢性酸中毒　患牛食欲废绝,精神沉郁,肌肉震颤,行走时后躯无力,眼窝下陷,间或排出黑色带血的恶臭稀粪,口流大量黏液,磨牙,呈昏睡状,一般 15～24 小时内死亡。

【诊　断】　根据临床症状即可做出初步诊断,但有条件的饲养场应结合实验室检测结果,进行综合判断和分析,才能得出正确的诊断。

【预　防】　严格控制精料与粗料的搭配比例,一般精料占 40%～50%为宜。饲料中的粗纤维量,奶牛应占干物质的 18%～20%;育肥肉牛应占 14%～17%。育肥肉用牛群要逐渐增加精料饲喂量,且应先灌服一定量已适应精料的健康牛瘤胃液,有益于防止或减少瘤胃酸中毒的发生。

【中西医简便疗法】

1. 西医治疗

方一　用 1%碳酸氢钠溶液反复洗胃。病牛取前低后高位站立,灌入洗胃液后,在瘤胃体外给以适当压力促使排出(注意掌握灌入量与排出量基本相等),如此反复冲洗,然后用 1%盐水或自来水管水反复冲洗,直至排出物 pH 值为 7.5～8.0 即可。洗胃只适应于因谷物饲料过量而引起的瘤胃酸中毒。

方二　5%葡萄糖注射液 1 000 毫升、复方氯化钠注射液 2 000 毫升、5%碳酸氢钠注射液 500 毫升、维生素 C 注射液 100 毫升、安钠咖注射液 30 毫升,一次静脉注射。

方三　庆大霉素 100 万单位,一次肌内注射,2 次/日。

出现神经症状者,静脉注射 25%甘露醇 250 毫升。若卧地不起者,静脉注射 10%葡萄糖酸钙注射液 1 000 毫升,肌内注射维生素 B_1 200 毫克,每日 2 次。如治疗效果仍不明显,可进行瘤胃切开术,将瘤胃中内容物取出大半,再投服健康牛瘤胃内容物适量,效果明显。

2. 中药治疗

方一　焦山楂 120 克,神曲、麦芽、芒硝各 60 克,柴胡、白芍各 45 克,厚朴、大黄、牵牛子各 30 克,枳壳、陈皮、槟榔、青皮、苍术各 15 克。水煎过滤取汁,加植物油 500 毫升灌服。

方二　当归、延胡索、香附、大黄、牡丹皮、神曲、麦芽、茯苓各 30 克,红花、桃仁、乳香、没药、桂枝、木通各 25 克,甘草 15 克。共为细末,沸水冲调,候温灌服。

方三　厚朴 50 克,枳实 50 克,炒山楂 120 克,谷芽 200 克,神曲 50 克,陈皮 45 克,白术 45 克,槟榔 45 克,大黄 80 克,朴硝 200 克(另加)。水煎服,每日 1 剂。

方四　平胃散。苍术 80 克,川厚朴 50 克,陈皮 50 克,甘草 30 克,生姜 30 克,大枣 10 枚,水煎灌服。

方五　加味平胃散。苍术 80 克,白术 50 克,陈皮 60 克,厚朴 40 克,焦山楂 50 克,炒神曲 60 克,炒麦芽 40 克,炮干姜 30 克,薏苡仁 40 克,甘草 30 克,大黄苏打片 200 片。将上药共研细末,每次 0.5 克/千克体重,用温水调成稀粥状灌服,每日 1 次,连用 2~3 天。

方六　生地黄 80 克,金银花 60 克,当归、黄芩、麦冬、玄参、郁金、白芍、陈皮各 40 克,甘草 30 克。煎水灌服。

3. 针灸治疗

针刺脾俞、百会、舌底、山根、关元俞、顺气穴。

十二、肠痉挛

肠痉挛,中兽医称为冷痛或伤水起卧,是肠平滑肌受到异常刺激发生痉挛性收缩所引发的一种腹痛病。临床上以肠音增强及间歇性腹痛为主要特征。

【病　因】　多由于受到了寒冷的刺激,如出汗之后被雨浇淋,寒夜露宿,风雪侵袭,气温骤变,剧烈使役后暴饮大量冷水,以及采食霜草或冰冻的饲料等情况,都可以引起肠痉挛。

【临床症状】　发病突然,伴以阵发性腹痛是本病的重要症状。病牛不安,时卧时起,后肢踢腹,精神烦躁,食欲、反刍停止,磨牙,心跳加快,轻微鼓气,胃肠蠕动增强,肠鸣,有时数步以外即可听到高朗的肠音,偶尔出现金属音。随着肠音增强,牛排便次数也相应增加,频频排出稀便。严重时牛肌肉震颤,倒地不起,头颈伸直,呻吟。

【诊　断】　根据病史与临床特征即可诊断。

【预　防】　加强饲养管理,保证草料的清洁卫生,杜绝用冰冻或腐烂的饲草喂牛;保证定时、定量,搞好厩舍卫生。注意天气变化,特别要注意气温骤降之时,搞好厩舍的保暖工作。

【中西医简便疗法】

1. 西医治疗

方一　30%安乃近40~60毫升,皮下注射。

方二　硫酸阿托品注射液30毫克,一次皮下注射,同时用温水深部灌肠。

方三　颠茄酊30毫升,加温水3000毫升,一次灌服。

2. 中药治疗

方一　小茴香、肉桂、厚朴、当归各60克,青皮、陈皮各45克,白芷、细辛、炒盐各 24 克,共为细末,加葱白适量、白酒 100 毫升,沸水冲调,候温灌服。

方二 当归、苍术各 60 克,厚朴、青皮、益智仁各 45 克,细辛、甘草各 24 克,共为细末,加大葱 5 根,醋 250 毫升。沸水冲调,一次灌服。

方三 澄茄暖胃散。荜澄茄 90 克,小茴香 30 克,青皮 30 克,木香 30 克,川椒 20 克,茵陈 60 克,白芍 60 克,酒大黄 30 克,甘草 15 克。水煎去渣,候温灌服。

3. 针灸治疗

方一 三棱针刺三江、姜牙、分水穴,可配合圆利针刺脾俞、后海穴,小宽针放蹄头血。

方二 针刺耳尖、尾尖、通关、脾俞、关元俞穴。

十三、胃 肠 炎

牛胃肠炎是胃肠黏膜及其深层组织发生的炎症变化。临床上以重剧的腹泻、明显的脱水和自体中毒等为特征。

【病 因】 主要是采食腐败、霉烂、变质、冰冻、有毒的饲料,或采食过多精料,青饲料喂量过多或更换饲料、饮用不洁水质所致;畜舍阴暗潮湿,卫生条件差,气候骤变,车船运输,过劳,牛只处于应激状态,容易导致使胃肠炎的发生;滥用抗生素,使胃肠道的菌群失调而引起该病;此外,各种病毒性传染病、细菌性传染病、寄生虫病和很多内科病也可继发胃肠炎,如急性胃扩张、肠便秘和肠变位等。

【临床症状】 精神不振,食欲减少,反刍减退或停止,体温偏高,结膜潮红或发绀。耳根、鼻镜及四肢末端变凉,粪便呈糊状或水样,有腥臭味,常混有血液、黏液或脓性物,后期排无粪黏液或脓血块。病牛后期严重脱水,眼窝凹陷、四肢乏力、体温下降,最后全身衰竭而死。

【诊　断】　根据临床症状、粪便呈糊状或水样,常混有血液、黏液或脓性物等可做出正确诊断。

【预　防】　加强饲养管理,禁喂腐败变质草料,适时适当调配精料。饮无污无毒洁净水,饲槽要干净卫生,不喂剩草剩料,牛舍保证冬暖夏凉,提高饲养管理水平,增强牛体的抗病能力。

【中西医简便疗法】

1. 西医治疗

方一　磺胺脒 30～35 克,每日灌服 3 次。

方二　磺胺脒 30～65 克,碳酸氢钠 60 克左右,加适量水,一次灌服,每日灌服 2～3 次;或黄连素 3～5 克,一次灌服。

方三　鞣酸蛋白 25 克,次硝酸铋 12 克,碳酸氢钠 42 克,淀粉浆 1 200 毫升,一次灌服。

方四　肠出血时,可用 1% 仙鹤草素注射液 10～15 毫升进行肌内注射,每日 3 次。

方五　5% 糖盐水 500 毫升、复方氯化钠注射液 200 毫升,20% 葡萄糖注射液 100 毫升,10% 苯甲酸钠咖啡因注射液 30～40 毫升,维生素 C 1～2 克,3%～5% 碳酸氢钠注射液 300～450 毫升,一次静脉缓慢滴注,5 小时左右 1 次。

2. 中药治疗

方一　大蒜 150 克(捣烂),白矾 20～55 克。加水混合后灌服。

方二　石榴皮(炒)35 克,车前草 50 克,马齿苋 60 克。水煎汁灌服。

方三　败酱草 40～100 克,地锦草 50～110 克,白头翁 50～100 克。水煎汁灌服。

方四　海金沙(茎叶)600 克,鱼腥草 150 克,捣汁后加水,去渣后灌服。

方五　黄芩 35 克,白头翁 38 克,黄芪 35 克,黄柏 33 克,泽泻 22 克,猪苓 23 克,枳壳 24 克,砂仁 23 克。水煎汁灌服。

方六 郁金 40 克,黄连 20 克,黄柏 19 克,大黄 55 克,栀子 20 克,白芍 18 克,黄芩 17 克,诃子 30 克。共研为末,沸水冲,温凉灌服。

方七 伏龙肝 80 克,小茴香 40 克,红糖 80 克,水煎汁内服。

方八 鲜马齿苋 1500 克,龙胆草 80～150 克,捣烂取汁,加童便 700 克,混合后,一次灌服。

方九:柞木皮 250 克,苦参 20 克。水煎,去渣,候温灌服,轻者,每日 1 次,重者每日 2 次灌服。

3. 针灸治疗

方一 针脾俞为主穴,后三里为配穴。

方二 火针脾俞为主穴、后海、百会、命门为配穴。

方三 电针百会为主穴,后海、关元俞为配穴。

十四、急性实质性肝炎

急性实质性肝炎,是以肝细胞变性、坏死和肝组织炎性病变为病理特征的一组肝脏疾病。

【病因】

1. 中毒性肝炎 见于各种有毒物质中毒,如磷、砷、锑、硒、铜、铂、四氯化碳、六氯乙烷、棉酚、煤酚、氯仿等化学物质中毒;千里光、猪屎豆、扁豆、杂三叶、天芥菜等有毒植物中毒;黄曲霉、青霉、杂色曲霉等真菌毒素中毒等。

2. 感染性肝炎 见于细菌、病毒、钩端螺旋体、寄生虫等各种病原体感染,如沙门氏菌病、钩端螺旋体病、牛恶性卡他热、血吸虫的严重侵袭。

3. 营养性肝炎 主要见于硒、维生素 E、蛋氨酸和胱氨酸等缺乏。

4. 充血性肝炎 充血性心力衰竭时,肝实质受压缺氧导致肝小叶中心变性和坏死。

【临床症状】

1. 急性肝炎　表现消化不良,粪便臭味大而色泽浅淡。可视黏膜黄染,皮肤瘙痒,脉率减慢。尿色发暗、有时似油状。叩诊肝脏,肝脏浊音区扩大;触诊和叩诊均有疼痛反应。后躯无力,步态蹒跚,共济失调,狂躁不安,痉挛,或者昏睡、昏迷。体温升高或正常,脉搏和心动徐缓。

2. 慢性肝炎　由急性肝炎转化而来,呈现长期消化不良,逐渐消瘦,可视黏膜苍白,皮肤水肿,继发肝硬化则出现腹水。充血性肝炎还伴有慢性充血性心力衰竭及其原发病所固有的症状和体征。

3. 肝功检验　血清黄疸指数升高;直接胆红素和间接胆色素含量增高;反映肝损伤的血清酶类活性增高。

【诊　断】　通过临床症状和实验室肝功能检查:血清黄疸指数升高;直接胆红素和间接胆色素含量增高;反映肝损伤的血清酶类活性增高,即可确诊。

【预　防】　加强饲养管理,防止霉败饲料、有毒植物以及化学毒物的中毒;加强防疫卫生,防止感染,增强肝脏功能,保证牛只健康。

【中西医简便疗法】

1. 西医治疗

保肝利胆。按常规疗法,通常用 25% 葡萄糖注射液 500～1 000 毫升,静脉注射,每日 2 次。或用 5% 糖盐水 500～1 000 毫升、5% 维生素 C 注射液 50 毫升、5% 维生素 B_1 注射液 10 毫升,混合静脉注,每日 2 次。必要时,可用 2% 肝泰乐注射液 5～50 毫升,静脉注射,每日 2 次。

抑制炎性促进因子的形成,减轻炎性反应。用氢化可的松等类皮质激素进行治疗。当出现肝昏迷时,可用甘露醇静脉注射,降低颅内压,脑循环。

2. 中药治疗

方一　加味茵陈蒿汤。茵陈 120 克,栀子 60 克,大黄 60 克,郁金 45 克,黄芩 45 克,板蓝根 90 克。共为末,用法:水煎,候温一次灌服,每日 1 剂,连用 3～4 剂。

方二 茵陈 150 克,栀子 50 克,白术、郁金、厚朴、陈皮、法半夏各 35 克,猪苓、泽泻、滑石各 50 克,通草 20 克。共为末,煎服,每日 2 次。

方三 玉米花柱 1 000 克,水煎,待温后灌服,每日 1 次。

十五、腹腔积液

腹腔积液也叫腹水,是指腹腔内积聚大量浆液性漏出液的表现。它不是独立的疾病,而是伴随于许多其他疾病的一种病症。

【病 因】 因积液形成的原因及性质不同,可分为漏出性腹腔积液和渗出性腹腔积液。

漏出性腹腔积液为非炎性积液,其主要原因是:牛患肾病、慢性间质性肾炎、重度营养不良等或者锥虫病、钩虫病等寄生虫重度侵袭,造成蛋白质丢失过多和体液存留,可引起腹水;也可发生于代偿性心脏瓣膜病,心包炎,心丝虫病,慢性肺气肿等;在肝硬变、肝肿瘤、血吸虫病、肝片吸虫病,腹膜结核病以及门静脉血栓等疾病引起的淋巴回流受阻也可引起。

渗出性腹腔积液为炎性积液,见于各种原因引起的弥漫性腹膜炎,如细菌性腹膜炎、结核性腹膜炎、内脏器官破裂、穿孔所引起的腹膜炎等。在致病因素的作用下,使腹膜发生炎症,发炎区内的毛细血管壁受损,通透性增高,致血液内的液体、细胞和分子较大的蛋白质渗出到腹腔。

【临床症状】 患牛精神沉郁,反刍少,胸式呼吸,腹痛,呻吟,病初体温升高。视诊腹部,下侧方对称性增大,而腰旁窝塌陷,腹轮廓随体位而改变;触诊腹部不敏感,冲击腹壁闻震水音,对侧壁显示波动;叩诊腹部,两侧呈等高的水平浊音,上侧因姿势而变化;腹腔穿刺液透明或稍浑浊,色泽淡黄或绿黄,并含有大量的白细胞和纤维蛋白。全身症状取决于原发病,通常显现充血性心力衰竭、恶病质或慢性肝病体征。产生蛋白尿,尿量减少等现象。

【诊　断】　根据牛胸前、腹下膨大,触诊有水平浊音,听诊有拍水音,穿刺有大量黄色液体,严重者全身水肿、尿黄便可确诊。

【预　防】　加强饲养管理,提高牛的抗病能力;合理使役,避免体力过分消耗;发现并根治原发病。

【中西医简便疗法】

1. 西医治疗

首先应着重治疗原发病,如肾病、慢性间质性肾炎、肝硬变、营养不良、心脏衰弱和腹膜炎等疾病。为促进漏出液或渗出液的吸收和排出,可应用强心药和利尿药。有大量积液时,应采取腹腔穿刺排出腹腔积液,放液时应逐渐排放,不要快速放液,以防发生虚脱。

2. 中药治疗

方一　党参、白术、大黄、木通、猪苓、泽泻各50克,车前子、小茴香、大腹皮、肉桂、茯苓各30克,甘遂、芫花各20克,共为细末,沸水冲调,候温一次灌服。

方二　麻黄、杏仁、陈皮、茯苓、白术、桑白皮、大腹皮、葶苈子各50克,桔梗、半夏、甘草各25克,生姜、大枣为引。共为末,沸水冲,候温灌服。

方三　大腹皮60克,桑白皮60克,陈皮40克,白术50克,葶苈子40克、茯苓50克。共为末,沸水冲,候温灌服。

第三节　神经系统疾病

一、日射病和热射病

日射病又称中暑,系炎热的夏季,由于牛头部直接受烈日阳光暴晒而引起的脑及脑膜的充血、出血和脑神经功能紊乱的疾病。

热射病是牛长时间受强阳光直射所引起的急性脑病。临床上以体温显著升高,循环衰竭及不同程度的中枢神经机能紊乱为特征。

【病　因】　在炎热暑天,烈日直射下,用车、船运输动物或陆路驱赶牛时,因烈日直射头部,受红外线及紫外线的作用,使头部过热,脑及脑膜充血,引起日射病。外温过高而环境湿度又大、闷热拥挤,通风不良,致体温放散困难,而使牛只中枢神经系统功能紊乱,即引起热射病。也可因饲养管理不当或长期休闲,体质变弱的牛,在炎热季节出汗较多,再加之牛饮水不足,过度使役,即可暴发中暑。

【临床症状】　在临床实践中,日射病和热射病常同时存在,因而很难精确区分。病牛精神沉郁或兴奋。运步缓慢,体躯摇晃,步样不稳。全身出汗,体温42℃以上,脉搏每分钟100次以上。呼吸高度困难,张口呼吸,呼吸数达每分钟80次以上。肺泡呼吸音粗厉。心音增强,心跳可达100次以上。体表静脉怒张,可视黏膜由赤红变为赤紫或发绀,食欲废绝,饮欲增进。后期,高热昏迷,卧地不起,肌肉震颤,意识丧失,口吐白沫,痉挛而死。民间兽医称为发痧。

【诊　断】　根据发病季节、日光强烈,结合临床症状等即可做出诊断。

【预　防】　做好防暑降温工作。牛棚、圈舍要通风,安置排风扇;运动场内要搭设凉棚;供应充足的新鲜清洁的饮水及放置食盐槽,任牛自由饮用和舔食。对役用牛应安排好劳役时间,尽量避免日光暴晒时间,可提早和带黑作业;使役中要多次休息,并给饮水;牛在运输过程中密度不宜过大,车上应备足饮水,供牛饮用,不宜用封闭的车厢运输。

【中西医简便疗法】

1. 西医治疗

应立即将病牛置于阴凉通风处,在头部、身躯大量泼淋冷水,或用冷水灌肠,勤饮凉水。用2.5%氯丙嗪注射液10～20毫升,肌内注射或静脉滴注。当体温降至 39℃时，即停止降温，然后进行对症治疗。为防虚脱，维护心肺功能，可先注强心剂后，再静脉放血 1～2 升，输注复方氯化钠或生理盐水 2～3 升。为纠正酸中毒，可静脉注射 5%碳酸氢钠注射液 500～1 000 毫升；当牛出现呼吸不规则，两侧瞳孔大小不同和颅内压升高的症状时，为降低颅内压可静脉注射 20%甘露醇注射液 500～1 500 毫升或 50%葡萄糖注射液 300～500 毫升，也可用 25%山梨醇注射液或 25%葡萄糖注射液静脉注射，每隔 4～6 小时注射 1 次。当病牛兴奋不安时，可静脉注射安溴注射液 100 毫升。可用 2.5%氯丙嗪注射液 10～20 毫升肌内注射，或混在生理盐水中静脉注射。

2. 中药治疗

方一　香薷 25 克，藿香、青蒿、佩兰叶、炙杏仁、知母、陈皮各 30 克，滑石(布包先煎)90 克，石膏(先煎)150 克，水煎服。

方二　生石膏(先煎)300 克，知母、青蒿、生地黄、玄参、竹叶、金银花、黄芩各 30～45 克，生甘草 25～30 克，西瓜皮 1 千克，水煎服。

方三　党参、芦根、葛根各 30 克，生石膏 60 克，茯苓、黄连、知母、玄参各 25 克，甘草 18 克，共为末，沸水冲服。无汗加香薷 20 克；神昏加石菖蒲、远志各 20 克；狂躁不安加茯神、朱砂各 20 克；热极生风，四肢抽搐加钩藤、菊花各 20 克；有衰竭症状者，要结合补液及电解质进行救治。

方四　茯神散(《元亨疗马集》)。茯神 10 克，朱砂、雄黄各 3 克。共为细末，猪胆汁 1 个，同调灌之。

方五　朱砂散(《甘肃中兽医诊疗经验》)。朱砂 9 克，党参、黄连各 15 克，知母、茯神、栀子各 32 克，甘草 18 克，猪胆汁 1 个为引。共研细末，沸水冲药，候温灌之。

方六　止汗法。将干马粪一撮放在瓦上，内拌薄荷脑 6 克，以火烧之，令烟入患牛鼻内。

方七　将干马粪放入瓦罐内,上用人发盖之,以火烧,令烟入患牛鼻内少刻即效。

方八　将衣服或毛巾蒙于患牛头上,不断用凉水浇头。或以西瓜水 10～15 千克,胃管灌服。

方九　鲜芦根 1.5 千克,鲜荷叶 5 张,水煎,冷后灌服有效。

3. 针灸治疗

方一　血针颈脉为主穴,血堂、太阳、耳尖、尾尖、通关、山根为配穴。并用冷水浇头。

方二　针百会为主穴,尾根、丹田为配穴。针后用冷水浸湿的麻袋搭于牛背上,并不时用冷水浇湿麻袋。

方三　水针丹田、百会穴,注射复方氯丙嗪注射液 300 毫升或尼可刹米注射液 10 毫升或安钠咖注射液 10 毫升。

二、脑 充 血

脑及脑膜充血是指脑及脑膜血管内的血液流入量增多(称主动性充血)或流出量减少(称被动性充血)而引起的一种脑病。临床上以兴奋不安和意识障碍为特征。

【病　因】　脑及脑膜主动性充血的病因有原发性和继发性两种。原发性病因主要是重剧劳役,鞭打驱赶,骑乘过猛,粗暴调教,烈日暴晒,车船运输,拥挤闷热。此时因家畜过度兴奋,使心脏活动加剧而发生。还可继发于某些药物(水合氯醛、阿托品等)中毒、有毒植物中毒、自体中毒、瘤胃臌气、瘤胃积食、肠臌气和大叶性肺炎等疾病。

被动性充血为继发病,常见于心包炎、心肌炎、心脏肥大以及心脏衰弱等。因静脉回流障碍,可导致脑静脉瘀血。同样,慢性肺气肿、间质性肺气肿和胸膜炎以及急性胃扩张等疾病经过中,由于血液循环障碍,也会引起脑静脉瘀血而发病。

【临床症状】　主动性脑充血,可见病牛狂躁不安,高度兴奋,并呈进行性发作。摇头,啃咬物品,磨牙,嘶鸣,无目的的前冲或后退,头抵饲槽,冲撞墙壁,有的病牛挣脱缰绳,不顾障碍物向前奔跑。病牛结膜充血,头盖部灼热,瞳孔散大或缩小,呼吸急促,脉搏增数,见光惊恐,体温有时升高,食欲下降。后期,病牛转入抑制,出现精神沉郁,目光呆滞,不注意周围事物,行走摇晃,呼吸、脉搏减慢。

被动性充血,病牛主要表现精神沉郁,感觉迟钝,垂头站立,不愿采食,强制牵行则步态跟跄;哞叫,啃围栏,体温不高,呼吸困难,结膜发绀,脉搏细弱;有的行为粗暴,狂奔,有的伴发转圈运动或倒地抽搐。

【诊　断】　根据临床症状结合其特有的发病季节及闷热环境进行综合分析和论证,即可做出诊断。但须与脑贫血、脑脊髓膜炎、流行性脑炎、中毒性脑炎等进行鉴别。

【预　防】　炎热季节,厩舍应宽敞,通风良好;车船运输不可过于拥挤;经常冲洗牛体,冷水泼身,勤饮凉水;役牛应早、晚干活,中午休息,使役时多休息勤饮水。

【中西医简便疗法】

1. 西医治疗

主动性脑充血,可将病牛置于安静、凉爽通风处,头部施行冷敷或装置冰袋,直肠灌注冷盐水,为了降低颅内压,可静脉注射20%甘露醇注射液500～1 000毫升或50%葡萄糖注射液300～500毫升。当病牛兴奋不安时,可静脉注射安溴注射液100毫升。可用2.5%氯丙嗪注射液10～20毫升肌内注射,或混在生理盐水中静脉注射。为防虚脱,维护心肺机能,可先注强心剂。

被动性脑充血,应先消除病因,积极治疗原发病。可肌内注射安钠咖或内服番木鳖酊等中枢神经兴奋药。

2. 中药治疗

方一　天竺黄30克、黄连15克、郁金20克、栀子10克、生地黄20克、朱砂(水飞)10克、茯神15克、远志15克、防风20克,桔梗 10 克、木通 15 克、甘草 10 克。共研细末,蜂蜜,鸡蛋清调糊,沸水冲药,候温灌服。

方二 黄芩、黄连、龙胆紫、夏枯草各 30～45 克,天竺黄、郁金、丹参、党参、川芎、甘草各 30 克,防风、茯神、远志各 25 克,朱砂 10 克(另包后入)。水煎服。

方三 当归、石菖蒲、桃仁、红花各 30～45 克,枳壳、赤芍、郁金各 30 克,川芎、桔梗、远志、茯神各 25 克,大枣 20 枚,老葱 10 根为引。水煎服。

方四 朱砂(水飞)10 克,党参 45 克,茯神 45 克,黄连 15 克,天南星 15 克,半夏 20 克,川贝母 10 克,天花粉 10 克。猪胆汁 1 个为引,共研细末,沸水冲药,候温灌服。

3. 针灸治疗

惊狂型针刺太阳、鹘脉穴。痴呆型火烙大风门、风门等穴。使用大宽针劈开尾尖放血。

第四节 营养代谢性疾病

一、低镁血症(青草抽搐)

低镁血症又称青草抽搐,青草蹒跚,泌乳抽搐,低镁血性抽搐等。是指母牛因采食低镁或高钾牧草引起血液中镁含量减少,以兴奋、痉挛等神经症状为临床特征的矿物质代谢性疾病。

【病 因】 主要由饲料中镁含量过少或镁吸收不足或者钾过多拮抗镁的吸收而导致血镁过少而发生的疾病。在春、秋季节,当牛经常食入施有氮、钾肥,品质低劣的干物质或含镁量低的新鲜牧草时,因摄入镁不足而发病。如患有胃肠疾病,胆道疾病,消化机能障碍,或食入钙、蛋白质过多时,也可影响镁元素的吸收。各种原因引起的多尿,镁从肾脏排泄过多,而从尿中大量丧失,或泌乳时每日随乳、消化道排泄物损失大量的镁;气候变化特别是当气温急剧下降,或多雨的季节,当热量不足,甲状旁腺功能亢进时,也可诱发或促使本病急性发作。

【临床症状】 发病前 1～2 天呈现食欲不振,精神不安,兴奋等类似发情表现。有的精神沉郁,呆立,步样强拘,后躯摇晃等。急性者在采食中突然抬头哞叫,盲目乱走,随后倒地,发生间歇性肌肉痉挛,2～3 小时中反复发作,终因呼吸衰竭而死亡。亚急性病牛开始精神沉郁,步态跟跄,接着兴奋不安,肌肉震颤,抽搐,瞬膜外露,牙关紧闭,耳、尾和四肢强直,全身呈现间歇性和强直性痉挛,水牛患本病后多取亚急性经过。慢性过程即使轻微刺激病牛其反应也十分敏感,头颈、腹部和四肢肌肉震颤,甚至强直性痉挛,角弓反张。可视黏膜发绀,呼吸促迫(每分钟 60～82 次),脉搏增数(82～105 次/分钟),口角有泡沫状唾液。

【诊　断】 根据牧草中无机氮的含量、长期腹泻等,结合病牛典型临床症状一般即可做出初步诊断。临床诊断要与中毒、破伤风、狂犬病等病相区别,有条件时,实验室测定病牛血镁含量即可确诊。

【预　防】 提高牧草的镁含量,可在放牧前开始每周对每 100 米^2 草场撒布约 3 千克硫酸镁溶液(2％浓度),同时要控制草场钾肥施用量,防止破坏牧草中矿物质的镁、钾平衡。对放牧牛群应避免应激反应,防止诱发低镁血症。在本病易发病期间,放牧牛群,尤其是带犊母牛,在放牧前 1～2 周内日粮中添加镁制剂;或在放牧期间,饮水和日粮中添加氯化镁、氧化镁和硫酸镁等;在牛网胃内放置由镁、镍和铁等制成的合金锤(长约 15 厘米),任其缓慢释放,可在 4 周内起到补充镁不足的作用。

【中西医简便疗法】

1. 西医治疗

方一　分析纯氯化钙 35 克和氯化镁 10 克,用 300 毫升蒸馏水溶解,煮沸灭菌与过滤后,缓慢静脉注射。

方二 10 克硫酸镁溶解在 500 毫升的 20%葡萄糖酸钙溶液中制成注射液,在 30 分钟内缓慢地静脉注射。

方三 10%硫酸镁 650 毫升、10%葡萄糖液 150 毫升、10%葡萄糖酸钙 150 毫升、维生素 B_6 500 毫克,静脉注射,每日 1 次,直至痊愈。

2. 中药治疗

方一 当归 60 克,阿胶 60 克(烊化),白芍 120 克,生地 45克,茯神 65 克,石决明 45 克,钩藤 45 克,生牡蛎 120 克,生龙骨 120 克,甘草 45 克。水煎灌服,日服 1~2 剂。

方二 防风、荆芥、羌活、独活、苍术、小茴香各 24~40 克,乌蛇 80~160 克,罂粟壳、陈皮各 15~25 克,乌药、枳壳、秦艽各 20~30 克。煎 2 次,混合均匀,待温,缓慢灌服。大多病例药后 1 小时症状减轻,甚至能爬起行走、反刍、采食。一般服 1 剂可痊愈,少数需再服 1 剂。

二、酮 病

酮病是指由于糖、脂肪代谢障碍致使血液中糖含量减少,而血液、尿、奶中酮体含量异常增多的营养代谢性疾病,又称醋酮血病。临床上以消化紊乱、精神异常、产后瘫痪为特征。临床上把不显示任何症状只是血液中酮体含量增多的酮血病、尿液中酮体含量增多的酮尿病、乳汁中酮体含量增多的酮乳病等,统称为亚临床酮病。

【病 因】 发病原因较多,血糖代谢负平衡是导致发病的根本原因。通常按其病因的不同,分为原发性和继发性两大类型。原发性酮病的发生与饲料的种类、品质的好坏、日粮的组成有关,特别是精料过多,粗饲料不足,易造成瘤胃功能减弱,进而引起食欲减退,使瘤胃的内环境发生改变,采食量减少,能量水平不能满足需要,故发病率增加。矿物质如钴、磷缺乏,也会导致酮病。大量饲喂过度发酵、品质低劣的青贮饲料,因丁酸含量较多,也会促使本病的发生;有些牛反复发生酮病,可能是遗传因素,也可能与牛的消化能力和代谢能力较差有关,肥胖奶牛在分娩后血液中胰岛素含量明显减少,血液中酮体含量增多,内分泌功能障碍可诱发酮病发生。继发性酮病多与产后瘫痪,子宫内膜炎,真胃变位,创伤性网胃炎等,加上日粮急剧改变以及各种应激作用有关。伴发低钙血症、低磷血症或低镁血症等,也与继发性酮病有一定关系。

【临床症状】　主要表现为低血糖、高血脂、酮血、酮尿、脂肪肝、酸中毒,以及体蛋白消耗和食欲减退或废绝。临床上通常有以下几种类型。

1. 消化型　病牛拒食精饲料,喜食干草及污秽的垫草,呼出的气体、皮肤和尿液有醋酮味或烂苹果味,牛奶易起泡沫,有醋酮味。继而反刍停止,鼻镜无汗,出现舔食泥土和污秽不洁垫草、啃咬栏杆等。或顽固性腹泻,或腹泻便秘交替发生,粪呈球状而干少,外附有黏液。黏膜苍白或黄疸。体重减轻,明显消瘦,眼窝下陷,有时眼睑痉挛,严重脱水,皮肤弹性丧失,被毛粗乱无光,步态踉跄,卧地不起。

2. 神经型　病情较消化型严重,除具有消化型酮病的症状外,还伴有口角流有混杂泡沫状唾液,兴奋不安,狂暴摇头,眼球震荡,做圆圈运动。肌肉尤其是颈部肌肉多见痉挛,甚至全身抽搐。病久转为抑制,四肢轻瘫或后躯不全麻痹,头颈弯曲于颈侧,反应迟钝,呈昏睡状态。多数病牛体温降至常温以下。

3. 乳热型　多见于分娩后10天内,其与乳热症极为相似,泌乳量急剧下降,体重减轻,肌肉乏力,不时发生持续性痉挛。

【诊　断】　根据发病前的饲养情况,临床症状中的消化紊乱、神经兴奋和抑制、呼气和尿液的酮体味等综合判断容易确诊。本病应与前胃弛缓、产后瘫痪相区别。亚临床酮病患牛,要进行酮定性检测。

【预　防】　加强干奶期牛饲养管理,饲喂足够蛋白质、能量和微量元素的日粮。防止泌乳后期和干乳期乳牛过肥或过瘦;随着泌乳量的增加饲料喂量应逐渐增加;泌乳初期尽量少喂或不喂丁酸发酵过度的青贮饲料;舍饲母牛要保证充足的运动和光照;建立定期监测亚临床酮病的制度。

【中西医简便疗法】

1. 西医治疗

方一　补糖疗法:50％葡萄糖注射液 500～1 000 毫升,静脉注射,多数患牛有显著疗效;或用丙酸钠 250～500 克,分 2 次口服,连用 10 天。也可将白糖、红糖拌料中饲喂,300 克/头/日,连续饲喂 5 天。

方二　激素疗法:醋酸可的松注射液 0.5～1.5 克,肌内注射。或地塞米松 25 毫克,静脉注射。

方三　缓解酸中毒:5％碳酸氢钠液 1 000～2 000 毫升,每日分 3 次静脉注射。

方四　对症治疗:神经型酮病,胃管投服水合氯醛,首次剂量为 30 克,以后减量 10 克,每日 2 次,连用 3～5 天;补钙可缓解神经症状,可用 10％葡萄糖酸钙注射液 500 毫升,或 5％氯化钙注射液 200 毫升,单独或与葡萄糖混合静脉注射;兴奋中枢与保护心脏,可用 10％安钠咖注射液 30 毫升,肌内注射;解热镇痛,可用 30％安乃近注射液 30 毫升,肌内注射。

2. 中药治疗

方一　党参 60 克,白术 40 克,茯苓 40 克,当归 30 克,熟地黄 30 克,川芎 30 克,白芍 30 克,半夏 30 克,陈皮 30 克,草豆蔻 25 克,厚朴 30 克,黄连 25 克,木香 30 克,神曲 60 克,山楂 40 克,莱菔子 30 克,干姜 15 克,甘草 20 克,苍术 60 克。煎服,每日 1～2 剂,连用 5～7 剂(消化不良,粪中带有未消化饲料者,重用砂仁、山楂、神曲;胃蠕动弛缓者加厚朴、枳壳;病久体虚,体温下降至正常温度以下,舌绵软,色白者重用党参并加黄芪、黑附片;产后恶露不净者加益母草;体温高者去党参、白术、砂仁,加金银花、鱼腥草;神经症状明显时去茯苓,加石菖蒲、枣仁、茯神、远志)。

方二 当归60克,白芍45克,川芎30克,麦冬45克,酸枣仁60克,菊花45克,枸杞子45克,山茱萸60克,山药60克,泽泻45克,茯苓30克,生代赭石120克,生龙骨60克,生牡蛎60克,甘草30克。诸药水煎两次,分早、晚灌服。

方三 大黄100克,丹参50克,葛根、萆薢各30克,生地黄25克,黄连、木通、甘草各20克。食欲不振者加神曲、山楂各45克;脾胃虚寒者加太子参45克,白术、砂仁各30克;瘤胃臌气者加枳壳、炒小茴香、厚朴各30克。研末沸水冲泡,待凉后胃管投服,3剂为1个疗程,一般1~2个疗程。

方四 红糖、白糖各200克,生姜50克,大枣10枚。煎汤灌服,每日早、晚各1次,连用10日。

三、妊娠毒血症(脂肪肝)

牛妊娠毒血症也称牛的脂肪肝,肥胖母牛综合征。是由于干奶期母牛采食过多精料造成过度肥胖而引起的代谢性疾病。临床上以食欲废绝,渐进性消瘦,伴发酮病、乳热症、胎衣不下和乳房炎等为特征。

【病　因】　目前围产期奶牛脂肪肝的确切发病原因虽然还不十分清楚,但该病的发病率与奶牛品种、年龄及饲养管理有极大的关系。分娩后由于能量不能及时得到弥补,造成能量负平衡,奶牛妊娠、分娩以及泌乳,还会引起糖的异生作用降低,且瘤胃对糖原的利用也发生障碍,结果使血糖降低而发病。此外,奶牛分娩后血糖及蛋白结合碘含量均降低,造成甲状腺功能不全而发生脂肪肝。脂肪肝的发病率和牛的品种也有关系,娟姗牛发病率最高,中国荷斯坦牛次之,役用黄牛更低。在不同年龄的奶牛中,以 5~9 岁的奶牛发病率最高,初产奶牛发病率较低。奶牛的一些消耗性疾病,如前胃弛缓、网胃炎、皱胃变位、骨软症、生产瘫痪以及其他慢性传染病等,均可继发脂肪肝。

【临床症状】 急性发作的病牛精神沉郁,食欲减退乃至废绝,瘤胃蠕动微弱。产奶量减少或无奶。可视黏膜黄染,体温升高达 39.5℃~40℃,步态不稳,目光凝视,对外界反应迟钝。伴发胃肠炎症状,排黑色泥状、恶臭粪便,多在病后 2~3 天内卧地不起而死亡。慢性病牛多在分娩后 3 天内发病,多呈现酮病症状,呻吟、磨牙、兴奋不安,抬头望天或颈肌抽搐,呼出气和汗液中带有丙酮气味,步态不稳,眼球震颤,后躯麻痹不全,嗜睡。食欲减退乃至废绝,泌乳性能大大降低。粪便量少干硬,或粪便稀软腹泻。有的伴发产后瘫痪而横卧地上,其躺卧姿势以头屈曲放置于肩胛部呈昏睡状。有的伴发乳房炎,乳房肿胀,乳汁稀薄呈黄色汤样或脓样。子宫弛缓,胎衣不下,产道内蓄积多量褐色、腐臭味恶露。

【诊 断】 根据流行病学、临床症状及对药物反应,可初步确诊。本病应与母牛分娩前后易发的各种疾病,如瘤胃酸中毒、酮病等加以鉴别。

【预 防】 控制精料喂量,饲喂优质干草;补充钴、碘食盐及其他矿物质;加强干奶母牛运动,防止过度肥胖。产前 1 周开始,每日静脉注射 25%葡萄糖注射液 500 毫升、20%葡萄糖酸钙注射液 500 毫升,直到产后母牛恢复食欲。在产前 1 周饲料中,添加丙二醇 200 克或丙酸钠 125 克,连续饲喂 15 天。也可对分娩前 1 个月和分娩后 1 个月的妊娠母牛,日粮中添加蛋氨酸 50 克,氯化胆碱 30 克。

【中西医简便疗法】

1. 西医治疗

方一 50%葡萄糖注射液 1 000 毫升,一次静脉注射。

方二 50%右旋糖酐注射液,初次1500毫升,以后可适当降低500毫升,静脉注射,2次/日。

方三 25%木糖醇注射液500~1000毫升,静脉注射。

方四 丙酸钠200克,内服,2次/日。

方五 氯化胆碱50克,内服;或10%氯化胆碱250毫升,皮下注射。

2. 中药治疗

方一 党参60克,白术60克,陈皮45克,紫苏45克,厚朴30克,茯苓各45克,甘草30克,油当归120克,丹参60克,山楂120克,神曲60克。水煎2次,加陈皮酊250毫升,一次灌服,每日2次。

方二 黄芪120克,当归60克,枳壳30克,白芍60克,泽泻45克,柴胡30克,茯苓30克,桃仁34克,川楝子25克,延胡索45克,川芎30克,山楂120克,甘草30克。共为细末,沸水冲调灌服。

四、骨软症

骨软症是成年牛由于饲料中钙,磷或维生素D含量不足,或钙、磷比例不当所引起的慢性代谢性骨质疏松症。临床上以消化紊乱、异嗜癖、骨骼变形、肢势异常、蹄变形、尾椎吸收和跛行为特征。

【病 因】 饲料钙、磷含量不足或比例不当及机体钙磷代谢障碍是本病发生的主要原因。此外,维生素D缺乏,运动不足,光照过短,妊娠,泌乳,慢性胃肠病以及甲状旁腺功能亢进等都可促进本病的发生。

【临床症状】 病牛食欲减退,反刍减少,瘤胃蠕动音减弱,最明显的变化是出现异嗜:舐食墙土,啃嚼砖石瓦块,或舐食铁器、垫草等异物。随后出现运动障碍,四肢强拘,运步不灵活,跛行。经常拱背站立,卧地不愿起立。随着病情的发展,出现躯体和四肢骨骼变形、肿胀、蹄壳干裂。尾椎骨移位、变软,肋骨肿胀呈串珠状,易折断。站立不能持久,强迫站立时出现全身性颤抖,奶牛发情延迟或呈持久性发情,受胎率低,流产和产后胎衣滞留。

【诊　断】　根据病史调查、临床症状特点,结合实验室检验变化以及 X 线检查等,不难做出病性诊断。应与肌肉风湿、氟中毒、慢性铅中毒、锰缺乏症、铜缺乏症及蹄叶炎等加以区分。

【预　防】　调整日粮中钙磷比例,应确保饲草中钙、磷含量满足生理需求,使钙、磷比例达到 1.5～2∶1 的标准。冬季舍饲期间,高产奶牛应在日粮中添加矿物质补充料,或应用维生素 D 注射制剂,尽量多做户外阳光照射和适量运动,尤其对于妊娠和分娩母牛,要保证有足够的青干草和充足的日光照射。适当增饲豆科牧草和优质青草;注意修蹄。

【中西医简便疗法】

1. 西医治疗

方一　骨粉 250～300 克内服,每日 1 次,5～7 天为 1 个疗程。

方二　磷酸二氢钠 120～150 克内服,每日 1 次,连用 3～5天,症状未消失者,按每日 50～80 克再服用 1～2 周。

方三　20%磷酸二氢钠液 300～500 毫升或 3%次磷酸钙液1 000 毫升,静脉注射,每日 1 次,连用 3～5 天。为促进钙盐的吸收,每隔 5～7 日肌内注射 20%磷酸二氢钠液或 3%次磷酸钙液10～15 毫升。

方四　缺钙性骨软症病牛和成年奶牛干奶期,每日钙、磷饲喂量分别不少于 55 克和 20 克,泌乳牛按每千克乳量则分别饲喂2.5 克和 1.8 克。同时,静脉注射 20%葡萄糖酸钙注射液 100 毫升,连续几日可获一定疗效。防止出现低钙血症,可静脉注射10%氯化钙注射液或 10%葡萄糖酸钙注射液适量。为增进肠管对钙、磷的吸收利用,可应用维生素 D 制剂。

方五　对缺磷性骨软症病牛,在日粮中除添加磷酸钠 100 克、磷酸钙 75 克或骨粉 100 克外,还可静脉注射 8％磷酸钠注射液 300 毫升或 20％磷酸二氢钠注射液 500 毫升,每日 1 次,3～5 天为 1 个疗程,可使病情减轻直至痊愈。

2. 中药治疗

方一　益智仁 45 克,五味子 45 克,当归 60 克,草果 30 克,肉桂 30 克,细辛 9 克,肉豆蔻 45 克,白术 45 克,川芎 30 克,砂仁 30 克,白芷 45 克,青皮 45 克,槟榔 18 克,厚朴 30 克,枳壳 30 克,甘草 30 克,生姜 25 克,大枣 30 克。共研细末,沸水冲调,一次灌服。

方二　当归 60 克,白芍 60 克,巴戟天 60 克,葫芦巴 60 克,川楝子 45 克,小茴香 45 克,白术 45 克,藁本 30 克,黑牵牛子 30 克,红花 30 克,木通 30 克,补骨脂 30 克。共研细末,沸水冲调,加黄酒 250 毫升灌服。

方三　黄芪、防风、苍术、当归、山药各 50 克,龙骨、牡蛎、焦三仙各 40 克,五加皮、白术、五味子各 30 克,浓鱼肝油 50 克。每日 1 剂。

方四　益智仁、草果、砂仁各 40 克,白豆蔻、青皮、厚朴、当归、川白芍、枳壳、白芍各 30 克,木香、甘草各 25 克,生姜 50 克、大枣 10 多枚,焦三仙 10 克,牡蛎、龙骨(或面粉)各 200 克。共研细末,拌草料中喂服,早、晚各 1 次,7 天喂完。

方五　当归 50 克,熟地黄 50 克,柴胡 50 克,甘草 30 克,黄芪 100 克,党参 40 克,山药 50 克,五味子 40 克,陈皮 50 克,白术 50 克,升麻 100 克,三仙 50 克。共研成末,沸水冲服,隔日投服 1 剂,共服 3 剂。体轻者用量均减。

方六　当归、熟地黄、川续断、益智仁各 30 克,苍术 45 克,甘草 20 克。不愿走动、动则气喘者应加入党参、白术各 50 克,炙黄芪 30 克;腰和后肢不灵活者加入杜仲、补骨脂、怀牛膝各 45 克;四肢不灵活者加入伸筋草、秦艽各 30 克。共研细末,拌草料中喂服。

方七 苍术、青皮、陈皮、牡蛎、龙骨各 30 克,五味子、当归、何首乌各 15 克。共为末,早、晚 2 次分服或拌于饲料内饲喂,连服6 天。

五、产后血红蛋白尿症

产后血红蛋白尿症,多发生于分娩后 2～4 周,3～6 胎次的5～8 岁高产奶牛。临床上以低磷血症、血管内溶血性血红蛋白尿、贫血和黄疸等为主要特征。

【病　因】 牛群在缺磷土壤草场上放牧或饲喂磷含量较少的块根类、甜菜叶及其残渣等多汁饲料,尤其是采食十字花科植物(萝卜,甘蓝,油菜等)是本病发生的主要原因。泌乳过多导致机体磷大量丧失,补饲磷含量不足的精料也是发病的诱因。但水牛产后血红蛋白尿与是否采食十字花科植物无关,而且也不一定仅在产后发生。本病的发生还与严寒及长期干旱的气候有密切联系。

【临床症状】 无论是牛产后血红蛋白尿还是水牛血红蛋白尿,红尿是最为特征的共有症状。在最初的 1～3 天内,尿颜色由淡变深,即淡红,红,暗红,紫红和棕褐色,病情转好时则由深变浅。患牛排尿次数增加,但尿量减少。随着病情发展,另一特征性症状即贫血随之加重和明显。可视黏膜及乳房、乳头、股内侧皮肤明显变淡红甚或苍白或黄染,血液稀薄,凝固性降低,血液呈樱桃红色。一般病牛呼吸、体温、食欲等无明显变化。严重贫血时,瘤胃蠕动减弱,脉搏增数,心率亢进,心音增强,颈静脉怒张,步履蹒跚,泌乳量明显减少,乳房、四肢末端冰凉。病久则乳头、耳尖、尾梢及趾端等发生坏死。多数病牛体温低于常温下限,肝区叩诊界扩大并呈现疼痛反应。病牛因虚脱被迫卧地后,多在 3～5 天内死亡。

【诊　断】 根据临床出现急性衰弱和血尿等症状,分娩后多数高产奶牛发病等情况,可以初步诊断。最终确诊应结合血液生化检验,特别是血清无机磷含量测定结果进行综合分析。

【预　防】　严禁过多饲喂甜菜、油菜、甘蓝等含磷量过低和含 S-甲基半胱氨酸亚砜过多的块根类及其副产品饲料。可采用青贮来分解并减少甜菜等块根类饲料中皂荚苷的含量,并补给麸皮、米糠等含磷量较高的饲草料。泌乳开始,补饲含磷量较多的优质骨粉或含磷添加剂,连续 2 个月。若治疗及时有效,病情较轻的牛可望在 1~2 周内恢复健康。耳鼻四肢末端冰凉,意识障碍,呼吸困难,心脏衰弱,并站立不起的重症病牛,死亡率较高。输血疗法可较大幅度降低其死亡率。

【中西医简便疗法】

1. 西医治疗

20%磷酸二氢钠注射液 500 毫升,静脉注射,每日 2 次,连用 2~3 天。之后,再用过磷酸钙 1 000 克,常水 20 升,振摇混匀后静置 1 天,取上清液 100 毫升/头,喷洒在饲料上,再饲喂病牛,连用 5 天。

2. 中药治疗

方一　知母、生地黄各 60 克,黄柏、栀子、蒲黄、茜草各 45 克,瞿麦、泽泻、木通、甘草梢各 30 克。共为细末,沸水冲调灌服。根据急则治其标,缓则治其本的原则,对耳、鼻、四肢末端冰凉,意识障碍,呼吸困难,心脏衰弱并站立不起的重症病牛,可急用当归 60 克,黄芪 300 克,水煎服。

方二　秦艽 30 克,蒲黄 25 克,瞿麦 25 克,当归 30 克,黄芩 25 克,栀子 25 克,车前子 30 克,天花粉 25 克,红花 15 克,大黄 15 克,赤芍 15 克,甘草 15 克。共研细末,用青竹叶煎汁同调,一次灌服。

方三　秦艽 50 克,瞿麦 40 克,当归 50 克,黄芩 40 克,赤芍 30 克,甘草 15 克,红花 30 克,大黄 30 克,车前草 50 克,天花粉 40

克。共研细为末,青竹叶煎汤同调,待牛吃草后灌服。每日1剂,连用2天。

方四 马勃18克,鲜何首乌500克,切碎草包喂服,每日上午1次,连服5剂。或用车前30克,萹蓄16克,淡竹叶30克。煎服,每日下午各1剂,连服3剂。

方五 秦艽、瞿麦、车前子、当归、赤芍各45克,黄芩、天花粉、炒蒲黄、栀子、大黄、红花、甘草各30克,绿竹叶1把。水煎,候温灌服,连灌3剂。此外,每日喂麸皮2500克、骨粉60克。

方六 纯骨粉若干放在铁锅内,加文火并不断翻炒,直至骨粉变成焦煳状(黑色),取出包好备用。取焦煳骨粉按200~300克/次剂量,早、晚各口服或拌料喂服,轻症24小时内即可痊愈,重症2~3天亦可康复。

方七 知母、黄柏、地榆、蒲黄各30克,栀子、槐花、侧柏叶、血余炭、杜仲各20克,棕皮15克。各药炒黑,共为末,沸水冲调,候温灌服(妊娠母牛去槐花加仙鹤草30克),每日2剂,连服2~3天,并视其病情变化,对药物及剂量适当加减。

方八 熟地黄60克,当归60克,白芍45克,川芎25克,党参60克,远志30克,甘草15克,大枣20克。煎汁灌服。

六、硒缺乏症

硒缺乏症,又称为犊牛硒反应性衰弱症,即白肌病。临床上以营养性肌肉萎缩、母牛繁殖性能障碍等为主要特征。1岁以内尤其是1~3个月龄犊牛更易发病。

【病 因】 本病有原发性和继发性两种类型。原发性多由饲草、料中硒含量过少所致,饲草、料(干物质)中硒含量低于0.1毫克/千克以下,即可发病。继发性因土壤中硒的拮抗物(硫化物或饲草、料中硫酸盐等)含量过大,降低了牛对饲料、草中硒的吸收和有效利用,导致硒缺乏症发生。

【临床症状】 临床常将其分为最急性、急性和慢性3种类型。

1. **最急性型** 10~120日龄犊牛突然发病,心搏动亢进,心跳加快(140次/分),心音微弱,节律不齐。共济失调,不能站立,在短时间内则死于心力衰竭。

2. **急性型** 精神沉郁,运步缓慢,步态强拘,站立困难,多数病牛最终陷入全身麻痹。心搏动亢进,心音微弱。呼吸数增多达每分钟70~80次。咳嗽,有时黏液性鼻漏中混有血液,肺泡音粗厉,呼吸困难。四肢肌肉震颤,颈、肩和臀部肌肉发硬、肿胀,全身出汗。病牛四肢侧伸,卧地不起,空嚼磨牙。一般在发病后6~12小时内死亡。

3. **慢性型** 发育停滞,消化不良性腹泻,消瘦,被毛粗乱无光,脊柱弯曲,全身乏力。成年母牛繁殖性能降低,分娩的犊牛虚弱或产出死胎,胎衣不下。

【诊　断】 根据病史、临床症状可做出初步诊断,确诊需进行血清生化检验。

【预　防】 定期肌内注射亚硒酸钠注射液,口服硒盐或含硒添加剂,或饲料中补硒是最为有效的措施。贫硒区域施用含硒肥料,将含硒微量元素缓释弹丸置瘤胃内等也是可取的补硒方法。对妊娠母牛,可在分娩前1~2个月,每千克饲料添加亚硒酸钠0.1~0.2毫克,维生素E 500~1000毫克,或在妊娠母牛分娩前2周至1个月时,皮下注射亚硒酸钠注射液(硒含量100毫克)和维生素E注射液(剂量为1000~1500毫克),新生犊牛皮下注射亚硒酸钠溶液3~5毫升,维生素E 50~150毫克,间隔2周后再注射1次,均可起到良好的预防效果。

【中西医简便疗法】

1. **西医治疗**

对硒缺乏症病牛,应首先限制其活动,注意牛舍保温,避免各种应激因素刺激,再定期肌内注射0.1%亚硒酸钠注射液5~10毫升、维生素 E 500 毫克,每 15 日重复 1 次;或口服亚硒酸钠溶液 10 毫克/50 千克体重,维生素 E 每次 700 毫克,间隔 5 日重服 1 次。

2. 中药治疗

方一 黄芪 180 克,当归 30 克,党参 60 克,肉桂 45 克,甘草 45 克,生姜 45 克,加水适量煎煮 2 次混合,日分两次灌服。犊牛可用当归 10 克,淫羊藿 15 克,川续断 15 克,川牛膝 10 克,生姜 8 克,云茯苓 10 克,甘草 10 克。煎汤灌服,日服 1 剂。

方二 生黄芪、党参各 50 克,麦芽、谷芽、牛蒡子、侧柏叶、松针叶、苍术各 20 克,当归、红花各 10 克,广三七 5 克。共为细末,沸水冲调,加黄酒 100 毫升,一次投服,隔日 1 剂。

七、铜缺乏症

铜缺乏症是由于饲草和饮水中铜含量过少或钼含量过多引起的一种代谢病。临床上以被毛褪色、腹泻、贫血、运动障碍、骨质异常和繁殖性能降低等为特征。

【病　因】　常分为原发性和继发性铜缺乏症两种类型。原发性铜缺乏症是因饲草料中含铜量不足引起,长期采食铜含量少于 3 毫克/千克的草料,即可发生铜缺乏症,铜含量 3～5 毫克/千克为其临界水平,患牛可能处于亚临床铜缺乏。继发性铜缺乏症由饲料中存在过高的钼(大于 10 毫克/千克)所致,钼含量过高或含硫酸盐等微量元素时,即便饲料和饮水中铜含量充足,由于铜、钼相互拮抗,牛肠管吸收铜的功能降低,对铜的吸收和利用受阻,需要量增大,也可能产生铜缺乏。饲料中镉、锌、铁和碳酸钙等含量过高,也会影响铜的吸收和利用,从而造成铜缺乏症。

【临床症状】　缺铜可引起贫血。原发性缺铜病牛食欲减退,异嗜,生长发育缓慢。毛发色素沉着障碍,尤其是眼周围的被毛,由于褪色或脱毛,则呈无毛或白色似眼镜外观。被毛粗乱,缺乏光泽,红毛变为淡锈红色,以至黄色,黑毛变为淡灰色,犊牛尤为明显。牛缺铜常引起骨骼变脆和骨质疏松,所产犊牛跛行,步样强拘,甚至两腿相碰,关节肿大,骨质脆弱,易发骨折,共济失调,后肢麻痹。严重的则倒地,持续躺卧,最后死于营养衰竭。母牛缺铜常引起卵巢功能低下,发情延迟或受阻,受胎率低,繁殖功能障碍。妊娠母牛缺铜时产犊提前或分娩困难,产后也多有胎衣不下,泌乳性能降低。公牛的精液质量也与铜有密切关系。此外,牛缺乏铜还可能出现异食现象和腹泻,牛体消瘦,生产性能下降等。继发性铜缺乏症基本上与原发性铜缺乏症相同,只是贫血程度较轻,持续性腹泻症状较为突出。

【诊　断】　根据病史调查、依据临床多数牛出现被毛粗乱、褪色显著,步态僵硬,黏膜苍白,腹泻等特征性临床症状和病理变化,可做出初步诊断。确诊有赖于对病牛血液、肝脏,特别是被毛中铜含量的检测。

【预　防】　补充铜制剂是治疗牛缺铜病的有效方法。成年牛每日补充硫酸铜 2 克或每周 4 克,犊牛每日 1 克或每周 2 克。通过施用含铜肥料,可改善缺铜土壤、增加铜元素在牧草中的沉积。资料记载,澳大利亚为解决草场土壤缺铜,每公顷施用 5~7 千克硫酸铜后,牧草中铜含量即可达到牛生理需要量,并能维持几年有效。舍饲的牛群可皮下注射甘氨酸铜制剂,成年牛 400 毫克,犊牛 200 毫克,历时 3~4 个月可起到预防效果。

【中西医简便疗法】

1. 西医治疗

硫酸铜内服效果较好,每日成年牛 0.3 克,犊牛 0.15 克,连续 15 天,间隔 15 日后再重复使用,直至症状消失。每千克饲料中含铜量低于 8 毫克,可向饲料内添加硫酸铜,使铜含量保持在每千克饲料 10 毫克以上的水平。或将含铜、钴、硒、碘的缓释丸投入网胃内,可持续释放铜等微量元素达 1 年之久,起到补饲铜的作用。

2. 中药治疗

方一 熟地黄 60 克,山药 80 克,枸杞子 45 克,山茱萸 45 克,肉桂 45 克,杜仲 60 克,附子 30 克,炙甘草 30 克。共为细末,沸水冲服。

方二 熟地黄 60 克,山药 50 克,山茱萸 60 克,泽泻 45 克,茯苓 45 克,知母 45 克,黄柏 45 克。共为细末,沸水冲服。

八、锌缺乏症

锌缺乏症是指由于饲草料中缺锌或其他原因导致锌吸收障碍,引起以生长发育缓慢或停滞、皮肤角化不全、骨骼异常和繁殖性能障碍等为主要特点的微量元素缺乏症。

【病 因】 本病可分为原发性和继发性锌缺乏症两种类型。

1. 原发性锌缺乏症 是由于饲喂锌缺乏地带(即低于锌含量在 30~100 毫克/千克以下地带)生长的牧草(其中锌含量小于 10 毫克/千克)和谷类作物(其中锌含量少于 5 毫克/千克以下)而发生本病。

2. 继发性锌缺乏症 多由于饲喂的饲料(草)中含有过多的钙或植酸钙、镁、磷、铁、锰以及维生素 C 等,妨碍牛机体对饲料(草)中的锌吸收和利用,则发生锌缺乏症。不饱和脂肪酸缺乏对锌的吸收和利用也有影响。牛患慢性胃肠炎时,可妨碍对锌的吸收而引起锌缺乏症。

【临床症状】 犊牛缺乏锌,生长发育不良,增重缓慢;口腔、鼻孔红肿发炎,流有大量唾液和鼻漏;鼻镜、后肢和颈部等处皮肤发生角化不全、皲裂、被毛脱落。阴囊、四肢部位呈现类似皮炎的症状,皮肤瘙痒、脱毛、粗糙,蹄周及趾间皮肤皲裂。骨骼发育异常,后肢弯曲,关节肿大,僵硬,四肢无力,步样强拘。成年牛和犊牛一样也有典型的皮肤角化不全。此外,后腿球关节肿胀,蹄冠部皮肤肿胀、脱屑、被毛粗乱。母牛从发情到分娩整个过程受到严重影响,表现有发情延迟或发情停止,屡配不孕,胎儿畸形,早产,死胎等。公牛精液量减少,精子活力降低,性功能减退。

【诊　断】　通过病史调查、局部皮肤角化不全等特征性临床症状和病理变化可以做出初步诊断。结合血液和各个脏器中锌含量检验即可确诊。应与真菌性皮肤病、疥螨、渗出性皮炎等加以类症鉴别。

【预　防】　大量饲喂新鲜青绿牧草时,应适量添加大豆油,对治疗和预防锌缺乏症都可收到较好的效果。严格控制饲料中锌含量,使其保持在正常范围以内。

【中西医简便疗法】

1. 西医治疗

硫酸锌,口服,每头 2 克;硫酸锌注射液 1 克,肌内注射,每周1 次。犊牛,硫酸锌每千克体重 100 毫克,口服,连续 3～4 周。

2. 中药治疗

方一　桑叶 60 克,生石膏 120 克,党参 60 克,甘草 45 克,胡麻仁 60 克,阿胶 60 克,麦冬 45 克,杏仁 30 克,枇杷叶 45 克,玄参60 克,川贝母 60 克,陈皮 30 克。加水适量,将 2 次煎液混合,候温日分 2 次灌服。

方二　太子参、白术、茯苓、山药、白扁豆各 30 克,牡蛎 60 克,焦山楂 30 克,陈皮、木香各 25 克,甘草 25 克。每日 1 剂,水煎 2次分服,连用 5 剂。

九、碘缺乏症

碘缺乏症,又叫甲状腺肿。是因饲喂缺碘饲草料或长期在缺碘草场放牧所引起的以犊牛死亡、脱毛、生长发育缓慢以及成年牛繁殖功能障碍,甲状腺肿大和增生等为主要特征的地方性疾病。

【病　因】　原发性碘缺乏症是指摄取碘量不足,其中以水草中的碘含量不足最为关键。继发性的碘缺乏症,由某种因素牛引起的对碘需要量增多或对碘的吸收障碍所致。犊牛在快速生长发育时期,母牛妊娠期和泌乳盛期等,碘的需要量就会随之增多。白三叶草,油菜籽,亚麻仁及其副产品和大豆等含有致甲状腺肿素或致甲状腺肿物质,使机体对碘的吸收量减少。一些治疗药物,摄取过多的钙制剂,妨碍碘的吸收。以上因素均可能成为碘缺乏症的发病原因。

【临床症状】　病畜持续性咳嗽,高热,流鼻液,食欲减退,精神沉郁。公牛性欲减退,精子品质低劣,精液量也减少。碘缺乏母牛一方面表现为性周期不规律,受胎率降低,胎儿生长发育不良,流产死胎,妊娠期延长,产奶量下降等繁殖障碍。另一方面,犊牛体质虚弱,被毛稀疏,死亡率增高。

【诊　断】　根据甲状腺肿大和生长发育缓慢等症状即可做出临床诊断。结合检测蛋白结合碘和甲状腺素含量等,有助于确诊。

【预　防】　舍饲期间及早补饲碘盐或含碘饲料添加剂,用有机碘化合物40%溶解油剂,肌内注射。对犊牛宜用卢格氏液几滴内服,连续1周时间。对妊娠母牛(尤其是处于后期),以含有0.15%碘盐,按1.5%比例添加在饲料中饲喂,这样会起到较好的预防作用。

【中西医简便疗法】

1. 西医治疗

对犊牛内服复方碘溶液(卢格氏液)每日5～10滴,连续1周;妊娠母牛,按1.5%比例在饲料中添加0.15%碘盐,有较好的预防作用。舍饲期间及早补饲碘盐或含碘饲料添加剂,用40%有机碘油剂肌内注射。每日内服碘化钾150毫克;或每日内服复方碘溶液(5%碘、10%碘化钾溶液)约25滴,连续15～20天,间隔1个月重复1次。

2. 中药治疗

方一　熟地黄60克,山药60克,山茱萸60克,枸杞子60克,炙甘草 45 克,杜仲 60 克,肉桂 45 克,附子 45 克,淫羊藿 60 克。共为细末,沸水冲调,候温灌服。

方二 紫河车 45 克,党参 60 克,熟地黄 60 克,杜仲 45 克,天冬 45 克,麦冬 45 克,龟板 45 克,黄柏 45 克,茯苓 45 克,牛膝 45 克。共为细末,沸水冲调,候温灌服。

方三 海带 50 克,海藻 50 克,连翘 25 克,金银花 25 克,天花粉 25 克,黄芪 25 克,马齿苋 20 克,侧柏叶 20 克,苍术 20 克,蒲公英 20 克,陈皮 15 克,川厚朴 15 克,穿山甲甲 15 克。研为细末,分早、晚两次用沸水冲灌,连用 5～7 剂,可随症加减。

十、维生素 A 缺乏症

维生素 A 缺乏症是由于饲料中维生素 A 原或维生素 A 不足或缺乏或胃肠吸收功能障碍,以致维生素 A 缺乏所引起的一种慢性营养性疾病。临床上以生长迟缓、角膜角化、夜盲和生殖功能低下等为特征。

【病　因】 长期饲喂维生素 A 含量不足的精料,或缺乏绿色植物饲草,是引起该病的主要原因。青贮饲料和谷物饲料长期保存,其含量减少或受光、热作用而氧化,使维生素 A 受到破坏引起发病。犊牛哺乳期哺乳量不足或加热调制不当,可成群发生维生素 A 缺乏症。慢性胃肠道疾病,寄生虫病和慢性肝脏疾病,也可继发维生素 A 缺乏症。但引起维生素 A 缺乏的主要原因是饲料内维生素 A 原或维生素 A 不足。

【临床症状】 维生素 A 缺乏可发生许多疾病,临床症状也随之各异。干眼病和夜盲症,是早期维生素 A 缺乏症的特征性症状之一。角膜干燥,混浊,羞明,瞳孔散大眼球突出,视力减弱,尤其对暗光的适应能力差,早晚光线较暗时步态不稳,甚至不避障碍,严重的甚至双目失明。骨组织发育障碍时,犊牛成骨细胞明显减少,骨质疏松或变形,关节肿大,共济失调,生长发育停滞。严重者神经功能障碍,有强直性或阵发性痉挛。患牛还会有消化不良,腹泻,背和尾根部有干性糠疹,皮肤角化脱屑,弹性降低,被毛粗糙而干枯等症状。生殖器官黏膜角质化时,公牛精液减少,性欲减退;母牛受胎率降低,妊娠后期多发生流产或出现死胎,瞎眼,咬合不全等先天性畸形。

【诊　断】　根据饲养管理、临床症状和实验室检查进行诊断。临床观察有夜盲表现是本病早期的诊断方法。

【预　防】　用维生素 A 440 单位/千克体重,肌内注射或口服,随后降至 1/4～1/3 剂量,连续 1 周,同时用胡萝卜或富含维生素 A、胡萝卜素的优质饲草料饲喂病牛;也可用维生素 AD₃ 注射液,成年牛 10～15 毫升,犊牛 2～5 毫升,肌内注射,隔日 1 次。

【中西医简便疗法】

1. 西医治疗

维生素 A 注射液 5 万～7 万单位,肌内注射,每日 1 次,连用 5 天。浓缩维生素 A 油剂,成年牛 15 万～30 万单位,犊牛 5 万～10 万单位,内服或肌内注射,每日 1 次或 2～3 日用 1 次,连用 7 日为 1 个疗程。也可用维生素 AD 注射液 5～10 毫升,肌内注射,每日 1 次,连用 7 天。随后每日按 1/4～1/3 剂量投服。

2. 中药治疗

方一　枸杞子 60 克,熟地黄 60 克,山药 45 克,山茱萸 45 克,牡丹皮 30 克,茯苓 30 克,泽泻 24 克,菊花 30 克,决明子 30 克,当归 60 克,白芍 20 克,夜明砂 30 克。共为细末,沸水冲调,候温灌服。

方二　夜明砂、菊花各 50 克,谷精草 80 克,加猪肝 500 克(生用切碎)。灌服,每日 1 剂,连续 4～7 天。

方三　夜明砂、密蒙花、龙胆草、熟地黄各 50 克,蝉蜕、石决明、磁石各 30 克,石斛 40 克。煎水或为末冲服,每日 1 剂,连用 3～5 剂。

方四　熟地黄 30、山茱萸 25 克,牡丹皮 25 克,茯苓 45 克,泽泻 30 克,熟附子 25 克,肉桂 20 克,车前子 35 克,牛膝 30 克。研末内服。

方五　柴胡 45 克,黄芪 25 克,龙胆草 30 克,石决明 30 克,决明子 25 克,青葙子 20 克,生地黄 30 克,牡丹皮 25 克,白蒺藜 30 克,蝉蜕 40 克,木贼 2 克,栀子 20 克,菊花 45 克,甘草 6 克。水煎去渣,每日 1 剂,连服 3 剂。

方六　松针 15 克,捣成汁或者煎成汁,放进饲草中喂食。

方七　玉米、青草、青干草和胡萝卜等喂牛。

方八　夜明砂 150 克,炒焦后研为细末,猪肝 350 克切细后,混在一起加水 2 500 毫升,煎汁内服。

方九　侧柏叶、苍术、松针各 35 克。共研成末,放进饲料中喂牛。

方十　猪或羊肝 1 副,用刀切剁成泥状,百草霜 80 克,放在一起泡汁,内服。

十一、维生素 E 缺乏症

维生素 E 又称生育酚,广泛分布于各种青绿饲草饲料中,接近成熟时期的草料中其含量较多,叶含量比茎多 20～30 倍。露天晒制或霉败变质的干草中,90% 的维生素 E 活性丧失,人工调制的干草和青贮饲草中,维生素 E 活性丧失相对较少。家畜对维生素 E 摄取不足时则发生该病。临床上以肌肉营养不良,心肌、骨骼肌和肝组织坏死等为主要特征。

【病　因】　本病可分为原发型和继发型两种类型。原发型多见于饲喂劣质干草、稻草、块根类、豆壳类以及长期贮存的干草和陈旧青贮等饲草料的成年牛,特别是妊娠、分娩和哺乳母牛发病率较高。继发型以犊牛发病较多,与饲喂富含不饱和脂肪酸的动物性和植物性饲料使维生素 E 过多消耗有关。各种应激如天气恶劣,长途运输或运动过强、腹泻、体温升高、营养不良以及含硫氨基酸(胱氨酸和亮氨酸)不足等均可能成为该病的诱发因素。

【临床症状】 主要发生于4月龄以内犊牛。心脏型(急性)以心肌凝固性坏死为主要病变,病犊牛在中等程度运动中便可突发心搏动亢进、心律失常、心跳加快(每分钟达110～120次)等,常因心力衰竭而急性死亡。肌肉型(慢性)以骨骼肌深部肌束发生硬化、变性和严重性坏死为特征。在临床上呈现运动障碍、不爱运动、步样强拘、四肢站立困难。严重病牛多陷入全身性麻痹,不能站立,只能取被迫横卧姿势。当病牛咽喉肌肉变性、坏死影响采食、呼吸时,很快死亡。

【诊　断】 根据发病病史、临床症状和心肌、骨骼肌凝固性坏死等病理剖检变化,可初步诊断为本病。最终确诊,还可结合血液、尿液生化检验。

【预　防】 加强饲养管理,合理搭配饲料。在低硒地带饲养的奶牛或饲用由低硒地区运入的饲粮、饲料时,必须补硒。妊娠母牛宜在分娩前1～2个月内,混饲维生素E 750～1 000毫克和亚硒酸钠30～50毫克,几周后再混饲1次。新生犊牛可皮下注射亚硒酸钠、维生素E注射液5～8毫升,隔2～4周后重复注射1次。

【中西医简便疗法】

1. 西医治疗

对已发病病牛,宜饲喂富含维生素E的饲料,严格控制牛舍温度,采取牛体保温措施,禁止患牛运动。病牛每日可用维生素E制剂750～1 000毫克,肌内注射;或用维生素E制剂与亚硒酸钠注射液30～50毫克(犊牛1次量)肌内注射,疗效明显。妊娠母牛宜在分娩前1～2个月内,混饲维生素E制剂750～1 000毫克、亚硒酸钠30～50毫克,隔几周后再按上述剂量混饲1次。对新生犊牛可皮下注射维生素E 100～150毫克和亚硒酸钠注射液30～60毫克,隔2～4周后,再注射1次维生素E制剂500毫克。

2. 中药治疗

黄芪 180 克,当归 30 克,党参 60 克,肉桂 45 克,甘草 45 克,生姜 45 克。加水适量煎煮 2 次混合煎液,每日分 2 次灌服。

十二、营养衰竭症

营养性衰竭症又称瘦弱病或劳伤症。主要是由于营养供给与消耗之间呈现负平衡而引起的营养不良综合征。各种家畜都能发生,但以年老体弱耕牛较为多发,以渐进性消瘦为其特征。

【病　因】　牛营养性衰竭症发生的根本原因是机体营养供给与消耗之间出现负平衡,导致体内储备的脂肪、蛋白质和糖原的加速分解及严重耗损,最终出现一系列营养不良直至衰竭的症候群。由于自然干旱,季节性牧草枯荣,饲草品质不良,秋膘较差,尤其是冬春长期的雨雪天气,放牧时间不充分,加之某些农户冬季饲养管理不善,补料不及时,营养水平下降,是发生牛营养不良和衰竭症的主要原因。慢性消耗性疾病如锥虫病,焦虫病,肝片吸虫病等,因失治或治疗不合理,都会诱使或加剧营养性衰竭。在营养不良的条件下,春耕农忙时耕作过度,风吹雨淋,畜体能量消耗增加,也会导致营养性衰竭症的发生。

【临床症状】　渐进性消瘦是本病最为特征的临床表现。病牛全身骨骼显露,肌肉萎缩,被毛粗乱无光,皮肤枯干多屑,弹性降低,精神沉郁,运动无力,极易疲劳,有时体温偏低,末梢器官发冷,通常能保持一定的食欲。伴随病程发展,如遇初春长时间雨雪天气,难抗寒冷侵袭,卧栏不起,久之发生褥疮或皮肤破损,死前极度衰竭,食欲废绝,体温下降,胃肠弛缓,便秘或腹泻,甚至直肠脱出。

【诊　断】　根据长期饲料不足、质量不佳、使役过度,或者寄生虫病、慢性消化道疾病,以及年老体衰和幼年发育不良等情况,结合牛逐渐消瘦、疲乏无力、体温下降、进行性消瘦可以做出初步诊断。

【预　防】　加强饲养管理、减少劳役、增喂精料,治疗调理胃肠,补充营养,提高能量代谢。

【中西医简便疗法】

1. 西医治疗

方一　酵母片 120～150 克,人工盐 50～150 克,碳酸氢钠 50 克,常水适量用法,一次灌服。

方二　25%葡萄糖注射液 1 000～2 000 毫升,25%维生素 C 注射液 20～30 毫升,1%三磷酸腺苷注射液 20 毫升,辅酶 A 500 单位,10%安钠咖注射液 20 毫升,一次静脉注射,连用 5～7 天。

方三　1%苯丙酸诺龙 5.5～25 毫升,一次肌内注射。

2. 中药治疗

方一　党参 20 克,白术 25 克,茯苓 20 克,熟地黄 45 克,赤芍 45 克,当归 30 克,川芎 25 克,益智仁 15 克,厚朴 20 克,五味子 15 克,陈皮 50 克,五加皮 20 克,神曲 50 克,山楂 50 克,枳壳 50 克,甘草 25 克。煎汁候温灌服,连用 5～7 天。

方二　麦冬 60 克,党参 58 克,五味子 47 克,炙甘草 15 克,干姜 50 克。共煎汁,一次灌服。

方三　当归 35 克,白芍 32 克,白术 25 克,川芎 35 克,人参 25 克,熟地黄 35 克,茯苓 25 克,黄芪 35 克,肉桂 36 克,甘草 13 克。共煎汁,一次灌服。

方四　黄芪 62 克,党参 64 克,白术 65 克,肉桂皮 26 克,附子 70 克,甘草 20 克,干姜 50 克。共煎汁,一次灌服。

方五　党参、黄芪、白术、附子各 60 克,肉桂皮 20 克,干姜 40 克,甘草 20 克。水煎服,每日 1 剂。

方六　枸杞子、熟地黄、五味子、核桃肉、补骨脂、山茱萸、巴戟天、菟丝子、小茴香各 30 克。共研为末,加入蜂蜜适量,冲沸水喂服。

方七　制何首乌 60 克,全当归 50 克,炒白术 50 克,炙黄芪

40 克,山茱萸 35 克,桑葚子 40 克,炙甘草 35 克。水煎喂服。

十三、运输抽搐

运输抽搐又称为轻瘫症,是妊娠后期母牛长途运输后发生的一种运输应激性疾病,临床上以肌肉僵硬、四肢强直、卧地不起、昏迷和高病死率为特征。

【病　因】　运输抽搐真正的致病原因目前尚不完全明确,运输前饲喂过多,运输期间断绝草料,禁饮水达 24 小时以上;运输结束后,暴饮暴食,炎热季节运输,应激强烈等,都可能导致本病发生。

【临床症状】　在运输后期或运输结束后,病牛先出现烦躁不安,运步蹒跚,肌肉僵硬,后肢强直,牙关紧闭;随后精神昏聩,口吐泡沫,眼球震颤,阵性痉挛;继之卧地不起,因胃肠道功能紊乱而食欲废绝。重症病牛 3~4 天内死亡。常伴有低钙血症和巴士杆菌病的感染。

【诊　断】　依据运输后出现痉挛、瘫痪、昏迷、急死等症状可做出初步诊断。

【预　防】　妊娠晚期的牛尽可能避免长途运输。运输前几日应适当控制采食量,运输途中,应供给合适的饲料,给予饮水和休息。运输前对某些容易应激的动物给予氯丙嗪之类抗应激药物,卸车、下船后 24 小时后,要限量供给饮水,防止暴饮。2~3 天内避免激烈运动,有利于防止疾病的发生。

【中西医简便疗法】

1. 西医治疗

立即静脉注射 5%糖盐水 3 000 毫升,以补充体液;然后静脉注射硫酸镁 25 克、25%葡萄糖 500 毫升、10%葡萄糖酸钙 600 毫升,肌内注射安痛定 20 毫升。或者静脉或肌内注射 25%硫酸镁注射液 50~100 毫升,静脉注射 10%氯化钙注射液 100~200 毫升。钙、镁合剂既可补钙、补镁,也可预防镁的副作用。消化不良和前胃弛缓时给予健胃剂和前胃兴奋剂,并适当选用维生素 B、维生素 C、维生素 D 等物质。

妊娠母牛发病时一次肌内注射孕酮 100 毫克。瘫痪不起的妊娠母牛,禁止使用乳房充气的方法,以免引起流产。

2. 中药治疗

方一 白术、党参、阿胶各 60 克,当归、川芎、黄芩、熟地黄各 45 克,升麻、砂仁、陈皮、苏叶、白芍、生姜各 30 克,甘草 25 克。共为细末,沸水冲调,一次灌服。

方二 生地黄、当归、白芍各 60 克,酸枣仁、川芎、炙甘草各 45 克,木瓜 30 克。共为细末,沸水冲调,一次灌服。

十四、生产瘫痪

生产瘫痪也叫乳热症,中兽医又称牛"产后风"、"胎风"。是指母牛产后突然发生的以体温下降、四肢瘫痪、卧地不起、知觉丧失及咽、舌与肠道麻痹为特征的一种急性低钙血症。多发生于 4～5 胎次以上的高产奶牛,多见于产后 3 天内。

【病　因】 本病多因母牛妊娠期间或分娩前后、饲养不当、营养不全、甲状腺功能紊乱,引起血钙调节功能失调,骨钙动员迟缓,肠道对钙的吸收减少,导致低钙血症。血钙降低,血镁相应增高,神经肌肉的应激性增高,故时见抽搐症状。同时,受血钙浓度的影响,胰腺分泌受到干扰,血糖浓度也受影响。

【临床症状】 病牛不吃不反刍,可有短暂兴奋不安,四肢无力,行走不稳,后躯左右摇晃,旋即瘫痪不起,呈犬眠状,开始时四肢屈曲于躯干下,头置于地上,但一侧肢体很快就向侧方伸直,头也弯向胸部,并置于该侧前肢肩胛部之上。牛头强行拉直后,一松手又很快弯向胸侧。

若病情进一步发展,一则病牛意识和知觉障碍,闭目昏睡,瞳孔放大,角膜混浊干燥,眼睑反射消失;心跳加快,呼吸加深变慢,体温 36℃~35℃或更低,皮肤及末梢部冰凉;后肢、骨盆部、头部肌肉及咽喉麻痹,瘤胃和肠的蠕动停止,可见到舌垂于口外,直肠积粪,膀胱充盈,甚或瘤胃臌气。非典型瘫痪症状不明显,病牛卧地时,头颈呈轻度 S 状弯曲;对外界反应迟钝,但不昏睡,食欲、瘤胃蠕动尚有,体温正常或稍低。

【诊　断】　根据母牛产后不能站起,后肢失去知觉,无其他症状,精神、食欲均好等可以做出初步诊断。

【预　防】　产前补充钙与维生素 D_3,尤其是对高产牛、患过瘫痪的牛,产前 6~10 天可肌内注射维生素 D_3 10000 单位,产前 3 天静脉注射 25-羟维生素 D_3 200 微克,可有效地防止产后瘫痪的发生。或产前 3~6 天,连续饲料中添加乳酸钙粉 50 克/日,或静脉注射 5%氯化钙注射液或 10%葡萄糖酸钙注射液 200~300 毫升,每日 1 次或隔日 1 次,对降低产后瘫痪的发病率有帮助。或产前 24 小时内服 1 毫克 25-羟维生素 D_3 胶囊,分娩后每 48 小时重复 1 次,也可降低其发病率。或延迟至产后 3~4 小时再挤奶;或乳房内留奶 1/2~2/3,直到产后第三天方可完全将奶挤净。

【中西医简便疗法】

1. 西医治疗

方一　5%氯化钙注射液 300~400 毫升或 10%葡萄糖酸钙注射液 300~500 毫升,也可用 50%葡萄糖注射液 200~300 毫升、25%安钠咖 10~20 毫升,一次静脉注射。产后瘫痪未见显著好转,仍不能站立时,6 小时后可再给药 1 次。氯化钙最多可用 30~40 克/头/日,如病牛心脏功能不好,可小量多次静脉注射。个别病牛病情虽然好转,但仍不能起立,可能是同时缺磷,可补充磷制剂用磷酸二氢钠 30~45 毫克、10%葡萄糖注射液 200~300 毫升,或次磷酸钙 30 毫克、10%葡萄糖注射液 1 000 毫升,一次静脉注射。磷酸二氢钠溶液的 pH 值为 3~4,注射须缓慢进行,应限制在每分钟 10 毫升左右。补钙时配伍维生素 D 制剂,可增强疗效。个别病牛还与镁的缺乏有关,可用 25% 硫酸镁注射液 100～150 毫升同时皮下注射,或与氯化钙、葡萄糖等混合一起静脉注射。必要时可再注射 1 次。

方二　乳房送风疗法,乳房送风使乳房膨满,减少乳房容血量,抑制泌乳,以减少血钙急剧流失,从而达到治疗或缓解产后瘫痪病情的目的。其方法是先接近地面的两个乳区,后上面的两个乳区,进行乳头和乳头管口消毒,再把经消毒并涂有灭菌润滑油的乳房送风器导管缓缓插入乳头管内,连续向 4 个乳区内打气,至乳房膨满,皮肤皱纹展平,手指轻敲有鼓响音。取出乳导管后,轻轻捻揉乳头管以使其括约肌收缩;或用绷带适度扎住乳头的基部,以免送入的空气逸出。2 小时后取下绷带。如无效,6 小时后可重复送风 1 次,或根据病情继续使用。

方三　乳房灌注乳汁疗法,在病牛乳房内灌注健康乳牛乳汁 6 000～20 000 毫升,一般 3 小时即可恢复健康。

2. 中药治疗

方一　当归、白术各 45 克,川芎、白芍、香附、补骨脂各 30 克。为末冲服。或当归、熟地黄、川芎、白芍、巴戟天、白术各 40 克,胡芦巴、川楝子、补骨脂、茯苓各 24 克。为末冲服。

方二　龙骨 400 克,当归、熟地黄各 50 克,红花 15 克,麦芽 400 克。煎汤分 2 次内服,连用 3 日。

方三　当归 50 克,益智仁 45 克,血竭、没药、木通、巴戟天、小茴香、白术、秦艽、川续断、海风藤、熟地黄、枸杞子、桑寄生、天麻各 30 克,川楝子、补骨脂、木瓜各 25 克。水煎服。

方四　延胡索、桃仁、赤芍、没药各 45 克,红花、牛膝、白术(炒)、牡丹皮、当归、川芎各 21 克。共为细末,沸水冲服。

方五　熟附子 45 克,干姜 60 克,党参 60 克,炙甘草 30 克。水煎,过滤后用胃导管灌服。适用于亡阳虚脱危急重症。

方六　肉桂、陈皮、小茴香、防风、炒白术、焦山楂、白芍、神曲、厚朴、枇杷叶、甘草各 100 克,当归、黄芪、熟地黄、党参各 200 克,重用生姜 1 000 克。如患牛体温正常,阴道流红色污秽分泌物,则减神曲、焦山楂、枇杷叶,加红花、赤芍、益母草、延胡索、白芷各 20 克。共细末,沸水冲服。

方七　当归、熟地黄各 45 克,白芍、川芎、补骨脂、续断、杜仲各 30 克,枳实、青皮各 20 克,红花 15 克,水煎灌服。如食欲不振、消化不良者,可加白术、草豆蔻、砂仁。

方八　羌活、防风、川芎、炒白芍、桂枝、独活、党参、白芷、钩藤、姜半夏、茯神、远志、石菖蒲各 30 克,当归 60 克,细辛 15 克,甘草 20 克。姜、枣适量为引,水煎灌服。

方九　龙骨 50 克,牡蛎 50 克,苍术 50 克,陈皮 40 克,龙胆草 5 克,炙马钱子 10 克。共为细末,沸水冲调,待温加入黄酒 300 毫升,一次灌服,每日 1 次,连服 3 天(不得超过 3 天)。

3. 针灸治疗

方一　电针抢风,百会,风门等穴。

方二　百会为主穴,配尾根、尾尖、滴水穴放血。

方三　针刺天门、丹田、耳尖、山根、百会穴,配合血针蹄头、后三里、阳陵、肾俞、尾夹穴。

第五节　心血管及血液疾病

一、慢性心力衰竭

心力衰竭又名充血性心力衰竭,是心脏由于某些固有的缺损(如心瓣膜病),牛在休息时不能维持循环平衡而出现静脉循环充血,伴以血管扩张,肺或末端水肿,心脏扩大和心率加快的全身性血液循环障碍的一种病症。

【病　因】　任何致病因素引起牛心肌收缩力减弱,心输出量不足,都可成为牛心力衰竭的原因。各种病毒、细菌、寄生虫引起的心肌炎;中毒、重症贫血,微量元素硒、铜等缺乏引起的心肌变性,使心肌细胞受损,从而引起心肌收缩能力减弱;超量输液,快速过量静脉注射钙制剂,注射麻醉药引起反射性心脏心跳骤停或心动过缓,使心脏排血量减少;重症肺炎,肺水肿使心肌负荷过重,血液循环阻力增高,心脏负荷增加。另外,许多常见病如牛病毒性腹泻、急性胃扩张、脑炎、手术、难产、中暑、休克等直接或间接影响心脏功能,导致心力衰竭的发生。

原发性心力衰竭主要是由于长期重剧使役造成。继发性心力衰竭常继发或并发于多种亚急性和慢性感染,心脏本身的疾病(心包炎、心肌炎、心脏扩张和肥大、先天性心脏缺陷等),中毒病(棉籽饼中毒、霉败饲料中毒、含强心苷植物中毒、呋喃唑酮中毒等),慢性肺泡气肿等疾病过程中。

此外,瑞士的红色荷斯坦与西门塔尔杂种牛中,曾发生一种遗传因素起主导作用,外源因素(可能是饲料中的毒素)为触发因子的心力衰竭。

【临床症状】　患牛精神萎靡,食欲废绝,排粪量减少;下颌肿胀,延伸至右侧后颜面部,腹部、乳房发生水肿;口唇皮肤、眼结膜、外阴黏膜苍白;右侧肩前淋巴结肿大至鹅蛋大小,右侧腮淋巴结和右侧下颌淋巴结肿大。颈静脉怒张如绳索状,颈静脉阳性波动,第一心音高朗,第二心音微弱,心律失常,心音浑浊;在两侧肺区、瘤胃区、右侧腹壁听诊均可听到第一心音搏动;呼吸音正常,体温38.5℃。

【诊　断】　根据发病原因,临床症状,心脏检查,结合心电图、X线检查和M型超声心动图检查而诊断。

【预　防】　提高机体自身的免疫力,平时饲养管理中,加强营养物质的全面均衡的补充。积极做好原发性疾病的早期治疗,可有效降低心力衰竭的发生。

【中西医简便疗法】

1. 西医治疗

方一 丹参注射液 40 毫升,黄芪注射液 50 毫升,5% 葡萄糖注射液 600 毫升,混合后一次静脉注射。

方二 内服双氢克尿噻 0.5~1.0 克,连用 3~4 天,缓解静脉怒张。

方三 肌内注射洋地黄毒苷 3 毫克/100 千克体重或静脉注射地高辛 0.88 毫克/千克体重,增强心肌收缩力。

方四 皮下或肌内注射 10% 樟脑磺酸钠或 1.5% 氧化樟脑注射液 10~20 毫升,缓解呼吸困难。

方五 肌内注射复方奎宁注射液 10~20 毫升,缓解心动过速。

方六 还可使用 ATP、辅酶 A、细胞色素 C、维生素 B_6 和葡萄糖等营养合剂做辅助治疗。

2. 中药治疗

方一 保元汤。党参 80 克,黄芪 80 克,肉桂 30 克,甘草 20 克。共为细末,沸水冲调,候温灌服。每日 1 剂,连用 3~5 剂。

方二 参附汤。党参 60 克,熟附子 32 克,生姜 60 克,大枣 60 克。水煎,候温灌服。

方三 当归 15 克,黄芪 30 克,党参 25 克,茯苓 20 克,白术 25 克,甘草 15 克,白芍 20 克,陈皮 15 克,五味子 25 克,远志 15 克,红花 15 克。共为末,沸水冲调,候温灌服。

方四 四君子汤。党参 60 克,白术 40 克,茯苓 40 克,炙甘草 20 克。共为末.沸水冲调,候温灌服,每日 1 剂,连用 3~5 剂。

方五 炙甘草汤。炙甘草 50 克,党参 60 克,大枣 40 克,熟地黄 50 克,麦冬 50 克,阿胶 40 克,桂枝 30 克,麻仁 40 克,生姜 20 克。水煎取汁,加白酒 50 毫升,灌服,每日 1 剂,连用 3~5 剂。

方六 补血当归散。当归 50 克,川芎 30 克,党参 35 克,土炒白术 38 克,茯苓 35 克,熟地黄 40 克,益智仁 30 克,陈皮 30 克,五味子 30 克,丹参 35 克,石菖蒲 15 克,炙甘草 12 克。共为细末,沸水冲调,候温加蜂蜜 150 克,灌服,每日 1 剂,连用 3～5 剂。

方七 养心汤。炙黄芪 60 克,茯神 50 克,茯苓 50 克,川芎 40 克,党参 40 克,当归(酒洗)40 克,酸枣仁(炒)40 克,制半夏 20 克,肉桂 20 克,柏子仁 30 克,五味子 30 克,远志 20 克,炙甘草 15 克。水煎取汁或共为细末,沸水冲调,候温加蜂蜜 150 克,灌服。每日 1 剂,连服 3～4 剂。

方八 养荣散。当归 45 克,白芍 40 克,党参 35 克,茯苓 30 克,土炒白术 35 克,甘草 15 克,炙黄芪 60 克,五味子 35 克,陈皮 30 克,远志 25 克,红花 20 克。共为细末.沸水冲调,候温加蜂蜜 150 克,一次灌服,每日 1 剂,连服 3～5 剂。对原发性慢性心力衰竭,加人参 50 克,大枣 60 克;水肿者,加泽泻 30 克,车前子 30 克,葶苈子 25 克;呼吸困难者,加紫苏子(炒)40 克,炒白果 40 克。

方九 炮附子 32 克,茯苓 50 克,党参 25 克,黄芪 32 克,白术 25 克,白芍 19 克,生姜 50 克,大枣 60 克,苏子 25 克,紫菀 35 克。水煎灌服,每日 1 剂,连服 1 周。

3. 针灸治疗

对于病牛因静脉瘀血重剧而心动过速,且脉实而体不弱者,置患牛于安静牛舍,大脉放血 500～1 000 毫升。此外,可白针、电针或艾灸大椎、百会、心腧等穴,也可用水针,每穴注射黄芪多糖注射液 10 毫升。

二、循环虚脱

循环虚脱又称外周循环衰竭,是血管舒缩功能紊乱或血容量不足引起心排出量减少,组织灌注不良的一系列全身性病理综合征。由血管功能引起的外周循环衰竭称为血管性衰竭,由血容量不足引起的外周循环衰竭,称为血液性衰竭。

【病　因】　循环虚脱主要由如下原因造成,血容量突然减少,大出血,肝、脾破裂;胃肠疾病引起恶呕,剧烈腹泻致严重脱水;大面积烧伤,血浆大量丧失;中毒性脱水等。

剧痛和神经损伤,使交感神经兴奋或血管中枢麻痹,外周血管扩张,血容量相对降低。

严重中毒和感染,因各种毒素作用使交感素分泌增多,内脏与皮肤等部位的毛细血管和小动脉收缩,血液灌注量不足,引起缺血缺氧,产生组织胺与5-羟色胺,继而引起毛细血管扩张或麻痹,形成瘀血,渗透性增强,血浆外渗,导致微循环障碍,发生虚脱。

过敏反应,产生大量血清素、组胺、缓激肽等物质,引起周围血管扩张和毛细血管广泛扩大,血容量相对减少。

【临床症状】　病初,患牛精神沉郁,黏膜苍白,鼻镜冷而无汗,心率增数,随后,黏膜尤其是齿龈黏膜、结膜呈现暗红色至紫绀色。齿龈毛细血管再充盈时间由正常的1秒钟左右延长至5～6秒,眼窝下陷,皮肤弹性降低,尿量明显减少,体温偏低,有时降至36℃以下甚至不到35℃,皮肤冰冷,病牛卧地,昏睡,脉弱无力,甚至不感于手,食欲、反刍消失,瘤胃蠕动音微弱至消失,病后期,静脉穿刺时流出的血液黏稠,极易堵塞针头,也有可能发生于不明原因的出血性倾向。

【诊　断】　根据失血、失水、严重感染、过敏反应或剧痛的手术和创伤等病史,结合黏膜发绀,四肢厥冷,血压下降,心动过速,反应迟钝甚至昏迷等临床表现可做出诊断。

【预　防】　消除病因,加强原发性疾病的早期彻底治疗。

【中西医简便疗法】

1. 西医治疗

方一　扩充血容量,临床上一般每次补液2 000～5 000毫升,常用0.9%氯化钠注射液,静脉注射,补液速度宜先快后慢,每分钟平均速度不超过 1.5 毫升/千克体重,或者 10%低分子右旋糖酐注射液 1 500～3 000 毫升。

方二　乳酸钠林格氏液 2 000～3 000 毫升,静脉注射,以平衡电解质;5%碳酸氢钠注射液 1 000～1 500 毫升,静脉注射,以纠正酸中毒。

方三　氯丙嗪 0.5～1.0 克/千克体重,肌内注射。

方四　异丙肾上腺素 2～4 毫克,静脉滴注。

方五　硫酸阿托品 80 毫克,肌内注射,以调整血管舒缩功能。还可使用 ATP、辅酶 A、细胞色素 C、肌苷等营养合剂做辅助治疗。

2. 中药治疗

方一　加味生脉散。党参 80 克,黄芪 80 克,当归 50 克,麦冬 50 克,五味子 30 克,水煎取汁,加蜂蜜 150 克,一次灌服,每日 1 剂,连用 3～5 剂。热重者,加生地黄 60 克,牡丹皮 40 克;脉微者,加石斛 30 克,阿胶 50 克,甘草 15 克。

方二　人参四逆汤。人参 50 克,制附子 50 克(先煎),干姜 100 克,炙甘草 25 克,水煎取汁,加蜂蜜 150 克,一次灌服,每日 1 剂,连用 3～5 剂。

3. 针灸治疗

可取分水、三江、心腧等穴,以血针、白针、电针或艾灸治疗。

三、心内膜炎

心内膜炎是心脏瓣膜及心内膜发生炎症的疾病。临床上以血液循环障碍,发热和心内器质性杂音为特征的病症。

【病　因】　原发性心内膜炎多数是由细菌感染引起的,主要是由化脓性放线菌、链球菌、葡萄球菌和革兰氏阴性菌引起。继发性心内膜炎多数继发于牛的创伤性网胃炎、乳房炎、子宫炎、肾盂肾炎、关节风湿病、牛肺疫、恶性卡他热、口蹄疫和血栓性静脉炎,间或发生于结核病和脓血症的病程中。也可由心肌炎、心包炎蔓延而发病。

此外,维生素缺乏、感冒、过劳等也是本病的诱因。

【临床症状】 患牛常有消瘦病史,伴有周期性、明显的、暂时性产奶量下降,重要的症状是心区听诊时的杂音和触诊时的颤动,杂音的强度伴随着受损瓣膜部位而不一样,而且这也决定着脉搏的大小和压力有无异常,左房室瓣或主动脉瓣的损害是否明显。在发病早期心脏处于代偿时期,有一定的耐受性,在代偿能力降低的情况下,发生充血性心力衰竭,炎症过程有中度的波动性发热。可继发外周淋巴结炎、栓塞性肺炎、肾炎、关节炎、腱鞘炎、心肌炎等症状,体况明显下降,黏膜苍白,心率加快,有带呻吟的呼吸音,病牛似有疼痛,瘤胃中度臌气,腹泻或便秘、失明、面神经麻痹、肌肉无力以致战栗或卧地,黄疸,突然死亡,许多病例还有颈静脉扩张,全身水肿和心脏收缩期或舒张期杂音。心内膜炎病程可能长达数周或数月,也有无前期症状突然死亡者。

【诊　断】 根据病史、临床症状可做出初步诊断,但要确定具体瓣膜的位置,还需要心脏检查等辅助检查。

【预　防】 本病是不可能根治的。因此,要早期彻底治疗子宫炎、乳房炎、关节炎等疾病,对于防止继发性心内膜炎的发生具有重要作用。

【中西医简便疗法】

1. 西医治疗

控制感染是治疗本病的关键,须长期应用抗生素治疗。应通过血液细菌分离培养和药敏试验选择高敏药物。如青霉素和氨苄青霉素是抑制化脓性放线菌和链球菌的首选药物。

方一　青霉素22 000~33 000单位/千克体重,每日2次,最少连用3周。

方二　氨苄青霉素10~20毫克/千克体重,每日2次,最少连用 3 周。

方三　普鲁卡因青霉素 1 万单位/千克体重,至少连用 7～10 天。有静脉扩张性肿胀的患牛,可内服速尿 0.5 毫克/千克体重,每日 2 次;当病牛出现关节疼痛或强直及游走性跛行时,可口服阿司匹林 15.6～31.0 克,每日 2 次。并选用适量的洋地黄、毒毛花子苷 K 等强心剂。

2. 中药治疗

方一　清热宁心汤。石膏(先煎)120 克,生地黄 50 克,黄连 30 克,栀子 30 克,牡丹皮 30 克,夜交藤 50 克,连翘 25 克,白茅根 35 克,淡竹叶 30 克,甘草 15 克。水煎取汁,加蜂蜜 150 克,鸡蛋清 6 枚为引,一次灌服,每日 1 剂,连用 3～5 剂。

方二　清心补血汤,人参 50 克,当归 40 克,茯神 40 克,炒酸枣仁 40 克,麦冬 40 克,生地黄 40 克,五味子 40 克,栀子 30 克,白芍 30 克,川芎 25 克,陈皮 20 克,炙甘草 15 克。水煎取汁,加蜂蜜 150 克、鸡蛋清 6 枚为引,一次灌服,每日 1 剂,连用 3～5 剂。

3. 针灸治疗

可取颈脉、胸膛、心腧、大椎穴,以血针、白针、电针或艾灸治疗。

四、心 肌 炎

心肌炎是发生于心肌的炎性疾病,以心肌兴奋性增强和收缩机能减弱为特征的心肌局灶性和弥漫性心脏肌肉炎症。本病很少单独发生,多数继发或并发于其他各种传染性疾病及脓毒败血症等疾病的病程中;此外,心内膜炎、心外膜炎及心包炎等可蔓延至心肌引起心肌炎。临床上以最大收缩压下降,心室压力上升延迟,舒张末期压力增高,心搏出量降低,静脉充盈压增高,动脉压降低为特征。

【病　因】　急性心肌炎通常继发或并发于某些传染病和脓毒

败血症。如传染性胸膜肺炎、牛瘟、恶性口蹄疫、布鲁氏菌病、结核病等传染病,泰勒焦虫病、锥虫病等寄生虫病以及夹竹桃等各种毒物中毒的病程中。局灶性化脓性心肌炎多继发于菌血症、败血症以及瘤胃炎—肝脓肿综合征、乳房炎、子宫内膜炎等伴有化脓灶的疾病以及网胃异物刺伤心肌。

慢性心肌炎主要是心肌营养不良所致,或继发于创伤性心包炎及心脏的振荡、挫伤等。

【临床症状】 牛心肌炎有急性非化脓性心肌炎和慢性心肌炎两类。患有急性非化脓性心肌炎的病牛心跳加快,稍有运动,则心跳更快。运动停止后,加快的心跳仍要持续较长时间,这是确诊心肌炎的主要依据之一。心力衰竭,脉跳加快,第一心音强,并有混浊或者分裂音。第二心音则显著减弱,并有杂音。当心力衰竭较严重时,眼黏膜红紫,呼吸高度困难,体表的静脉血管怒张,颌下、肉垂和四肢的末端有水肿现象。感染或中毒引起的心肌炎,除了有上述症状外,体温升高,血液中的红、白细胞均有变化。心肌炎严重者,精神高度沉郁,食欲、反刍完全停止,全身虚弱无力,浑身颤抖,行走跛跄。后期神志不清,眩晕,最后因心脏完全衰竭而死。

慢性心肌炎病程较长,病牛瘦弱乏力,不愿行走;水肿现象时轻时重,时有时无;静脉血管中有充血现象;心律失常,心音分裂,心叩诊界扩大;体温通常正常。

【诊　断】 根据临床症状,如心跳加快、节律不齐、心浊音界增大,可初步诊断。再通过患牛轻微运动,立刻听到心跳次数增加,节律不齐加重,病牛全身虚弱无力。静止较长时间时,上述现象才能恢复,则可确诊为心肌炎。

【预　防】 严格执行兽医防疫制度,加强卫生防疫消毒措施,防止传染性疾病的发生与流行。对伴有体温升高的病牛,应及时治疗,使之尽快康复,防止转为败血症。加强饲养管理,对有机毒物、农药应严格遵守其使用、保管等事项,防止中毒;在饲喂含有毒

植物时,应对这些饲草的加工、去毒处理,严格控制喂量,防止发生
中毒。

【中西医简便疗法】

1. 西医治疗

治疗原发性感染,同时维护心脏活动,改善血液循环。可用
20%安钠咖注射液 10～20 毫升,皮下注射,每 6 小时重复 1 次。
或在用 0.3%硝酸士的宁注射液 10～20 毫升皮下注射的基础上,
用 0.1%肾上腺素注射液 3～5 毫升皮下注射,或混于 5%～20%
葡萄糖注射液 500～1 000 毫升中做缓慢静脉注射。此外,给予
ATP、辅酶 A、细胞色素 C 等促进心肌代谢。

2. 中药治疗

方一　清心安神汤。金银花 35 克,连翘 35 克,板蓝根 40 克,
黄连 40 克,栀子 35 克,牡丹皮 50 克,夜交藤 50 克,白茅根 30 克,
淡竹叶 30 克,甘草 15 克。水煎取汁,加蜂蜜 150 克,鸡蛋清 6 枚
为引,一次灌服,每日 1 剂。连用 3～5 剂。

方二　白虎汤(生石膏 60 克,知母 25 克,甘草 15 克,粳米
150 克)或黄连解毒汤(黄连 15 克,黄芩 15 克,黄柏 20 克,栀子 15
克)加大青叶 30 克,金银花 25 克,连翘 25 克,苦参 30 克,紫河车
15 克,郁金 30 克,牡丹皮 20 克。每日 1 剂,连用 3～5 剂。食欲不
振加枳壳,山楂,粪干加虎杖、牵牛子、郁李仁。

方三　炙甘草汤(偏于温阳复脉,补气养血)。炙甘草 30 克,
阿胶 20 克,桂枝 15 克,生姜 25 克,麦冬 30 克,生地黄 30 克,麻仁
15 克,人参 20 克,红枣 30 克。每日 1 剂,连用 3～5 剂。

方四　黄连阿胶汤(偏于清热养血安神)。黄连 35 克,阿胶
30 克,黄芩 35 克,芍 30 克,鸡子黄 30 克。每日 1 剂,连用 3～
5 剂。

方五　天王补心丹(偏于滋阴清热)。人参 15 克,玄参 25 克,
丹参 30 克,白茯苓 30 克,五味子 25 克,远志 30 克,桔梗 30 克,当

归 25 克,天冬 30 克,麦冬 35 克,柏子仁 20 克,酸枣仁 30 克,生地黄 30 克,朱砂 15 克,银柴胡 30 克,苦参 25 克,鹿含草 25 克,板蓝根 30 克,七叶一枝花 20 克。每日 1 剂,连用 3～5 剂。

3. 针灸治疗

可取大椎、百会、心腧等穴,以白针、电针或艾灸等治疗。

五、创伤性心包炎

创伤性心包炎是心包受到机械性损伤,主要是由从网胃穿刺过来的细长金属物刺伤引起的,是创伤性网胃－腹膜炎的一种主要并发症。

【病　因】　因牛采食时咀嚼粗放而又快速咽下,加上其口腔黏膜分布着许多角化乳头,对混入饲料中硬性刺激物如铁钉、铁丝、玻片等感觉比较迟钝,因而易将尖锐物摄入胃内;又由于网胃与心包仅以薄层的膈相连,故在网胃收缩时,往往使尖锐物体刺破网胃和膈直穿心包和心脏,同时使胃内的微生物随之侵入,因而引起创伤性心包炎。极个别的病例,也可由于肋骨骨折或胸壁穿透创而发生。由于异物刺入心包的同时细菌也侵入心包,异物和细菌的刺激作用和感染使心包局部发生充血、出血、肿胀、渗出等炎症反应。渗出液初期为浆液性、纤维素性,继而形成化脓性、腐败性。

【临床症状】　病初显现固执性前胃弛缓症状和创伤性网胃炎症状。以后才逐渐出现心包炎的特有症状,即心区触诊疼痛,叩诊浊音区扩张,听诊有心包摩擦音或心包拍水音,心搏动显然减弱。体表静脉怒张,颌下及胸前水肿,体温升高,脉搏增数,呼吸加快。

本病曾有消化紊乱及腹内压增高的病史(例如瘤胃臌气等)。临床症状除体温升高(39.5℃～41.0℃)及生产性能骤然下降外,主要表现心血管系统的特征性变化。病牛心率增加到每分钟 100次以上,稍稍牵蹓运动,增加更加显著。早期可出现心包摩擦音

（纤维素性渗出），1～2 天即转为拍水音（浆液渗出及气泡产生）。叩诊浊音区增大，上界可达肩端水平线，后方可达第 7～8 肋间。1～2 周后，血液循环明显障碍，颈静脉搏动明显，下颌间隙、胸前及肉垂水肿。心包穿刺可排出一定数量的乳白色或乳黄色或棕褐色浑浊发臭的心包液。有时穿刺针会被絮状物所阻塞。

【诊　断】　依据临床症状容易做出诊断。也可从心包内抽取心包液确诊。本病与创伤性网胃炎有相似之处，特别是初期阶段，更难区别，故应注意鉴别。

【预　防】　本病以预防为主，加强对尖锐异物的清除，严防其混入饲料中而被牛食入。具体措施是用磁铁吸取草料中金属异物，以预防网胃炎的发生，可以给牛瘤胃投放永久性磁铁或临时性磁铁。

【中西医简便疗法】

1. 西医治疗

以早期诊断，手术治疗为主，但即使手术成功，将金属异物去除，病牛的预后仍然不良，一般不能维持原有的生产能力。因此，一旦确诊为本病，应尽早淘汰、屠宰。除此以外，还可以大剂量应用抗生素或磺胺类药物，同时应用可的松制剂，控制炎症发展。心包积液时，可在左侧第六肋骨前缘，肘突水平线上进行心包穿刺，排出积液。抽空后，用生理盐水反复冲洗，再灌注抗生素。同时，尚需对症治疗。最好在早期，采用手术摘除异物。

2. 中药治疗

以清热解毒，宁心安神为治则。方剂选用清热宁心汤，具体见心内膜炎的治疗。

六、慢性出血性贫血

慢性出血性贫血是由少量反复的出血及突然大量出血后长时间不能恢复所引起的全血容量减少或低血红蛋白性及正成红细胞

减少的疾病。临床上以黏膜苍白、精神不振,乏弱无力,心跳快,脉搏微弱为特征。

【病　因】　由于鼻、肺、肾、膀胱、子宫内膜、胃肠及出血性素质等长期反复地失血引起慢性出血性贫血。由于胃肠器官功能减弱,影响对铁的吸收,使肝脏和骨髓得不到足够的铁,造血原料缺乏引起慢性出血性贫血。有毒植物中毒如草木樨中毒,蕨中毒等也可发生慢性出血性贫血。寄生虫病,特别是血矛线虫病、肝片吸虫病和血吸虫病,犊牛的球虫病及蜱、刺蝇的重度侵袭下引起慢性出血性贫血。

【临床症状】　症状发展缓慢,初期症状不明显,但患牛呈渐进性消瘦及衰弱。严重时可视黏膜苍白,机体衰弱无力,精神不振,嗜眠。血压降低,脉搏快而弱,轻微运动后脉搏显著加快,呼吸快而浅表。心脏听诊时,心音低沉而弱,心浊音区扩大。由于脑贫血及氧化不全的代谢产物中毒,引起各种症状,如晕厥、视力障碍、嗳气、呕吐和膈肌痉挛性收缩。

贫血严重时,胸腹部、下颌间隙及四肢末端水肿。体腔积液,胃肠吸收和分泌功能降低,腹泻,最终因体力衰竭而死亡。

【诊　断】　找出原发病及出血原因和部位,必要时进行全面检查。血液检查可见血红蛋白含量降低,红细胞总数减少,且大小不均,颜色深浅不一。

【预　防】　加强饲养管理,应给予高蛋白质、多种维生素和含铁的饲料,给予良好的青草或干草,以及豆类和麦麸等。

【中西医简便疗法】

1. 西医治疗

方一　5%卡巴克洛(安络血)注射液 5~20 毫升,肌内注射,每日 2~3 次。

方二　酚磺乙胺(止血敏)10~20 毫升,肌内注射或静脉注射。

方三　4％维生素 K₃注射液 0.1～0.3 克,肌内注射,一日 2～3 次。

方四　10％氯化钙注射液 100～150 毫升,静脉注射。硫酸亚铁 10 克,内服。

方五　柠檬酸铁铵 5～10 克,内服,每日 2～3 次。

方六　肌内注射维生素 B₁₂80～120 毫克。

补铁时,配合盐酸及抗坏血酸促进铁的吸收,或配合铜、砷制剂刺激骨髓造血功能。由内、外寄生虫引起的慢性贫血,应予抗寄生虫药物治疗。

2. 中药治疗

方一　丹参补血汤。丹参 80 克,制首乌 60 克,熟地黄 60 克,白芍 45 克,当归 45 克,阿胶 45 克,炒杜仲 30 克,川芎 20 克。共为细末,沸水冲调,候温加黄酒 150 毫升,一次灌服,每日 1 剂,连用 8～10 剂。心神不宁者,加柏子仁 30 克;盗汗者,加牡蛎 80 克,龙骨 80 克,浮小麦 50 克,麻黄根 20 克;低热不退者,加青蒿 30 克,地骨皮 30 克;阴虚火旺者,加黄连 30 克,莲子心 30 克,栀子 30 克。

方二　八珍汤。熟地黄 60 克,白芍 45 克,当归 45 克,川芎 20 克,党参 60 克,白术 40 克,茯苓 40 克,炙甘草 20 克。共为细末,沸水冲调,候温加蜂蜜 150 克,黄酒 150 毫升,一次灌服,每日 1 剂,连服 8～10 剂。

方三　当归补血汤。黄芪 300 克,当归 60 克。共为细末,沸水冲调,候温加蜂蜜 150 克,黄酒 150 毫升,一次灌服,每日 1 剂,连服 8～10 剂。

方四　黄芪 60 克,党参 60 克,白术 30 克,当归 30 克,阿胶 30 克,熟地黄 30 克,甘草 15 克。共为末,沸水冲,一次灌服。

方五　熟地黄,当归、白芍、川芎、女贞子、炙何首乌、炙龟板、炒鳖甲、枸杞子、山药、牡丹皮、泽泻各 30～60 克。共研末,沸水冲服。虚火明显、低热持久不退者加青蒿 30 克、银柴胡 30 克、地骨皮 25 克;有瘀斑或出血者加仙鹤草,大蓟、小蓟各 25 克。

方六 黄芪 40 克,党参 60 克,陈皮 40 克,白术 30 克,远志 25 克,熟地黄 25 克,甘草 30 克。共为末,沸水冲,一次灌服。

3. 针灸治疗

取大椎、百会、心俞、关元俞、后三里等穴,以水针、白针、电针或艾灸等治疗。

第六节 泌尿系统疾病

一、膀 胱 炎

膀胱炎是膀胱黏膜或黏膜下层的炎症。本病在中兽医学属于"淋证"范畴。按其性质可分为卡他性、纤维蛋白性、化脓性、出血性 4 种。临床上以黏膜的卡他性炎症较为常见。临床上以排尿疼痛、尿频和尿中有血及炎性细胞为特征。

【病 因】 本病的发生是由于细菌感染所致。细菌包括肾棒状杆菌、大肠杆菌、葡萄球菌、变形杆菌、绿脓杆菌、链球菌等。而造成细菌感染的因素有三方面:一是经生殖道感染,母牛自阴道感染如阴道炎、子宫内膜炎;公牛尿道炎、前列腺炎。故可认为本病是生殖道疾病的继发症。二是操作技术时消毒不严和不当而感染,如导尿管消毒不严,兽医在导尿时粗暴,配种和难产助产时损伤尿道口,皆可由尿道炎引起膀胱炎。三是膀胱壁的淤血、充血、尿的潴留、尿石、创伤及膀胱壁的病理变化等,可促使本病的发生。

【临床症状】 急性膀胱炎临床特征为尿频和疼痛。病牛表现为频频排尿或呈排尿姿势,每次排尿量少或呈点滴状,不断流出。重症可引起尿闭,病牛极度疼痛,呻吟。公牛阴茎频频勃起,母牛摇摆后躯,阴门频频开张。检查母牛尿道时常见坏死的组织碎片阻塞尿道口。直肠检查时有的病牛膀胱无积尿,有的由于尿道阻塞而膀胱充盈。

患慢性膀胱炎的病牛症状比急性者轻微,无排尿困难,但病程长。

【诊　断】　根据排尿频繁、尿量减少、尿中含黏液、膀胱上皮和触诊膀胱有痛感等可以确诊。

【预　防】　导尿时,应严格遵守操作规程和无菌原则,牛患有其他泌尿器官疾病时,应及时进行治疗,以防转移蔓延。对母牛生殖器官疾病,应采取有效的防治措施。

【中西医简便疗法】

1. 西医治疗

抑菌消炎:可选用青霉素、卡那霉素、四环素肌内或静脉注射,每日 2 次,连用 1 周;呋喃妥因(呋喃坦啶)0.5 克,溶于蒸馏水 50 毫升中,一次肌内注射,每日 3~4 次;乳酸环丙沙星 2.5~3.0 毫克/千克体重,肌内或静脉注射,每日 2 次。

局部疗法为灌洗膀胱,可用导尿管排出膀胱内积尿后,用生理盐水反复冲洗,再用药物冲洗。常用 1%~3% 硼酸液,0.1% 高锰酸钾液,0.02% 呋喃西林液,0.1% 雷佛奴尔液等。

重剧膀胱炎,冲洗膀胱后,注入青霉素 400 万~480 万单位,或呋喃坦啶 2~3 克,每日 1~2 次。若尿道不通,膀胱积尿时,通过直肠轻压膀胱排出尿液,或用导尿管导出积尿,再用温生理盐水或 0.1% 高锰酸钾溶液冲洗;如尿液带血,可用 2% 白矾溶液或 0.5% 鞣酸溶液冲洗,也可适当选用利尿药;出血性膀胱炎还可用止血药。

2. 中药治疗

方一　八正散加减。瞿麦 60 克,萹蓄 60 克,车前子 60 克,滑石 60 克,甘草梢 25 克,栀子 30 克,木通 25 克,大黄 20 克,灯芯草 20 克。共为细末沸水冲调,候温,一次灌服。如尿中带血增加白茅根 60 克,生地黄 60 克,大蓟 45 克,小蓟 45 克,金钱草 60 克。

方二 滑石散。滑石 60 克,泽泻 45 克,灯芯草 15 克,茵陈 30 克,知母(酒制)25 克,黄柏(酒制)30 克,猪苓 25 克,瞿麦 25 克。共研末,沸水冲,候温灌服。

方三 知柏汤加味。知母 100 克,黄柏 100 克,茵陈 100 克,丁香 30 克,栀子 50 克,滑石 50 克,木通 40 克,川楝子 50 克,车前子 40 克,甘草 25 克,瞿麦 50 克,石膏 50 克。共研末,沸水冲,候温灌服。

3. 针灸治疗

方一 针刺断血穴,配肾俞、开风、尾根等穴。

方二 血针胸膛、肾堂、尾本等穴。

二、尿路结石

尿路结石是尿路中盐类物质结晶的凝结物积聚膀胱或尿道,影响尿液排出的疾病。尿石形成于肾或膀胱,但阻塞发生于输尿管及尿道。临床上以腹痛、排尿障碍和血尿为特征。主要发生于公牛,母牛较少发生。

【病 因】 由于饲料或饮水中长期含有大量的钙盐,日久沉淀而形成结石;饲料配制不当,长期饲喂棉籽饼、大麻籽饼缺乏维生素 A 易引起肾上皮细胞变性脱落,矿物质结晶就以此为核心形成结石;饮水不足尿液浓缩也易形成结石。甲状旁腺功能亢进,尿中钙、磷增加,盐类结晶易析出;肾和尿路感染发炎时,炎性产物,脱落的上皮细胞及细菌积聚,可成为尿石形成的核心物质。

【临床症状】 患牛排尿时间长,弓腰努责,尿液淋漓;有时呻吟,后肢张开,腹壁抽缩,欲尿而不出,尿后症缓;阴门或阴门毛上黏附灰褐色的细沙粉,尿沉渣中有细沙粉状物质或尿时带血。若为尿道结石,公牛多发生于阴茎的乙状弯曲或接近龟头部位,触摸 S 弯曲处有痛感。直肠检查,膀胱膨大充盈坚实,用指加压不见排尿,有时挤压阴茎中时可排出少量易碎的白色晶状物。

【诊　断】　根据临床症状、尿路检查可做出诊断。

【预　防】　防止牛长期单调饲喂富含矿物质的饲料和饮水;日粮配合,钙、磷比例应保持 1.5～2∶1;保证饮水,补充维生素 A 或胡萝卜,饲料中适当增加氯化铵;及时治疗泌尿器官疾病。

【中西医简便疗法】

1. 西医治疗

当疑有尿石时,可让牛大量饮水,给予流质饲料,同时应用利尿剂。对膀胱或尿道结石,可实行手术摘除。然后注射青、链霉素 7 日,口服抗炎消毒药呋喃坦啶、乌洛托品或复方新诺明等 3～7 日。在早期应投服维生素 A 和氯化胺,有较好效果。尿道已经阻塞时用手检查及用探针(绢丝导尿管)探察。如在龟头附近,可用手法取出,如在"S"弯曲处应立即进行外科手术,切开尿道取出结石,以防止膀胱破裂。若发生膀胱破裂,应立即行膀胱修补术。损伤者,穴位注射 0.1%硝酸士的宁注射液 1～4 毫升。

2. 中药治疗

方一　八正散加减。车前子 50 克,瞿麦 40 克,木通、牛膝、陈皮、白茅根、石韦各 35 克,海金沙 30 克,金钱草 80 克,鸡内金 50 克,滑石粉 100 克。共研末,沸水冲,候温灌服。

方二　草薢分清饮加减。川草薢、黄柏、海金沙、金钱草各 60 克,萹蓄、瞿麦、滑石各 45 克,茯苓、白术、丹参、车前子各 35 克。煎水,候温灌服。

方三　排石汤。金钱草 150 克,前仁 90 克,木通 90 克,石韦 90 克,瞿麦 60 克,滑石 90 克,甘草 30 克,冬葵子 60 克。水煎灌服。

方四　五淋散加味。赤茯苓 60 克,甘草 50 克,当归 50 克,栀子 80 克,金钱草 40 克,海金沙 40 克,滑石 40 克,石韦 40 克,瞿麦 40 克。研末沸水冲服。

方五　新鲜蚯蚓1斤左右,洗净,置于杯中,加入白糖适量,搅匀,经2、3小时后变成胶状液体,内服。患牛内服蚯蚓汤3、4小时后,开始排尿并陆续排除结石。

方六　鲜玉米须150克煎后,分2次灌服。

方七　海金沙30克,金花菜(苜蓿)30克,酒知母25克,酒黄柏25克,萹蓄25克,瞿麦25克,赤茯苓25克,泽泻25克,滑石30克,木通25克,柴胡25克,黄芩25克,甘草梢18克。共为细末,沸水冲服。

3. 针灸治疗

针刺百会、肾门、开风、尾根、肾俞等穴,白针留针或火针、电针、水针、光针或特定电磁波谱治疗仪(TDP)穴区辐射。

三、尿 道 炎

尿道炎为膀胱颈部至尿道口部黏膜的炎症。以排尿痛、尿频、尿道口黏膜红肿为特征。在临床上主要见于公牛,母牛较少发病。

【病　因】　多因细菌感染所致。常因导尿时导尿管消毒不彻底,无菌操作不严密,导致细菌感染;或导尿时操作粗暴,以及尿结石的机械刺激,致使尿道黏膜损伤而感染;或近处器官炎症蔓延而引发,如膀胱炎、包皮炎、阴道炎及子宫内膜炎和其他炎症均可蔓延至尿道发炎。

【临床症状】　患牛精神不安,食欲减退,尿液断断续续流出,公牛阴茎频频勃起,母牛不断开张阴唇、弓腰努责,尿道黏膜肿胀潮红,不断做排尿状,有时点滴不止,流出黏液性分泌物,严重时可见尿液浑浊,其中混有黏液、血液、脓汁,有时还有坏死黏膜脱落。患牛肚腹微胀,口干色红,舌苔黄滑,脉滑数。此外,尿道炎常常会导致尿道产生阻塞,出现血尿,闭尿及膀胱破裂等症状。如皮毛松乱,频频排尿不出,则预后不良。

【诊　断】　根据临床症状即可做出诊断。

【预　防】　防止尿道感染，导尿时导尿管要彻底消毒，操作时要严格按操作规程进行，防止尿道黏膜的损伤感染。要及时治疗泌尿和生殖系统疾病，以防炎症蔓延至尿道。

【中西医简便疗法】

1. 西医治疗

方一　青霉素钠 1 600 单位，5％葡萄糖注射液 500 毫升，静脉注射。

方二　氧氟沙星 0.4 克，静脉注射。

方三　40％乌洛托品注射液 4 毫升，10％水杨酸钠注射液 150 毫升，10％安钠咖注射液 10 毫升，10％葡萄糖注射液 500 毫升，混合，静脉注射。

方四　对尿道肿胀严重者，除全身治疗外，还应重视局部疗法。

2. 中药治疗

方一　新鲜柳枝 250 克左右，让病牛自食。

方二　萆薢苦参汤。萆薢 40 克，苦参、黄柏、土茯苓各 35 克，白鲜皮、萹蓄、薏苡仁、车前子（包煎）各 30 克，通草、瞿麦、滑石（后下）、牡丹皮各 25 克，蒲公英、紫花地丁、金银花、金钱草各 40 克。水煎，候温灌服，每日 1 剂。

方三　赤茯苓 30～60 克，黄芩 30～45 克，甘草 30 克，泽泻 15～30 克，金钱草 25～30 克，马鞭草 50～60 克，车前草 25～30 克。水煎，候温灌服，每日 1 剂。

方四　复方六草汤。金钱草 30 克，车前草 30 克，墨旱莲 30 克，益母草 30 克，黄精 30 克，淮山药 30 克，灯芯草 10 克，生甘草 10 克。水煎，候温灌服，每日 1 剂。

方五　龙胆泻肝汤。龙胆草 45 克，车前子 45 克，柴胡 30 克，栀子 30 克，生地黄 30 克，泽泻 30 克，蒲公英 30 克，紫花地丁 30 克，土茯苓 30 克，苦参 10 克，甘草 20 克。每日 1 剂，疗程 10 天。

方六　滑石 200 克，蜜糖 1 000 克，对水冲泡，置于槽内让其自饮。

四、肾盂肾炎

肾盂肾炎是一侧或两侧肾盂和肾实质受非特异性细菌感染而引起的一种慢性炎症过程。临床上以发热、排尿异常等症状为主要特征。

【病　因】　本病主要是由于病原微生物感染所致,引起肾盂肾炎的主要细菌有大肠杆菌、化脓杆菌、链球菌、葡萄球菌等,牛肾炎棒状杆菌也常引起本病。这些病原一般可通过三种感染途径侵入肾脏,一是血源性(下行)感染,当全身或局部器官有化脓性疾病(如患化脓性子宫炎、乳房炎时),脓性栓子和毒素经血液进入肾;二是尿源性(上行)感染,病原从尿道、膀胱、输尿管上行进入肾盂;三是淋巴性感染,当与肾淋巴相邻的肠系膜淋巴结感染时,病原及其毒素可沿淋巴系进入肾。此外,肾结石或肾寄生虫刺激或尿在肾盂积聚时间过久,也可使肾盂患病。

一般只有在机体抵抗力降低,尿道不畅,尿路梗阻或肾盂淤血、黏膜受伤或其他疾病时,细菌容易繁殖,导致肾盂肾炎的发生。

【临床症状】　患牛多呈慢性经过。体温一般不高,仅有个别升高者,反刍、食欲减少、衰弱、消瘦,步行时后肢不灵活,外部触诊肾区和直检肾部肾区敏感、膨大。当肾盂内有脓液时,输尿管也膨大,或有波动感。病牛常有凹腰排尿姿势,排尿时有疼痛不安,尿频弓腰费力,少数见有血尿或有血丝、血块、脓块。急性病例,触诊肾区时疼痛显著,体温升高达 40℃。

尿液检查时可检出尿中蛋白质增高,尿沉渣中有肾上皮细胞、脓细胞、红细胞和大量的病原菌。

【诊　断】　根据临床症状、体外肾区压触诊和直检肾脏结合尿检可做出诊断,但要与肾炎相区分。

【预　防】　加强饲养管理,注意家畜卫生。特别是在母牛的助产、导尿、输精时,要做好消毒工作,防止病原微生物的感染。

【中西医简便疗法】

1. 西医治疗

控制感染,可选用青霉素或青霉素、链霉素合用,较顽固的可用氨苄青霉素或先锋霉素肌内注射或静脉注射,如为大肠杆菌可用氟哌酸内服。也可使用磺胺制剂,如磺胺异■唑、磺胺甲基异■唑、磺胺二甲基嘧啶等。或与磺胺-5-甲氧嘧啶、甲氧苄胺嘧啶等合用。对肾功能不全的病牛,应慎用或禁用。40%乌洛托品注射液 4 毫升,10%水杨酸钠注射液 150 毫升,10%安钠咖注射液 10毫升,10%葡萄糖注射液 500 毫升,混合静脉注射;或用氧氟沙星 0.4 克,静脉滴注。

2. 中药治疗

方一 八正散加减。瞿麦 60 克,萹蓄 60 克,车前子 60 克,滑石 60 克,甘草梢 25 克,栀子 30 克,木通 25 克,大黄 20 克,灯芯草 20 克。共为细末,沸水冲调,候温灌服,每日 1～2 次。

方二 参苓白术散合二仙汤加减。党参 60 克,白术 60 克,茯苓 45 克,白扁豆 45 克,薏苡仁 30 克,仙茅 30 克,淫羊藿 30 克,黄柏 30 克,知母 30 克,当归 30 克,山药 30 克。共为细末,沸水冲调,候温一次灌服,每日 1～2 次。

方三 蒲公英 150 克,金银花 100 克,滑石 80 克,甘草梢 40 克,丹参 40 克,香附 30 克。水煎汤,每日早、晚灌服。伴有寒热、体温升高者加柴胡 80 克,黄芩 10 克;小便红赤者加小蓟 80 克,白茅根 60 克;大便秘结者加大黄 70 克。

方四 滑石散。木通、滑石、泽泻、猪苓、酒黄柏、酒知母各50～70 克,以瞿麦 40 克、灯芯草 20 克为引。共水煎去渣,候温灌服。

方五 蒲公英 60 克,煎水,连服 10～15 天。

方六 车前草、忍冬藤、蒲公英各 30～60 克,煎水,连服 15～20 天。

第四章 外科病

一、淋巴外渗

淋巴外渗是在钝性外力作用下,淋巴管断裂,致使淋巴液积聚于组织内的一种非开放性损伤。临床表现为肿胀形成缓慢,无热无痛,柔软波动,穿刺排出澄色透明的液体。

【病　因】　钝性外力在动物体上强烈滑擦,使皮肤或筋膜与其下部组织发生分离,淋巴管断裂,淋巴液流入组织内。常见于角斗、跌倒、挤压、摩擦。

【临床症状】　常发生于皮下结缔组织(如颈部、肩胛部、腹侧壁、臀部、膝前等部位)。肿胀出现缓慢,一般于伤后 3～4 天出现肿胀,有明显的界限和波动感及拍水音,穿刺放出橙黄色稍透明的液体,或其内混有少许血液,皮肤不紧张,炎症反应轻微。一般无全身症状,时间较久,析出纤维素块,如囊壁有结缔组织增生、增厚,则有明显的坚实感。

【诊　断】　根据临床症状即可做出诊断。必要时可行穿刺确诊。

【预　防】　加强饲养管理,及早除角;做好牛舍的清洁卫生,及时清除粪尿,防止牛滑倒、角斗和挤压等。

【中西医简便疗法】

1. 西医治疗

首先要尽力使牛保持安静,促使淋巴管闭塞和淋巴栓塞牢牢地固着与机化,防止淋巴液的继续渗出。淋巴外渗禁用按摩、冷敷、热疗。

对肿胀部剪毛,以 5％碘酊或 75％酒精消毒,然后抽出肿胀内的淋巴液,尽可能抽尽,再以 40％乌洛托品 20 毫升、75％酒精 10 毫升、5％碘酊 5 毫升,混合,注入皮囊内,仔细揉捏,尽量使药液在皮囊内分布均匀。注药后 1～2 天可能会继续发生渗出,此时不要急于处理,3～4 天后,自会逐渐消失,1 周后可痊愈。

对四肢的淋巴外渗,对肿胀处经 5％碘酊消毒后,用穿刺针头放出淋巴液,同时注入 95％酒精溶液 10～20 毫升,然后于肿胀部包扎压迫绷带,一般 5～7 天康复。对腹部的淋巴外渗,因肿胀范围大,必须结合手术治疗,在肿胀的中间下垂部分消毒,切开一个 5 厘米长切口,放出淋巴液,然后用甲醛酒精溶液(95％酒精 100 毫升、甲醛 1 毫升、5％碘酊 8 滴,混合)反复冲洗 3 次,最后向腔内填入用甲醛酒精溶液浸过的纱布,用以压迫断裂的淋巴管,做假缝合,当淋巴管完全闭塞后,取出纱布,局部按创伤处理。

2. 中药治疗

方一　消黄散加减。黄药子、白药子、知母、连翘、大黄、黄芩、紫花地丁、当归各 40 克,栀子、郁金各 30 克,浙贝母、青皮、木通各 35 克,甘草 20 克。共为细末,沸水冲调,候温灌服。

方二　知母 40 克,浙贝母 40 克,栀子 40 克,黄芩 40 克,甘草 40 克,大黄 40 克,黄连 30 克,郁金 40 克,黄药子 40 克,白药子 40 克,连翘 40 克,鸡蛋清 10 个,蜂蜜 120 毫升。水煮取液,加入蛋清、蜂蜜,灌服。

方三　封闭疗法。患牛站立保定,局部剪毛,碘酊消毒。用经消毒的小宽针,沿着肿胀的边缘快速穿刺,针距 5 厘米左右,进针的深度根据肿胀的程度而定,一般在 3～5 厘米左右。针后局部再用碘酊消毒。治疗期间禁止使役、冰热疗法及按摩。1 次不愈者,间隔 5～7 日按上法再针刺 1～2 次。

二、直肠脱

直肠末端的黏膜层或后段全层肠壁脱出于肛门之外而不能自行复位时,称为直肠脱。以老幼体弱者多见。

【病　因】　主要是由于直肠韧带、直肠黏膜下层组织和肛门括约肌松弛,紧张性下降,功能不全,加之腹压增高、过度努责所致。多因患牛年老、体弱、久病、产后,或饮喂失调,营养不良,或劳役过度,负载奔驰,用力过猛,或运动不足,致使气血亏虚,中气下陷,不能固摄而垂脱。此外,久泻、久痢、久咳、便秘、难产、胎衣不下、误治、失治,也是诱发本病的重要因素。

【临床症状】　精神不振,体瘦毛焦,食欲减退或废绝,举尾弓背,频频努责,直肠及黏膜脱出于肛门之外,形如螺旋,呈圆柱状,初色红赤,日久则脱出部分的黏膜风干厚裂,呈紫黑色,触之硬凉,而黏膜下则高度水肿,随着脱出肠管被肛门括约肌长时间的箍压,以及泥土、粪便、草屑的污染,黏膜可见充血、瘀血、出血、糜烂、坏死和继发损伤。如果处理不当,久病不治,可导致全身症状,继发感染,预后不良。

【诊　断】　根据临床症状即可确诊。

【预　防】　消除病因是先决条件,应根据患牛的临床症状,对诱发直肠脱出的疾病如便秘、腹泻、痢疾、子宫及阴道脱出等,应采取有效措施治疗原发病。

【中西医简便疗法】

1. 西医治疗

本病以手术整复为主,同时辅以中药调理脏腑气血。

手术整复:先进行温水灌肠,以排空直肠内积粪,然后用0.1%～0.25%温高锰酸钾溶液或1%～2%白矾溶液或防风散等煎汤待温清洗脱出的直肠部分,除去污物或坏死黏膜,之后用剪刀剪除或手指撕除干裂坏死的淤膜烂肉,并用三棱针或小宽针乱刺水肿部位,再用消毒纱布兜住脱出的肠管,撒上适量白矾粉后用手捏挤,排尽毒水,用温生理盐水冲洗后,涂 1%～2%碘石蜡油润滑,然后轻轻将脱出的肠管内翻送入肛门内,并将手臂随之伸入肛门内,使直肠完全复位。以湿温布多层敷于肛门或用新砖炙热,衬布包数层熨之。

在此基础上,可在距肛门孔 2～3 厘米处,直肠上方和左、右两侧直肠旁组织内分点注射 95%酒精 10～30 毫升,注射的针头沿直肠侧直前方刺入 3～10 厘米,为了使进针方向与直肠平行,避免针头远离直肠或刺破直肠,在进针时应将食指插入直肠内引导进针方向,操作时应边进针边用食指触知针尖位置并随时纠正方向。

在整复后仍有继续脱出可能的病例,则需要考虑将肛门周围予以荷包缝合,收紧缝线,保留 2～3 指,打活结,7～10 天不再努责时拆除缝线。

2. 中药治疗

方一 防风散。防风 10 克,荆芥 10 克,艾叶 10 克,川椒 10 克,蛇床子 10 克,五倍子 10 克,白矾 10 克。煎汤温洗。

方二 防风 50 克,荆芥 50 克,艾叶 50 克,川椒 50 克,苍术 50 克,大黄 50 克,薄荷 50 克,甘草 50 克,白矾 25 克。煎汤温洗。

方三 补中益气汤加减。黄芪 50 克,炒白术 20 克,党参 40 克,陈皮 20 克,柴胡 40 克,升麻 60 克,甘草 20 克,当归 40 克,生姜 30 克,大枣 20 克,枳壳 20 克,枳实 20 克。共为细末,沸水冲调,候温灌服。

方四 黄芪 50 克,白术 30 克,当归 30 克,葛根 30 克,枳实 40 克,生地黄 30 克,赤茯苓 30 克,黄连 25 克,栀子 25 克,白芷 25 克。共为细末,沸水冲调,候温灌服。

方五 提肠散。黄芪 40 克,白术 60 克,陈皮 40 克,升麻 50 克,当归 50 克,小茴香 40 克,槐花 100 克,火麻仁 100 克,甘草 20 克。共为细末,盐水调灌,每日 1 剂,连服 3～5 剂。

3. 针灸治疗

方一 电针后海、百会，或两侧肛脱穴，通电 20～30 分钟，每日 1 次，连续 3～7 次。

方二 火针：百会为主穴，后海为配穴。

三、关 节 炎

关节炎是关节滑膜层的渗出性炎症。其特征是滑膜充血、肿胀，有明显渗出，关节腔内蓄积多量浆液性或浆液纤维素渗出物。按照病程长短可分为急性和慢性关节炎两种。牛以膝关节及跗、腕、膝关节炎常见。

【病　因】　主要由饲养管理不当和病原微生物侵犯引起。如母牛在新陈代谢紊乱的情况下，机体血清中钙、磷、镁、胡萝卜素含量异常时易发病。此外，舍饲牛不遵循兽医卫生保健要求饲养也是促成该病发病的原因，如饲养密度过大、光照不足、缺乏运动、牛舍粪便清理不及时、更换垫草不及时、牛舍的单栏牛位过于短小等，在此情况下极易发生挫伤、扭伤、脱位等机械性损伤。病原微生物常见有布氏杆菌、牛副伤寒、传染性胸膜肺炎、乳房炎、产后产道感染，病原微生物经血液循环侵犯到关节组织，也都是该病的发病原因。

【临床症状】

急性患牛关节肿大，局部增温、疼痛，驻立时减负体重，患肢呈屈曲状态，运步以支跛为主的混合跛行；慢性时炎症减轻，跛行甚轻或无，关节积液；化脓性炎时，肿胀严重，不敢负重，运步呈三脚跳，患肢皮下水肿，全身反应明显，体温升高，食欲减退或废绝。

1. 指关节炎　发生后各自表现出的症状。牛以膝关节及跗、腕、膝关节炎多见。

2. 膝关节炎　疼痛剧烈，母牛跛行，公牛拒绝配种。关节液增多，关节肿大或仅在关节囊的前方有膨大现象，运动可听到摩擦音。慢性膝关节炎使骨质肥大,青年公牛骨骺端发生变化,下方骨质变厚变密,靠近关节边缘的骨膜增生而形成骨赘。成年牛因关节液蓄积可出现跛行,当关节腔液体转移到第三腓肌的腱下关节囊中,患肢股部和臀部肌肉很快发生萎缩。

3. 跗关节炎 关节液增多,跛行较轻,触诊前方及跟腱两旁内、外侧,可感到关节囊内积液,触摸能感到互相流动。犊牛多因大肠杆菌病、沙门氏杆菌引起的犊牛副伤寒时,跗关节炎为其症状表现,除了关节肿大、有波动感、穿刺时可流出不同状态的脓液外,病犊全身症状严重,体温升高,食欲废绝,常喜卧而不愿走动。

4. 腕关节炎 牛的单纯性腕关节炎临床较为少见。腕关节分为三部分,以桡腕关节活动度大,较易患病,病肢在弛缓时波动明显。本病极易与腕前黏液囊炎混淆,故应区别。后者发生于腕关节前方,外表突出,大者如球状,甚至可掉于地,通常无跛行或轻微跛行。

【诊　断】 根据临床症状、运动检查和局部检查即可做出诊断。确诊需要进行 X 线等检查,必要时可做穿刺检查。

【预　防】 加强兽医防疫、消毒制度,防止疫病的发生、蔓延。对已发生感染性疾病的病牛,应加强治疗,防止病原菌的侵入与转移。对牛要加强护理,提供好的饲养环境,坚持合理使役制度,尽量减少各种不良因素对关节的损伤,保证牛体健康。

【中西医简便疗法】

1. 西医治疗

对于急性关节炎,病初可用醋酸铅 2 份和白矾 1 份混合液冷敷,待炎症缓和后,改用 10%～25% 硫酸镁或硫酸钠溶液等热敷,外加鱼石脂酒精(1：10)热绷带,使患牛安静。或涂轻刺激剂(可用 30% 鱼石脂软膏,加 10% 樟脑粉,涂搽关节;或用棉块浸 10% 樟脑酒精敷于关节,覆盖塑料薄膜,用绷带包扎)。若关节囊积液多时,可穿刺排液,同时向关节腔内注入青霉素 80 万单位,2% 普鲁卡因注射液 2～10 毫升,或醋酸氢化可的松注射液 50～250 毫克,青霉素 20 万单位,隔日 1 次,连用 3～4 次,并包扎压缩绷带。体温升高时,可用青霉素、链霉素各 200 万单位,肌内注射,或选用其他抗生素类药物。如关节积液时,可用针穿刺放出液体,同时向关节腔内注入 0.5%普鲁卡因青霉素 40 万单位;或醋酸可的松注射液 2.5 毫升,加 2%普鲁卡因注射液 2～4 毫升,隔日 1 次。包扎压迫绷带。如已出现关节变形,则使患牛长时间安静,外涂刺激剂。若关节腔蓄脓,则先应排出脓汁,后用 5%碳酸氢钠液、0.1%新洁尔灭液、0.1%高锰酸钾液、0.1%雷佛奴尔液等反复冲洗关节腔,直至抽出的药液变透明为止。再向关节腔内注入普鲁卡因青霉素、链霉素液 30～50 毫升,每日 1 次。或向关节腔内注入碘仿醚(1∶10)。出现全身症状时可用大剂量磺胺类药物或抗生素治疗。

2. 中药治疗

方一 生川乌 35 克,生草乌 35 克,伸筋草 20 克,透骨草 20 克,海桐皮 30 克,苍术 40 克,防风 30 克,乳香 30 克,没药 30 克,红花 20 克,艾叶 25 克。水煎,取药液候温,熏洗患部,每日 1 剂,每日 2 次,每次 20～30 分钟,7 日为 1 个疗程。

方二 全当归 60 克,鹤虱 30 克,乳香 30 克,没药 30 克,血竭 30 克,茯苓 30 克,白术 30 克,络石藤 30 克。共为细末,沸水冲调,加酒 100 毫升,童便 100 毫升,候温一次灌服,每日 1 剂,连服 7～10 剂。

3. 针灸治疗

方一 治疗膝关节炎用白针针刺掠草穴。或掠草、阳陵、阴市,留针 30 分钟。每日或隔日针刺 1 次,10 次为 1 个疗程。肾堂穴,放血 300～500 毫升。火针掠草、尾根、百会穴,每隔 10 日施术 1 次。

方二 治疗跗关节炎血针曲池穴,放血 300～500 毫升;曲池穴或患部施以烧烙术。

　　方三　治疗肘关节炎白针、火针掩肘、乘蹬、肘俞。

四、关节滑膜炎

　　关节滑膜炎是由于关节部微循环不畅造成的以关节积液为主要症状的无菌性炎症。膝关节是全身关节中滑膜最多的关节,故滑膜炎以膝关节为多见。

　　【病　因】　当关节受到外部性(如关节直接受到机械性暴力打击、挫伤、长期站立和负重的慢性劳损、间接膝关节扭伤、手术过程中的损伤、关节内损伤和周围软组织损伤等)和内在性(如骨质增生、关节炎、关节结核、风湿病、关节本身退变、关节反张等)因素影响时,各种病因直接损伤或刺激滑膜,滑膜产生炎性反应,而滑膜对炎症刺激的反应就是滑膜充血、肿胀、滑膜细胞分泌增加,致使关节腔大量积液。此外,某些传染病继发关节炎,或圈床过硬造成部分表皮损伤,细菌侵入关节也可引起关节滑膜炎。

　　【临床症状】　关节滑膜炎主要表现为关节充血肿胀、疼痛、渗出增多,关节积液和功能障碍等。急性症表现为关节周围肿胀、关节液增多,并有显著的疼痛,患肢负重或延伸时困难,呈现明显跛行。慢性症表现为关节增大、畸形,活动受到一定的限制,长期跛行,呈"直腿行,膝上痛"之状。化脓菌感染时,除关节蓄脓外,并伴有全身症状。

　　【诊　断】　根据临床症状即可诊断,必要时可做穿刺检查。

　　【预　防】　加强饲养管理,除去硬固与不平的地床,多铺垫草,增强运动,提高机体免疫力,可明显降低奶牛关节滑膜炎的发病率。

　　【中西医简便疗法】

　　1. 西医治疗

　　对于急性炎症,初期应制止渗出,可应用冷却疗法,常以压迫绷带;但炎性渗出物较多时,可行温热疗法或装湿性绷带,如饱和盐水湿绷带或饱和硫酸镁溶液湿绷带、樟脑酒精绷带、鱼石脂绷带等,每日更换 1 次。也可以使用石蜡疗法及离子透入疗法等。制动绷带一般两周后拆除即可。对慢性炎症可用碘樟脑醚合剂反复涂搽,随即温敷,或用四三一合剂、1:12 升汞酒精液涂搽。

2. 中药治疗

方一　加味芍药甘草汤。白芍 35～50 克,炙甘草 15～30 克,丹参 40～60 克,川芎 30～40 克,葛根 40～60 克,桂枝 30～40 克,杜仲 40～50 克,牛膝 20～35 克,木瓜 25～40 克。水煎灌服,每日 1 剂,连服 3～5 剂。药渣再加水和食醋适量,煎煮后熏洗患处。

方二　栀子、乳香、没药各 50 克,血余炭 30 克,共研细末,用陈醋适量共调为糊状,摊在白布上敷患部,外缠以压迫绷带。隔日更换 1 次。

方三　大黄 100 克,紫花地丁 100 克,没药 25 克。共研为末,桐油或菜油调涂。

方四　先用针刺破皮肤,挤出黄水,再用大蒜捣烂涂搽。

方五　白及拔毒散外敷。白及 30 克,木鳖子 15 克,白蔹、大黄、雄黄、白矾、黄柏、龙骨各 10 克。共为细末,用凉水调成糊状,外敷肿处,待药膏发干再用凉水喷湿,始终保持药湿润。3 日换药 1 次,一般换 3 次,重者换 5 次。

3. 针灸治疗

方一　软肿者(急性),膝眼穴中宽针穿刺,挤出黄水,针孔严格消毒,施加压迫绷带,露出针孔引流;或穿刺吊黄;或宽针穿刺后,复用锥形烙铁烫烙针孔。硬肿者(慢性),醋酒灸患部,施术 1～3 次,硬肿较重者,可采用烧烙治疗。

方二　血针膝脉为主穴,配蹄头、缠腕、蹄门穴,只针患肢。口色赤气重者加刺颈脉血。

方三　火针软肿处,放出黄水。

五、面神经麻痹

面神经麻痹又称歪嘴风、吊线风。是指面神经外感风邪或受外力损伤而引起以面部肌肉机能障碍为主要临床特征的病症。

【病　因】　可分为中枢性面神经麻痹和末梢性面神经麻痹。中枢性面神经麻痹主要由骨赘、脓肿、血肿、肿瘤等压迫脑部神经，或由流行性感冒、毒草中毒、矿物质中毒及饲料等中毒所引起。末梢性面神经麻痹原因与外周神经损伤相同。腮腺炎、中耳炎和喉囊炎等也能引起。面部、耳后受凉、受风，维生素缺乏的代谢障碍、先天性面神经发育不全等均可致病。

【临床症状】　一侧患病时，主要表现为患侧肌肉松弛，耳、口、鼻、眼睑歪向健侧，口角流涎，舌尖外露。两侧患病者，主要表现为头部浅表肌肉松弛，颊周围和鼻部皱襞消失，颜面变平，两耳、口唇下垂，两眼半闭，眼睑反射消失，对声音刺激反应减弱，采食、饮水、呼吸困难，有口涎自口角流出。

【诊　断】　根据临床症状和临床检查可做出初步诊断。

【预　防】　应做好牛舍的保暖工作；除加强饲养、补料保膘外，还要及时清理粪尿，勤换、勤晒垫草，保持圈舍清洁、干燥、温暖，防止贼风。另外，防止牛头部受到外伤。

【中西医简便疗法】

1. 西医治疗

用神经兴奋剂配合维生素 B_{12}、维生素 B_1，或在按摩之后涂搽刺激剂，如 10％樟脑酒精液和四三一合剂等，也可试用温热疗法、电疗法、红外线疗法等。或每日用生理盐水 100～150 毫升，分点注入患部肌肉内。

2. 中药治疗

方一　加味牵正散。防风 40 克，川芎 40 克，当归 40 克，羌活 30 克，白附子 20 克，僵蚕 20 克，全蝎 20 克。共为细末，沸水冲调,入黄酒 250 毫升,候温一次灌服,每日 1 剂,连用 3～5 剂。

方二 加减追风散。炙黄芪 60 克,当归 50 克,防风 35 克,荆芥 30 克,红花 30 克,川芎 30 克,乳香 30 克,蝉蜕 25 克,薄荷 25 克,乌蛇 25 克,蔓荆子 25 克,全蝎 20 克,僵蚕 20 克,羌活 20 克,独活 20 克,制川乌 20 克,细辛 10 克。共为细末,沸水冲调,入黄酒 250 毫升,候温一次灌服,每日 1 剂,连用 3～5 剂。

方三 天麻散。天麻 50 克,当归 40 克,茯神 40 克,柴胡 35 克,蝉蜕 30 克,僵蚕 30 克,防风 30 克,荆芥 30 克,远志 30 克,石菖蒲 30 克,制天南星 30 克,独活 30 克,川芎 30 克,藿香 25 克,藁本 25 克,全蝎 20 克,制川乌 20 克。共为细末,入黄酒 200 毫升,温水调灌。

方四 苍耳子 50 克,荆芥 40 克,薄荷 30 克,防风 25 克,苍术 25 克,川芎 20 克,藁本 20 克,菊花 15 克,蝉蜕 15 克,甘草 15 克。共为细末,加竹叶、灯芯草各少许,煎水调灌。

3. 针灸治疗

方一 电针开关为主穴,配抱腮;或锁口透开关,配抱腮、上关、下关、承浆、翳风、挺耳等穴,每次 2 个穴位,可均在患侧用针,也可患健侧同时用针,通电 20～30 分钟,每日或隔日 1 次,6～10 次为 1 个疗程。

方二 针开关为主穴,配抱腮、锁口穴,三穴可相互透刺;翳风、天门、上关、下关等穴也可加用。

方三 水针开关为主穴,配锁口、抱腮穴,每穴注入 10% 葡萄糖注射液 10～20 毫升;或维生素 B_1 注射液 5 毫升;或硝酸士的宁 10 毫克等。

方四 火针开关、抱腮为主穴,配锁口、上关、下关等穴。

方五 艾灸开关、抱腮、耳尖、耳根、耳下、风门等穴。

六、肩胛上神经麻痹

肩胛上神经麻痹是因肩胛上神经受损引起肩胛部肌肉的机能障碍性病症。

【病　因】　由于肩胛上神经的位置、分布和起源围绕着肩胛颈部,而该部位极易受到损伤。多由于外界强烈刺激,如跌倒、猛跑、打碰、滑走、跑步中骤然回转或停止撞击后颈区或肩区而受损伤,或被分隔栏损伤,或颈圈或颈枷不良摩擦等,使肩胛骨前缘下1/3处的该神经受损伤而诱发。或在该部粗心注射刺激性物质或皮下注射继发的蜂窝织炎都可能引发本病。

【临床症状】　站立时肩关节偏向外方与胸壁离开,胸肩的中间出现约手掌大凹陷,肘关节明显向外方突出,如提举对侧健侧使患肢负重,则此症状更加明显。运动时患肢提举无明显异常,或出现环行步,步幅缩短,但负重时肩关节明显外偏。若延误治疗,患牛有肩部肌肉萎缩和肩胛过度松弛的症状。

【诊　断】　根据临床症状和临床检查可以做出诊断。

【预　防】　应注意防止粗暴待牛、过急赶牛和牛只角斗。合理使役,注意勿令套具、绳索久缚或局部遭受长时间重力压迫等。

【中西医治疗】

1. 西医治疗

四三一擦剂外涂患处,每日1~2次。在颈部或患部皮下注射硝酸士的宁,大牛用量为10毫升,小牛减半,每日1次,7天为1个疗程,如不好转,则需停药3~5天,再进行第二疗程,或用地塞米松10~40毫克肌内注射。

2. 中药治疗

方一　威灵仙散。威灵仙45克,木瓜40克,当归35克,牛膝35克,红花30克,川芎30克,乳香30克,没药30克,防风30克,羌活20克。共为细末,沸水冲调,入黄酒250毫升,候温一次灌服,每日 1 剂,连用 3～5 剂。

方二　蒲黄散。蒲黄 30 克,当归 45 克,牛膝 35 克,杜仲 30 克,红花 30 克,川芎 30 克,苍术 30 克,乳香 20 克,没药 20 克,血竭 15 克,金银花 30 克,蒲公英 30 克,甘草 15 克。共为细末,开水冲调,入黄酒 250 毫升,候温一次灌服,每日 1 剂,连用 3～5 剂。

方三　炙骨碎补 40 克,当归 40 克,土鳖虫 30 克,煅自然铜 30 克,广地龙 30 克,熟大黄 30 克,红花 20 克,乳香 20 克,没药 20 克,血竭 15 克,胆南星 15 克,甘草 15 克。共为细末,沸水冲调,入黄酒 250 毫升,候温一次灌服,每日 1 剂,连用 3～5 剂。

方四　透骨草、伸筋草各 60 克,千年健、追地风、红花、艾叶、花椒、姜各 30 克。水煎后加酒、醋适量,热敷患部,每日 2～3 次,每 2 日 1 剂。

方五　威灵仙 30 克,桃仁、红花、当归、防己各 24 克。共为细末,沸水冲调,加酒 120 毫升,一次灌服。

3. 针灸治疗

方一　白针、电针或水针抢风、冲天、膊尖、膊栏、肺门、肺攀、膊中、肩井等穴。

方二　TDP 肩胛部照射,每日 20～30 分钟。

方三　0.2％硝酸士的宁注射液 10 毫升,维生素 B_1 10 毫升,混合后在患肢的膊中、中脘穴分点注射,每日 1 次,连续 7 天为 1 个疗程。

七、桡神经麻痹

桡神经麻痹是桡神经受到损伤引起前肢伸肌肉的功能障碍性病症。

【病　因】　本病主要由外伤所引起,如翻车、挫伤、跌倒、踢跛、骨折及分隔栏损伤等。长时间横卧保定进行手术或修蹄时,由于地面坚硬,下位肢体局部受压也可引发患病。此外年老体弱、气血不足、过劳、感冒等情况下更易继发本病。

【临床症状】

根据临床症状可分为全麻痹和不全麻痹两种证型。

1. 全麻痹　患牛站立时,肩关节过度伸展,肘关节下沉,腕关节、指关节屈曲,掌部伸向后方,以蹄尖壁着地,患肢变长。负重时,除肩关节外,其余关节均呈屈曲状态,患肢不能负重,呈向前方突出的弓状姿势。人为固定腕关节和球关节,患肢可负重,但撤去外力或患肢重心改变时,又恢复原状。运动时,病肢提举不充分,呈现以蹄尖壁拖地而行的严重跛行,可见大点头。触诊臂三头肌和腕、指的伸肌均弛缓无力,患部皮肤痛觉降低,久则肌肉萎缩。

2. 不全麻痹　站立时,无明显异常,患肢尚可负重,有时肘部肌肉出现颤抖现象。运动时,患肢关节伸展不充分,有些摇晃,运动缓慢。负重时,关节软弱无力呈屈曲状,尤其在不平道路和快步运动时更为明显。

【诊　断】　根据临床症状可做出诊断,确诊需要进行神经传导试验。

【预　防】　用合适的垫子垫在躺卧牛的肩部和肘部,以保护卧侧肩胛远端到腕部的区域,垫子厚度在20～30厘米。

【中西医简便疗法】

1. 西医治疗

方一　用地塞米松20～50毫克,静脉注射或肌内注射。

方二　阿司匹林15～30克,口服,每日2次。

方三　保泰松(起始用量4.4～8.8毫克/千克体重,再每隔48小时用2.2～4.4毫克/千克体重)肌内注射,每日一次,连用3日。

方四　氟尼辛葡甲胺0.5～1.1毫克/千克体重肌内注射,每日一次,连用2日。

2. 中药治疗

方一　伸筋草酒。伸筋草 60 克,透骨草 60 克,防风 50 克,荆芥 30 克,千年健 30 克,生蒲黄 30 克,地肤子 30 克,五加皮 30 克。共为细末,75%酒精浸泡后取上清液涂搽患部,适当按摩,并以热酒糟患部温熨,每日 1 次,连用 5～7 天。

方二　补骨脂散。炒补骨脂 40 克,当归 35 克,川续断 35 克,川芎 30 克,乳香 20 克,没药 20 克,苍术 30 克,炒杜仲 30 克,牛膝 35 克,红花 30 克,血竭 12 克,生蒲黄 20 克,黄柏 30 克,连翘 20 克,炙骨碎补 30 克,生姜 20 克,甘草 15 克。共为细末,沸水冲调,入黄酒 250 毫升,候温一次灌服,每日 1 剂,连用 3～5 剂。

方三　活血散瘀汤加减。威灵仙 30 克,当归 25 克,川芎 25 克,桃仁 25 克,红花 20 克,乳香 20 克,没药 20 克,土鳖虫 20 克。水煎去渣,入黄酒 200 毫升,候温一次灌服。

方四　三痹汤。黄芪、续断、独活、秦艽、防风、川芎、当归、白芍、牛膝、杜仲、潞党参、熟地黄各 50 克,甘草、细辛、肉桂各 15 克。水煎内服,2 日 1 剂,连用 4～6 剂。

3. 针灸治疗

方一　白针或电针抢风、冲天、肘俞、天宗、肩井、承重、肩俞、肩外俞、前三里等穴。

方二　水针抢风、前三里穴,每穴注射 0.2%硝酸士的宁注射液 5 毫升或自家血 10 毫升;或注射维生素 B_1 10 毫升;或当归注射液 10 毫升。

方三　火针抢风、肘俞穴。

方四　水针以患肢肩井、抢风二穴,对局部及针具消毒后,以复方氨基比林注射液 20 毫升、地塞米松 30 毫克,混合后注入二穴,并肌内注射 0.2%硝酸士的宁注射液 12 毫克。

八、坐骨神经麻痹

坐骨神经麻痹是由于坐骨神经受到损伤,致使其支配的肌肉群的功能发生障碍的一种疾病。牛时有发生。

【病　因】　引起本病的原因有中枢性和外周性两种。外周性多见,常由机械性损伤所致,如突然滑倒、剧伸、碰撞、骨折(骨盆、髂骨、股骨)、保定不当、深部脓肿、肿瘤、血肿、异物对神经的压迫。卧地过度潮湿、生产瘫痪、布鲁氏菌病等也可引发本病。医源性因素如臀部注射刺激性药物或针刺本身均可引起坐骨神经损伤,特别是犊牛更易发生。

【临床症状】　站立时后躯各关节弛缓、下垂或降低,呈半屈曲状态,球节突出,常以趾和球节背侧着地站立。将病肢放于正常位置时,病肢仍能支持体重。运动时后躯各关节伸展异常,球节以下屈曲,患肢前伸缓慢,向外划弧,趾部拖拉前进,落地负重时臀部下沉,呈现特异的肢跛。触诊股四头肌、股部、胫部皮肤,知觉减退或消失。病程过久,股四头肌弛缓,甚至萎缩。

【诊　断】　根据临床症状可以做出诊断。

【预　防】　加强饲养管理外,还要及时清理粪尿,保持圈舍清洁、干燥、温暖,严防牛滑倒、摔伤等。

【中西医简便疗法】

1. 西医治疗

局部注射刺激剂,如2%硝酸银注射液,使其肿胀,促进麻痹恢复。或用10%樟脑酒精溶液涂搽。维生素 B_{12} 注射液 $500\sim$ 1 000 毫克,肌肉注射。0.2%硝酸士的宁注射液 $10\sim20$ 毫克,皮下注射,每日1次,连注7天。适当给予牵遛运动,促使患肢血液循环,防止肌肉萎缩。若发生球节突出并以球节背侧着地行走时,则应对患肢下部进行支持包扎或使用带槽管状夹板。

2. 中药治疗

方一　牛膝大黄散。川牛膝 50 克,熟大黄 30 克,当归 30 克,红花 30 克,土鳖虫 30 克,炙骨碎补 30 克,地龙 30 克,乳香 20 克,没药 20 克,煅自然铜 20 克,甘草 20 克,血竭 15 克。共为细末,沸水冲调,入黄酒 250 毫升,候温一次灌服,每日 1 剂,连用 3～5 剂。

3. 针灸治疗

方一　水针:大胯、小胯、巴山、仰瓦,任选 1～2 穴,每穴注射 0.2% 硝酸士的宁注射液 5 毫升或自家血 10 毫升。

方二　白针、火针、电针:百会、肾俞、肾棚、巴山、大胯、小胯、邪气、汗沟、仰瓦、牵肾,每次 2～4 穴,若电针每次通电 20 分钟,每日 1 次,连续 3～5 天。

九、蹄　裂

蹄裂又称风蹄、裂蹄,为蹄壁角质破裂的病症。

【病　因】　多因护蹄不当、长蹄失修、削蹄不平、蹄壁负面过度磨灭,负重不均及长期劳役造成蹄角质干枯或脆弱等原因引起的蹄甲断裂。当蹄陷于狭窄的缝隙中时可发生急性蹄裂。蹄冠处受到损伤时,损伤了成角质组织,新长出的角质就易出现裂痕。急性乳房炎、口蹄疫、急性子宫炎等病也可继发蹄裂。

【临床症状】　轻症患畜蹄甲表面粗糙干枯,蹄型变大,蹄壁表面可看到较深的裂纹,行走支跛,站立歇蹄,腰曲头低,蹄甲生长快,经年常拐。重症患畜随患蹄着地,裂口同时张大,有淡血水从裂纹内渗出,时间延长化脓后流脓液,久不收口,**出现高度支跛**,严重影响牛的健康和使役。

【诊　断】　根据发病原因与临床表现可做出诊断。

【预　防】　平时应改善营养、加强管理。防止牛接近石子多的草场、垃圾场及其他易引起蹄壁损伤的环境。

【中西医简便疗法】

1. 西医治疗

可对患部修整,去除过长的角质,以免进一步裂开,修整裂缘或造沟,打保护绷带。严重病例,则需在健指(趾)下固定木块或打筒形石膏帮助负重,以待患指(趾)痊愈。也可用钢胶粘合法。或者用薄削法,用温水将患蹄浸泡 30~60 分钟,使蹄角质变软,用蹄刀在裂缝上端的周围刮削并向裂缝逐渐加深呈弓背向下的半月形状。刮削的范围,宽 2~3 厘米,沿裂缝的方向长 1.5~2 厘米;刮削的深度应是边缘浅,中心(即裂缝的顶端)深,直到裂缝消失为止。削好后局部消毒,撒布磺胺粉,装蹄冠压迫绷带。或者用造沟疗法:在裂缝两端造长 1~2 厘米、宽 5~8 毫米的沟,沟深以裂缝消失为宜。裂缝边缘修整后,可向沟内涂布松馏油。

2. 中药治疗

方一 猪油 120 克(熬油去渣),生姜 60 克,胡桃仁(烧灰)45克,甘草末 30 克。混合,熬制成膏,涂在裂缝上,用烙铁微烙,隔日1 次。

方二 用融化的黄蜡趁热灌注裂缝,然后装松馏油绷带(即绷带上涂松馏油),隔 5~8 日换蜡 1 次。

方三 乌金膏。紫矿 75 克,沥青 75 克,血余炭 25 克,黄蜡250 克。将上药置锅内,融化成膏,并用烙铁微烙。

十、腕前黏液囊炎

腕前黏液囊炎又称"腕部水瘤",或"膝瘤"。临床上以黏液囊呈椭圆形或圆形局限性肿胀、波动明显为特征。

【病　因】 本病多由于腕前皮下黏液囊受到机械性损伤,如碰撞饲槽、墙壁,牛只在坚硬路面上负重行走或拉车时打前绊,或由于腕关节部位的炎症蔓延,以及某些传染病(如布病、腺疫)经血源性传染而发生。

【临床症状】

1. 急性型　局部出现局限性、波动性肿胀，肿胀呈圆形或卵圆形，增温、疼痛，随着渗出液的增多和变性，肿胀明显，波动感增强，皮肤能够移动，触诊肿胀处初呈捏粉状，后能听到捻发音，患肢功能障碍不明显。

2. 慢性型　腕关节背侧出现排球大小的隆起，囊壁紧张、肥厚，肿胀硬固，疼痛感下降，皮肤被毛卷曲或脱落，进而皮肤硬化或角化，穿刺液多透明，含有纤维蛋白絮状物，患肢出现功能障碍。

【诊　断】　通过临床症状即可诊断，要判断内容物的性质，则必须通过穿刺排液方可确诊。

【预　防】　加强饲养管理。牛舍应保持清洁干燥卫生，水泥地面不能太粗糙，地板垫少量干稻草或米糠。每日清理污草粪便，定期消毒牛床，可有效预防牛的腕前黏液囊炎。

【中西医简便疗法】

1. 西医治疗

急性炎症：初期用醋调复方醋酸铅散冷敷，并包扎压迫绷带。炎症缓和后，选用石蜡疗法、鱼石脂酒精绷带，或穿刺排液后注入普鲁卡因青霉素或可的松青霉素治疗。

慢性浆液性炎症：对皮下黏液囊可用10％碘酊或福尔马林酒精注入囊内，轻轻按摩，4～6小时切开排液，1周左右可取出坏死脱落的滑液层形成的膜状物，然后按创伤治疗。慢性纤维素性者应适时手术摘除。

化脓性炎症：在急性期应全身用抗生素，并给黏液囊内注入普鲁卡因青霉素液，以控制感染。如已化脓，应及时穿刺抽洗脓汁，或切开排脓，并刮除囊壁内层组织，用消毒药液冲洗。另外，也可将化脓的皮下黏液囊完整地摘除。

2. 中药治疗

方一　急性期可用雄黄拔毒散。雄黄25克，栀子30克，大黄

30 克,黄柏 30 克,五灵脂 25 克,没药 25 克。共为末,用醋调,涂于纱布、绷带包扎患部。

方二 慢性期可用加味四生散。生草乌 20 克,生川乌 20 克,生半夏 20 克,生南星 20 克,川椒 20 克,硫黄 20 克。捣成泥状后加食醋、浓米汤熬成糊状,待温(45℃)后贴敷肿胀处,外加压迫绷带。敷 24 小时后拆除绷带,隔日再敷。

方三 斑蝥 20 克,吴茱萸 25 克,皂荚 50 克,龙骨 50 克,白芥子 85 克,雄黄 90 克,白陶土 180 克(如无白陶土改用食醋 1 000克)。局部剪毛常规消毒,用针头刺穿抽出或放出黏液后,立即用清凉水或食醋将此药调成泥粥状敷于患部,用纱布和绷带包裹,1周换药 1 剂,一般 1~2 剂即愈。

3. 针灸治疗

方一 血针腕脉。

方二 烧烙先将患部消毒,用宽针刺开,随即用铁棒烧红烙其刺破口,放尽黄水。复治 1~2 次可愈,适用于腕黄软者。

十一、腐蹄病

腐蹄病又称蹄糜烂、蹄叉腐烂,为蹄叉角质及其深层发生腐烂坏死、流出灰黑色恶臭液体或充满灰褐色渣滓的病症。

【病 因】 该病主要是因牛舍过度阴暗潮湿,粪尿未及时清除,环境泥泞,使牛蹄长期被污水、粪尿浸渍,角质软化,蹄底过度磨损感染细菌,促成蹄底腐烂所致。久不修蹄,蹄形不正,蹄底负重不均,牛蹄被碎石块、异物碴尖等刺伤后被污物封围,形成缺氧状况,也是发生本病的因素。

【临床症状】 病初患蹄尚能负重,运步时虚行下地,呈现支跛,特别在硬地或石子路上行走,跛行更为明显。后期则患蹄不敢踏地,呈高度支跛,步行困难,多卧少立。触诊蹄部早期增温,指动脉亢进,用检蹄器敲打蹄底或钳夹患部两侧出现疼痛。

【诊　断】　根据发病原因和临床症状可做出初步诊断。

【预　防】　加强饲养管理,供给全价饲料,确保饲料中钙、磷和微量元素平衡;圈舍、运动场要清洁干燥,定期清除污物,冲刷牛舍及牛床,定期消毒,加强运动场管理,及时剔除可能造成奶牛蹄部损伤的砖块、石头、铁丝头、玻璃碎片等异物。在多雨湿热季节应定期用10%硫酸铜溶液浸泡牛蹄。定期修整牛蹄,减少腐蹄病发生的诱因,发现病例应及时隔离治疗。

【中西医简便疗法】

1. 西医治疗

对于单纯性蹄糜烂,先将患蹄清理干净,修理平整,除去糜烂角质,直至将黑色腐臭浓汁放出。然后用10%硫酸铜溶液彻底洗净创口,创内涂10%碘酊,填塞松榴油棉球,或放入硫酸铜粉、高锰酸钾粉,装蹄绷带。深部组织感染化脓,并伴有体温升高,食欲废绝时,除局部治疗外,可全身使用磺胺类药物或抗生素。

2. 中药治疗

先挖削蹄底,除净异物及腐肉脓血和腐败渣滓后,用1%高锰酸钾溶液或3%过氧化氢溶液彻底清洗、消毒患部,酒精棉球擦干后再用以下方法处理。

方一　雄黄、枯矾等量,加少许血余炭,共为极细末,过罗,局部撒布,用黄蜡封闭创口,包扎蹄绷带。

方二　麻油100毫升,炸花椒10克,凉至约60℃倒入蹄心患处;再用烟叶末将蹄心填满,把黄蜡置勺内融化后倒入创内,包扎蹄绷带。

方三　磺胺血竭散。将磺胺粉、血竭粉以3∶1的比例混合研末,撒于患部,用黄蜡封闭,包扎蹄绷带。

方四　活血止痛膏。乳香、没药、松香各100克,透骨草25克,麻油200毫升。前4味药共为极细末,加入麻油,用微火煎熬成膏。用药膏将患部空隙填平,再用脱脂棉及黄蜡封口,包扎蹄绷带。

方五 血竭桐油膏。血竭 30 克,桐油 120 毫升。将桐油煮沸,加入血竭溶化,搅匀,趁热涂覆创面或灌满空洞,绷带包扎。

方六 枯矾散。枯矾、龙骨、雄黄各等份,共为极细末,撒布创面,包扎蹄绷带。

方七 防腐生肌散。枯矾 500 克,陈石灰 500 克,熟石膏 400 克,没药 400 克,乳香 250 克,血竭 250 克,黄丹 50 克,冰片 50 克,轻粉 50 克。共为极细末备用,用时填充于漏洞内,再用黄蜡封口,继用棉花浸松馏油包在蹄外,最后用蹄绷带包扎。

3. 针灸治疗

方一 血针蹄头为主穴,涌泉、滴水、缠腕为配穴。

方二 激光照射患部。

方三 烧烙:垂泉穴或患部,烙前矫正修蹄,并去净患部坏死、腐烂物质,烙后以油涂搽。

十二、蹄叶炎

蹄叶炎又称蹄真皮炎,是发生在蹄壁真皮小叶层的一种浆液性、弥漫性、无菌性炎症。其临床特征是蹄角质软弱、疼痛和不同程度的跛行。临床上牛多发于两前肢,也有四肢同时发病者。

【病　因】 分为原发性和继发性两种。原发性蹄叶炎的主要诱因是大量喂给酸性饲料;含蛋白质过多的饲料;谷物、精饲料过多而粗饲料太少以及氨基酸的代谢紊乱。过量采食谷物等高碳水化合物饲料也可引起急性蹄叶炎;长期饲喂高能量饲料能诱发慢性蹄叶炎。继发性蹄叶炎的发生主要与胃肠道炎症有关。在胃肠炎症中,黏膜受到破坏,屏障作用减弱,胃肠内容物的代谢产物和毒素被吸收到血管内,引起血管的变化;持续而不合理的过度负重;某些药物如抗蠕虫剂和含雌激素高的牧草引发的变态反应;也可继发于严重的子宫炎、乳房炎、酮病、瘤胃酸中毒、妊娠毒血症、胎衣不下等。运动少,卫生条件差等都是蹄叶炎的诱因。

【临床症状】 本病多呈急性经过,以突然发病,疼痛剧烈,机能显著障碍为特征。患牛精神沉郁,头低背拱,眼闭站立,四肢收于腹下,频频交互负重,站立不稳;运步时四蹄拘急,高度跛行,呈"五攒痛"状,特别是在硬地上。患牛因剧烈的疼痛,而出现颤抖和出汗,或两前肢跪地或卧地不起。患肢指(趾)动脉亢进,触诊蹄温增高,以蹄钳敲打或钳压蹄壁时,疼痛反应明显。体温升高,呼吸促迫,脉搏增数。

【诊 断】 根据发病原因和临床症状可做出初步诊断。

【预 防】 加强饲养管理和合理使役,停喂或减少与发病有关的谷类、豆类等精料,给予富含维生素的青、绿、干、粗、精多样搭配的配合日粮,防止过多和不足,以全混合日粮(TMR 饲料)饲养,能大大减少发病几率,并自由添食碘化盐或富含矿物的盐砖等。此外,保证厩舍环境,清除异物,冬季应及时清除粪尿,保持场地平整,夏、秋季防止积尿、粪、污水。定期修蹄。

【中西医简便疗法】

1. 西医治疗

发病初期,根据患牛体格大小和营养状况,颈静脉放血 500~2 000 毫升,然后注入等量的生理盐水或糖盐水,并加注 5％碳酸氢钠溶液 200~500 毫升,有良好效果。

病初 3 日内用冷敷法或冷蹄浴,每日 2 次,每次 1~2 小时,3~4 天后改用温敷的物理疗法有效。为了缓解蹄部疼痛,可用盐酸普鲁卡因进行指(趾)神经封闭,隔日 1 次,连续 2~3 次有一定的疗效,或应用阿司匹林治疗。

病初可试用抗组胺等药物进行脱敏治疗,如盐酸苯海拉明 0.5~1 克内服,每日 1~2 次;10％氯化钙注射液 100~150 毫升,10％维生素 C 注射液 10~20 毫升,分别静脉注射。

急性蹄叶炎早期还可试用激素疗法。醋酸可的松 0.5 克肌内注射,或 0.5％氢化可的松注射液 80～100 毫升静脉滴注,每日 1 次,连用 4～5 次。或皮下注射 0.1％肾上腺素注射液 3～5 毫升,每日 1 次。

2. 中药治疗

方一 红花散加减。红花 30 克,当归 30 克,没药 20 克,桔梗 30 克,黄药子 30 克,白药子 30 克,神曲 50 克,麦芽 60 克,焦山楂 45 克,枳壳 30 克,厚朴 30 克,陈皮 30 克,甘草 15 克。共为末,沸水冲,候温入蜂蜜 120 克,鸡蛋清 5 枚,一次灌服,每日 1 剂,连用 3～5 剂。

方二 川军枳实散治疗。大黄 75 克,枳实 50 克,芒硝 250 克,槟榔 50 克,木香 35 克,连翘 35 克,金银花 35 克,菊花 35 克,黄芩 30 克,知母 30 克,甘草 30 克,黄柏 20 克。共为末,沸水冲,候凉灌服。

方三 茵陈散。茵陈 35 克,当归 40 克,红花 30 克,没药 25 克,桔梗 30 克,紫菀 30 克,杏仁 25 克,柴胡 30 克,青皮 30 克,陈皮 30 克,甘草 15 克。共为末,沸水冲,候温入黄酒 120 毫升,一次灌服,每日 1 剂,连用 3～5 剂。

方四 没药散。没药 30 克,当归 25 克,乳香 20 克,血竭 15 克,赤芍 15 克,红花 15 克,桂枝 20 克,木瓜 20 克,防风 20 克,大黄 25 克,木通 20 克,甘草 15 克。共为末,沸水冲,候温灌服,每日 1 剂,连用 3 剂。

方五 活血散瘀散。当归 60 克,制乳香 30 克,制没药 30 克,川芎 30 克,牡丹皮 30 克,牛膝 30 克,红花 30 克,桃仁 30 克,桂枝 25 克,甘草 15 克。共为末,沸水冲,候温入黄酒 120 毫升,一次灌服,每日 1 剂,连用 3～5 剂。

方六 血余炭膏。血余炭 10 克,松香 30 克,黄蜡 45 克。将血余炭、松香研末,黄蜡融后调成膏。修蹄后,将膏药涂于蹄心、蹄壁,用烙铁烙之,数日后换药 1 次。

方七 乌金膏或如圣膏。猪脂 200 克(熬油去渣)、生姜 100克、核桃仁 75 克(烧炭)、甘石 50 克(为末)。将上药置锅内,用文武火熬成膏,先用温水洗净患蹄,待干,涂膏于蹄上。

3. 针灸治疗

先削蹄矫正蹄形。血针为主,以四蹄头穴为主穴,每蹄大量放血(50~100 毫升)。前蹄痛,加放胸膛血 500 毫升、刺前缠腕;后蹄痛,加放肾堂血 500 毫升、刺后缠腕。蹄头穴泻血量少者,加刺蹄门穴。急性期病牛还可放颈脉血 1 000~2 000 毫升。

十三、风湿病

风湿病是常有反复发作的急性或慢性全身性结缔组织的炎症。临床以胶原结缔组织发生纤维蛋白变性和骨骼肌、心肌以及关节囊中的结缔组织出现非化脓性局限性炎症为特征。

【病 因】 风湿病的病因迄今尚未完全阐明,一般认为风湿病是一种变态反应性疾病,并与溶血性链球菌感染有关。而中兽医认为是由于机体受到风寒湿三类致病因素的侵袭,致使经络阻塞、气血凝滞,引起肌肉关节病变的一类证候。属痹证范畴。本病多发生于冬、春季。多因牛体阳气不足,外卫不固,再逢气候突变,夜露风霜,阴雨苦淋,久卧湿地,穿堂贼风,劳役过重,乘热渡河,带汗揭鞍时,风寒湿邪乘虚侵袭皮肤,流窜经络,侵害肌肉、关节、筋骨,遂成此病。

【临床症状】 牛遇风寒后常突然发病,不愿活动,食欲减退或废绝,病初体温升高至 40℃~41.5℃,脉搏加快,四肢和腰部肌肉肿胀,全身关节热痛,跛行,运动后或天气好转后病状减轻或消失。风湿发生部位表现不一。颈部风湿,可见病牛脖子发硬疼痛。若一侧发病,则歪向疼痛一侧,俗称歪脖子;如发生在两侧,则头颈伸长、僵直,低头困难。腰部风湿,病牛腰部僵硬,疼痛无力,步幅小,步态强拘,转弯困难。发生在四肢,则病牛腿瘸,常交替发生,腿伸屈起立困难,患肢僵硬发肿,跛行,常随运动或晴天而好转,而遇冷天又犯。

【诊　断】　根据临床表现可做出初步诊断。

【预　防】　平时加强饲养管理,圈舍应保持清洁、干燥、温暖。牛舍要温暖干燥,牛躺卧处要铺垫干草,清除粪尿,垫干土,防止阴冷潮湿和贼风侵袭。要喂暖料饮热水,忌喂冻料,忌给饮冷水。

【中西医简便疗法】

1. 西医治疗

方一　10%水杨酸钠注射液200毫升,5%碳酸氢钠注射液300毫升,混合静脉注射,每日1次,连用1周。

方二　氢化可的松注射液20毫升,加10%水杨酸钠注射液100毫升,混合后一次静脉注射。

方三　撒乌安注射液200毫升,静脉注射,每日1次,连用5~7天。

方四　采病牛自身血液100毫升,加10%水杨酸钠注射液100毫升,混合后一次静脉注射。

慢性风湿病可采用物理疗法,也有较好的治疗效果。将酒精加热后(40℃左右),进行患部热敷,或用热石蜡及热泥疗法,或红外线局部照射,或周林频谱疗法。局部可涂搽水杨酸甲脂软膏、樟脑酒精等刺激剂。

2. 中药治疗

方一　防风散。防风50克,独活30克,羌活30克,当归40克,葛根50克,山药45克,连翘30克,升麻20克,柴胡20克,制附子20克,乌药25克,甘草15克。共为细末,沸水冲,候温入蜂蜜120克,一次灌服,每日1剂,连用3~5剂。适用于风痹证。

方二　通经活络散。当归40克,白芍30克,木瓜30克,牛膝35克,巴戟天30克,藁本30克,补骨脂30克,木通20克,泽泻30克,薄荷25克,桂枝25克,威灵仙30克,炙黄芪50克。共为细末,沸水冲调,候温入黄酒 250 毫升,一次灌服,每日 1 剂,连用3~5 剂。适用于寒痹证。

方三 薏苡仁汤加减。薏苡仁 80 克,独活 30 克,苍术 30 克,豨莶草 30 克,当归 30 克,川芎 25 克,威灵仙 25 克,桂枝 25 克,羌活 25 克,川乌 20 克。水煎取汁,入黄酒 200 毫升,候温一次灌服,每日 1 剂,连用 3~5 剂。适用于湿痹证。

方四 醋 5 千克,麦麸 6 千克。混合炒至 50℃左右,装入麻袋内敷于腰等风湿部。或把酒糟炒热装入麻袋内敷于腰等风湿部位,每日 1 次。腿下部风湿,可用水桶装 50℃热水加适量水杨酸和小苏打,把牛腿放于热水桶中热敷。

方五 桂枝 25 克,防风 25 克,当归 30 克,川芎 20 克,白芷 25 克,羌活 25 克,独活 25 克,香附 25 克,桃仁 20 克,红花 20 克,血竭 20 克,乳香 20 克,没药 20 克,甘草 20 克。共为细末,沸水浸泡,候温加童便半碗,一次灌下。

方六 当归 50 克,小茴香 50 克,杜仲 40 克,防风 35 克,补骨脂 35 克,没药 35 克,牛膝 30 克,川楝子 30 克,葫芦巴 25 克,千年健 25 克,羌活 25 克,独活 25 克。共为细末,沸水冲泡,候温加白酒 50 毫升,大葱 3 枝,一次灌下。

3. 针灸治疗

方一 白针、电针或火针全身风湿,针百会、抢风、气门;颈部风湿,针九委穴;前肢风湿,针抢风、冲天、天宗、肩井、肩俞、肩外俞、肘俞、乘重等穴;后肢风湿,针百会、巴山、气门、大胯、小胯、阳陵、邪气、汗沟、曲池等穴;背腰风湿,针丹田、安肾、命门、腰中、百会、肾棚、肾俞、肾角、八窌等穴。

方二 血针缠腕为主穴,配涌泉、滴水穴,病重者,取胸堂、肾堂或尾本穴。

方三 水针按患部选取百会、肾俞、抢风、大胯、小胯等穴,每穴注射10％葡萄糖注射液 2 份与 5％碳酸氢钠 1 份的混合液20

毫升。

方四　醋酒灸或醋麸灸;软烧法;艾灸;隔姜灸。

方五　TDP病区照射,40～60分钟。

方六　激光疗法一般常用6～8毫瓦的氦—氖激光做局部或穴位照射,每次20～30分钟,每日1次,连用10～14次为1疗程。

十四、荨麻疹

荨麻疹又称遍身黄、肺风黄或风疹,是一种变态反应性皮肤疾病。系由机体对内外致敏性因素或不良刺激的感受性增高所致。临床上以皮肤瘙痒、体表出现许多扁平而形态各异、大小不等的红色或黄白色疹块,病证发展快,消失也快为特征。

【病　因】

1. 外源性因素　主要包括某些吸血昆虫,如蚊、虻、厩蝇等的刺蜇;有毒植物,如荨麻等的刺激;生物制品,如血清注射、免疫接种等;接触(外搽、内服或注射)某些刺激性药物和抗生素,如碘酊、石炭酸、松节油、白霉素、青霉素等,使机体过敏而发病。劳役过度,腠理疏泄而汗出,寒冷外侵或贼风乘虚而入而致病;有的偶尔因搔抓或磨蹭皮肤而发病。

2. 内源性因素　主要因采食异常、变质或发霉饲料,吸收其中某些异常成分、毒素而致敏;或因患牛对某种饲料(蛋白质含量增高类)有特意敏感性;或胃肠消化功能紊乱使肠道菌群失调,某种消化不全产物或菌体成分被吸收而致敏;或胃肠道内有寄生虫,其虫体成分及其代谢产物被吸收而致敏,因这些有毒物质既不能外泄,又不能内解,最终外郁皮毛腠理之间而发生该病。

【临床症状】　本病多无任何先兆,患牛突然于皮肤上出现扁平而形态各异、大小不等的红色或黄白色疹块,疹块周围多有红晕呈堤形肿胀,被毛逆立,疹块往往相互融合,形成较大的疹块。病初期疹块多出现在头颈两侧、肩背、胸壁和臀部,而后波及股内侧及乳房、生殖器。疹块发展快,消失也快。患牛因皮肤瘙痒而揩桩蹭墙、啃咬患部,四肢不断踩动,常有擦破和脱毛现象。患牛出现兴奋不安,体温升高,呼吸促迫,流涎,腹泻,有的病牛,头部肿胀严重,耳鼻唇肿如河马,不能采食咀嚼,两眼泡翻肿难睁。

【诊　断】　根据发病急骤及病后皮肤表面的疹块,可以诊断。但应与神经性水肿和过敏反应区别。

【预　防】　平时应注意调理胃肠,使大便通畅;避免饲喂霉变饲草料;加强消灭蚊、蝇及吸血昆虫工作;防止汗出当风。

【中西医简便疗法】

1. 西医治疗

尽早排除病因,如为霉败或有毒饲料所致,应及时更换饲料,并给予泻剂及胃肠消毒剂以清理胃肠。在此基础上可用凉水或5%碳酸氢钠溶液或用1%醋酸溶液洗涤皮肤。也可用肾上腺素2～5毫克或盐酸苯海拉明0.2～0.3克,皮下注射,每日3～4次,连用数天,直至症状消失为止;或10%氯化钙注射液100～150毫升,或10%葡萄糖酸钙注射液500～1 000毫升,或抗组胺药20～30毫升,静脉注射,以脱敏。0.25～0.5%普鲁卡因注射液100～150毫升,或安溴注射液100～120毫升,静脉注射。或异丙嗪0.25～0.5克,或扑尔敏60～100毫克,肌内注射,以止痒。

2. 中药治疗

方一　消风散。防风、石膏各45克,荆芥、苦参、苍术、胡麻仁各40克,生地黄、牛蒡子各35克,当归、知母、木通各30克,蝉蜕25克,甘草20克。水煎灌服,每日1剂。

方二　白鲜皮、威灵仙、苦参、甘草、蛇床子各50克,当归30克。共研细末,沸水冲调,候温一次灌服,每日1剂,连用3天。

方三　蒿叶5份,花椒5份,防风2份。水煎取汁,热洗患处,每日2次。

方四　艾蒿叶5份,黄柏5份,白矾2份。熬水外洗。

方五 防风通圣散。防风、白术、薄荷、当归、川芎、连翘、白芍、栀子、麻黄、荆芥、芒硝各 30 克,桔梗、黄芩、石膏各 25 克,滑石、生姜各 40 克,大黄(酒炒)30 克,甘草 20 克。共为细末,加水适量,候温灌服。

方六 加味五参汤。沙参、党参、苦参、丹参、玄参各 40 克,防风、荆芥、蝉蜕、栀子、知母、连翘、黄连、川贝母、郁金、远志、车前子、猪苓、茯苓、泽泻、滑石各 30 克,甘草 20 克。水煎,候温灌服。

方七 黄芪 60 克,金银花 20 克,黄芩 30 克,熟大黄 25 克,连翘 20 克,黄连 15 克,郁金 15 克,黄柏 15 克,栀子 15 克,防风 30 克,蝉蜕 10 克,生甘草 10 克,知母 15 克,川贝母 15 克,黄药子 15 克,白药子 15 克,牛蒡子 20 克,薄荷 15 克,地肤子 30 克,生地黄 30 克,玄参 30 克,露蜂房 20 克,绿豆 100 克。共为细末,沸水冲调,候温入蜂蜜 120 克、鸡蛋清 4 个,一次灌服,每日 1 剂,连用2～3 剂。

3. 针灸治疗

血针颈脉穴,放血 500～1 000 毫升。

十五、结膜炎

结膜炎,俗称"红眼病",是眼结膜和球结膜在各种外界刺激、感染和机体自身因素的作用下,发生表层或深层的急性炎症。临床上以怕光不敢睁眼,流泪,疼痛,肿胀,结膜充血,眼内有分泌物等为特征。根据分泌物的性质,可以分为浆液性、黏液性和化脓性结膜炎。

【病　因】 物理性异物的刺激、压迫、摩擦、损伤等,如风沙、灰尘、芒刺、谷壳、草棒、天花粉、高温、火焰、鞭伤等。受到一些化学性物质的刺激,如药品、烟雾、毒气、石灰、肥皂水、高浓度消毒液等对结膜的作用,以及厩舍通风不良。也可继发于某些疾病过程中,如恶性卡他热、牛嗜血杆菌病、牛吸吮线虫病以及变态反应性疾病等。

【临床症状】 根据病的经过可分为急性和慢性两种。

1. 急性结膜炎 病初结膜充血、发红、流泪，分泌物呈浆性，随后结膜显著充血，肿胀明显，羞明、流泪，分泌物黏性、量多，常蓄积于结膜囊内或附于眼内角。结膜下组织受侵害时，疼痛和肿胀剧烈，肿胀结膜呈肉块样、外翻，露出于上下眼睑之间，遮蔽整个眼球，呈紫红色、黑褐色坏死。炎症蔓延到角膜，其周围有新生血管，发生弥漫性角膜混浊。

2. 慢性结膜炎 结膜轻度充血、暗红色、肥厚，泪液及炎性分泌物流出，在眼睛下方皮肤上可见到泪痕，形成湿疹样皮炎，被毛脱落，出现痒感。牛外翻的结膜粘上污物，发痒，常因擦伤、出血，结缔组织增生，导致结膜变硬、紫红色，溃烂和坏死。炎症波及角膜，引起角膜翳。

【诊　　断】 根据临床症状和眼科检查即可初步诊断。

【预　　防】 应加强防疫消毒，控制疫病的发生。对已确诊为传染性鼻气管炎、牛病毒性腹泻和牛传染性角膜结膜炎的牛群，必要时，应采用疫苗注射。

【中西医简便疗法】

1. 西医治疗

清洗眼部排出物，结合使用广谱抗生素眼药膏进行局部治疗，可加速病牛康复。急性病例，病初用生理盐水、2%～3%硼酸液、2%白矾液、0.1%新洁而灭液洗眼，消炎止痛可用醋酸可的松眼药水、0.25%氯霉素眼药水滴眼；或 0.5%金霉素眼药膏、0.5%土霉素眼药膏，或头孢噻呋、四环素、氨苄青霉素软膏涂抹。严重病例，可用 1%普鲁卡因 2 毫升、氢化可的松 10 毫克、青霉素 5 万～10万单位，隔日 1 次做结膜下注射。慢性病牛可用 3%～5%硫酸锌液、2%～5%强蛋白银溶液滴眼，或 5%磺胺软膏涂搽。

2. 中药治疗

方一　新鲜青蒿 250～300 克，加水适量，武火煎 10 分钟左右,用 3～4 层纱布滤去药渣,澄清,放置在外面,露天过夜,使药液接触到露水即可。用药液洗敷患处眼睛,每日 2～3 次,轻者 1～2 天即可痊愈,重者 2～3 天,一般不超过 5 天,同时灌服菊花散,每日 1 剂,连服 2 天。

方二　黄连适量,冰片少许,共为极细末,装瓶备用。用时以温生理盐水冲洗患眼后点眼。

方三　黄连 1.5 克,枯矾 6 克,防风 9 克。煎后过滤洗眼。

方四　拨云散。炉甘石 30 克,硼砂 30 克,青盐 30 克,黄连 30 克,铜绿 30 克,硇砂 10 克,冰片 10 克。共为极细末,过 160 目筛,密闭遮光保存,用时以温生理盐水冲洗患眼后点眼,每日 3 次,连用 7～10 天。

方五　龙胆泻肝汤加减。龙胆草 45 克,黄芩 30 克,栀子 30 克,当归 30 克,柴胡 20 克,生地黄 50 克,甘草 15 克,金银花 30 克,连翘 30 克,决明子 30 克,青葙子 30 克。共为细末,沸水冲调,候温入蜂蜜 120 克,鸡蛋清 4 个,一次灌服,每日 1 剂,连用 2～3 剂。

方六　银翘蒲菊汤。金银花 30 克,连翘 30 克,蒲公英 30 克,菊花 25 克,生地黄 25 克,栀子 25 克,黄连 15 克。水煎服。

3. 针灸治疗

方一　血针太阳、眼脉、三江、颈脉为主穴,配睛明、睛俞点刺出血,每日或隔日 1 次。

方二　睛明、睛俞、垂睛穴,每日 1 次。

方三　水针睛明、睛俞、垂睛穴以 10%～25% 葡萄糖注射液 2～8 毫升,进行穴位注射,每次选 1～2 个穴位;或垂睛穴注射链霉素注射液 1～2 克,每日或隔日注射 1 次;太阳穴,注射醋酸氢化泼尼松 125 毫克,5 日 1 次,连用 2～3 次。

自家血疗法:取 10 毫升自家血注入睛明、睛俞穴(患眼眼睑皮下),隔日 1 次。

巧治：顺气穴插枝；瞬膜脱出者,用骨眼钩钩住瞬膜,三棱针点刺出血。

十六、角 膜 炎

角膜炎是由于各种不良刺激,致使角膜组织的炎症过程。临床上以眼结膜和角膜发生明显的炎症,伴有大量流泪,眼结膜明显肿胀,角膜混浊呈淡蓝色或灰白色,严重者发生溃疡,形成瘢痕或角膜翳为特征。若治疗不及时或治疗不当,往往引起失明。

【病　因】　主要是异物刺激,如风沙、灰尘、芒刺、天花粉及化学药品进入眼内;其次是机械损伤,如鞭打、摩擦或异物刺入眼内;某些传染病,如流感、恶性卡他热、混睛虫病、传染性结膜炎等疾病也可继发或并发角膜炎。结膜损伤后,炎症波及角膜也可引发本病。

【临床症状】　病初患眼羞明流泪,眼结膜肿胀,疼痛,尔后角膜凸起,角膜周围血管充血,角膜表面粗糙,角膜上出现点状、棒状或云雾状灰白色或淡蓝色混浊,严重者角膜增厚遮住眼睛,有的发生溃疡,形成瘢痕或角膜翳,往往引起失明。有的伴有体温升高,精神沉郁,食欲减退等全身症状。

【诊　断】　根据临床症状及眼科检查即可确诊。

【预　防】　经常消毒圈舍,及时清除粪便,在夏、秋季节做好灭蝇工作,并定期用1%～2%敌百虫注射液点眼,进行预防性驱虫,可有效预防寄生虫性角膜炎的发生和传播。

【中西医简便疗法】

1. 西医治疗

方一　轻度角膜炎,可用3%硼酸液、2%白矾液冲洗病眼;羞明者可用2%普鲁卡因注射液滴眼,每日数次,或用四环素、金霉素眼药水滴眼;用1%普鲁卡因注射液2毫升、青霉素5万～10万单位、氢化可的松10毫克,做结膜下注射,隔日1次。或25%氯霉素注射液与 0.5％氢化可的松注射液混合点眼（按 1：1 比例），每日 3 次，每次 1 毫升左右。

方二　角膜外伤，用 1％～2％后马托品溶液麻醉角膜与结膜后检查病眼。用手将眼睑拨开，发现异物，用眼科镊子将其除去。

方三　角膜翳时，可用 2％～5％碘化钾做球结膜下注射，首次用量为 0.5～0.7 毫升，隔日 1 次，每次递增 0.1～0.2 毫升，4～5 次为 1 个疗程，隔 5～7 日后，可再治疗。用 1％阿托品软膏滴眼，以解除睫状肌痉挛和防止虹膜粘连。

方四　角膜化脓，先用 3％硼酸水或 1％过氧化氢液洗净眼睑皮肤上的浓汁，后用 0.1％高锰酸钾液或 0.1％～0.2％硝酸银冲洗眼部，每日 2～3 次。

方五　角膜混浊，可用 3％黄色氧化汞软膏，3％氨汞软膏或 2％重硫酸奎宁软膏，每日 2 次涂搽。颈部皮下注射牛奶 50～100 毫升，可促进混浊吸收。

2. 中药治疗

方一　拨云散。硼砂 30 克，冰片 30 克，炉甘石 150 克，朱砂 15 克，硇砂 6 克。共为极细末，过 160 目筛，装瓶密闭遮光保存，每次用量约 0.3 克，每日点眼数次。

方二　鲜猪胆汁，以生理盐水适当稀释后点眼，每日 3 次，连用 7～10 天。

方三　千里光 30 克，决明子、石决明各 40 克，黄连 25 克，黄药子 25 克，大黄 30 克，苦参 25 克，白药子 25 克，栀子 30 克，没药 28 克，郁金 25 克，黄芪 25 克，甘草 20 克。共为末，加入蜂蜜 100 克，鸡蛋清 5 个，用温开水 1 500 毫升混合，一次灌服，连用 3 日。

方四　决明夏枯草散。石决明 100 克，夏枯草 60 克，决明子 40 克，黄芩 30 克，蒲公英 50 克，生地黄 40 克，栀子 30 克，紫草 30 克，当归 30 克，车前子 30 克，大黄 30 克。共为细末，沸水冲调，候温加入蜂蜜 120 克，鸡蛋清 4 个，一次灌服，每日 1 剂，连用 2～3 剂。

方五　龙胆泻肝散。大黄 50 克,石决明 50 克,青葙子 40 克,菊花 35 克,龙胆草 25 克,柴胡 25 克,黄芩 25 克,生地黄 25 克,防风 25 克,荆芥 25 克,蝉蜕 15 克,甘草 15 克。共为细末,沸水冲调,候温灌服。

方六　石决明 40 克,决明子 40 克,金银花 60 克,连翘 40 克,栀子 40 克,菊花 40 克,赤芍 20 克,白蒺藜 40 克,夏枯草 40 克,羌活 30 克,大黄 15 克,木贼 40 克,蝉蜕 40 克,车前子 40 克,青葙子 40 克,荆芥 15 克,甘草 5 克,灯芯草 10 克,竹叶 10 克为引。水煎留药液 3 000 毫升,一次灌服,每日早、晚各 1 次。

3. 针灸治疗

方一　血针太阳为主穴,三江、眼脉、颈脉、睛明、睛俞(眼结膜点刺)、耳尖、尾尖、丹田、分水为配穴,出血量共 300～500 毫升,针后用食盐水洗眼。

方二　针睛明、睛俞、垂睛穴,每日 1 次。

方三　水针睛明、睛俞穴,每穴注射青霉素 20 万单位,用 1%普鲁卡因注射液 4 毫升稀释;太阳穴注射硫酸链霉素 200 万单位,或注射醋酸氢化泼尼松 125 毫克,5 日 1 次,连用 2～3 次。或垂睛穴注射链霉素注射液 1～2 克,每日或隔日注射 1 次。

方四　颈静脉采血 5～10 毫升,注入睛明、睛俞穴(患眼眼睑皮下)2～4 毫升,隔 2～3 日注射 1 次。

方五　顺气穴插枝。瞬膜脱出者,用骨眼钩钩住瞬膜,三棱针点刺出血。

十七、脊髓挫伤

脊髓挫伤,是因脊柱骨折,或脊髓组织受到外伤所引起的脊髓损伤。临床上以呈现脊髓节段性的运动及感觉障碍或排粪排尿障碍为特征,常发生在腰髓及颈髓,较少发生在胸髓。

【病　因】　本病通常是由于冲撞、摔倒、跌落、车轮碾压或跳跃时肌肉的强力收缩,致使脊椎骨骨折、脱位或捻挫而损伤脊髓所致;或其他尖锐金属器具经椎间孔刺入椎管引起的脊髓受伤。家畜骨软症、骨质疏松症和氟骨病时易发生椎骨骨折,因而在正常情况也可导致脊髓损伤。另外,在诊疗过程中,保定不当,牛只挣扎,往往发生脊椎骨折而引起脊髓挫伤。

【临床症状】　较轻病例(脊髓震荡),表现为后躯无力,运步时腰部强拘、摇晃,两后肢抬举困难,蹄尖拖地而行,后退转弯困难,容易倒地,卧地后起立困难。

重症病例(脊髓挫伤),受伤后立即发生截瘫,根据脊髓损伤的部位与程度不同,其症状各异。颈髓全横径损伤时,牛可迅速死亡;膈神经起点(第5~7节段颈髓)后方损伤,则躯干、尾及四肢感觉障碍和运动麻痹,并出现以膈肌运动为主的呼吸动作,排粪、排尿失禁或尿潴留和排尿迟滞。胸髓全横径损伤时,伤部后方麻痹和感觉消失,腱反射亢进。腰荐部前部损伤时,臀部、荐部、后肢和尾麻痹及感觉消失,腱反射机能亢进;中部损伤时,除后肢的感觉消失和麻痹外,由于股神经核损伤,膝反射消失,会阴部和肛门反射无变化或增强;后部损伤时,则坐骨神经支配的区域(尾和后肢)感觉消失和麻痹,排粪排尿失禁。

【诊　断】　根据病畜感觉功能和运动功能障碍以及排粪排尿异常,结合病史分析,可做出诊断。但须与麻痹性肌红蛋白尿、骨盆骨折和肌肉风湿进行鉴别。

【预　防】　防止牛在使用中发生冲撞、摔倒、跌落、车轮碾压或跳跃时肌肉的强力收缩,致使脊椎骨骨折、脱位或捻挫;或其他尖锐金属器具经椎间孔刺入椎管,另外在诊疗过程中,保定要适当,防止动物挣扎。

【中西医简便疗法】

1. 西医治疗

方一　0.2%硝酸士的宁注射液20毫升,一次皮下注射,同时给予鱼石脂 30 克、大蒜酊 150 毫升、龙胆酊 150 毫升,加水适量混合,一日 3 次分服。

方二　0.1% 硝酸士的宁注射液 15 毫升,腰荐结合部,一次注入脊髓腔,隔日 1 次。

方三　复方醋酸铅散(醋酸铅 100 克、白矾 50 克、樟脑 20 克、薄荷脑 10 克、白陶土 820 克配成)适量,以醋调制后放在纱布上湿敷腰荐结合部,隔日 1 次。

2. 中药治疗

当归红花散。当归 45 克,红花 25 克,防风 30 克,白芷 30 克,苏木 15 克,乳香 30 克,没药 30 克,血竭 30 克,荆芥 25 克,煅自然铜 25 克,骨碎补 45 克,连翘 25 克,木通 25 克,胡芦巴 15 克,菟丝子 15 克,续断 15 克。加水煎服,每日 1 剂。

3. 针灸治疗

方一　针腰荐七穴(百会、肾俞、肾棚、肾角、腰前、中、后)。

方二　电针百会、肾俞、腰中、大胯、小胯穴。

第五章 产科病

一、阴道炎

阴道炎是指母牛阴道及阴门的正常防卫功能受到破坏,细菌侵入阴道组织,引起阴道组织的炎症。临床上以阴门有黏液性或脓性分泌物为特征。

【病　因】　原发性阴道炎是由于分娩时受伤或细菌感染和人工授精引起损伤造成的,继发性阴道炎常见于子宫内膜炎、子宫和阴道脱、胎衣不下等疾病。由于粪、尿以及阴道和子宫分泌物在阴道内积聚而引起感染,发生阴道炎。也有由于病毒感染及传染力较强的阴道炎所致,如牛传染性脓疱性阴道炎和滴虫性阴道炎等。

【临床症状】　阴道炎有急、慢性之分,慢性阴道炎又有卡他性、脓性和蜂窝织炎性等数种。

急性阴道炎症状明显,阴道黏膜发红、水肿并有炎性渗出,阴道内有炎性渗出物;阴唇红肿,阴门时有炎性分泌物流出。

慢性卡他性阴道炎症状不明显,黏膜颜色稍苍白,有时红白不匀,黏膜表面常有皱纹或大的襞。黏膜表面常附有渗出物。

慢性化脓性阴道炎阴道中有脓性渗出物,卧下时向外流出,尾部有薄的脓痂,阴道检查有痛感,黏膜肿胀,有不同程度的溃疡或糜烂。有时有组织增生,造成阴道狭窄,狭窄部之前的阴道腔常有脓性分泌物。全身症状表现为食欲减退、精神稍差、泌乳量下降。

蜂窝织炎性阴道炎,黏膜肿胀充血。黏膜下结缔组织内有弥散性的脓性浸润,有时形成脓肿。阴道中有脓性渗出物,并混有坏死的组织块。有时有溃疡,日久形成瘢痕。

【诊　　断】　根据临床症状和阴道检查即可做出诊断。

【预　　防】　防止牛分娩时造成外伤和遵守人工授精操作规程,避免细菌的侵入。

【中西医简便疗法】

1. 西医治疗

首先清洗、消毒病牛的外阴部,将尾巴用绷带缠裹后系于一侧。轻症病例用温防腐消毒液冲洗阴道,如0.1%高锰酸钾溶液、0.5%新洁尔灭等。重症病例及渗出液多时,可用2%～5%氯化钠溶液、稀碘液(1 000毫升水中加5%碘酊2～3毫升)或1%～3%白矾水冲洗。清洗后局部涂布软膏或乳剂,如10%碘仿甘油、1∶2的碘甘油、抗生素软膏、磺胺乳剂等,连续治疗,直至症状消失。另外,可根据病情轻重给予抗生素治疗。

2. 中药治疗

方一　蛇床子50克,花椒25克,白矾25克,苦参50克。煎水去渣,候温冲洗,每日2次,每剂用3天。

方二　完带汤。党参50克,苍术40克,白术50克,山药50克,白芍30克,陈皮25克,柴胡25克,车前子25克,薏苡仁50克,茯苓50克。共研为末,沸水冲调,候温灌服。

方三　加味二炒散。炒苍术100克,炒黄柏100克,金银花100克,赤芍40克,土茯苓50克,蛇床子25克,当归尾50克,白芷25克。共研为末,沸水冲调,候温灌服。

方四　先用金银花200克,苦参20克煎水反复冲洗阴道,排除异物。然后内服中药白术、苍术、党参、山药、陈皮各50克,酒车前子、荆芥炭、柴胡各20克,甘草、淡竹叶各25克。煎水,黄酒100毫升为引,候温灌服。

方五　益母草散。益母草800克、蒲公英300克、柴胡200克、当归200克、通草300克、苍术100克、厚朴100克、山楂300克、陈皮100克、荆芥100克,共研细末,沸水冲调,候温灌服。

方六 桐油 20 毫升、冰硼散 3 克(冰片 2 克、硼砂 15 克,朱砂 3 克,元明粉 25 克)混均,制成乳剂,灌注到阴道内即可,每日 1 次。

3. 针灸治疗

方一 圆利针刺汗沟、仰瓦穴。

方二 水针交巢穴,注入青霉素普鲁卡因注射液 20 毫升,每日 1 次,连用 3 日。

二、子宫内膜炎

子宫内膜炎是子宫黏膜的炎症,是常见的一种母牛生殖器官疾病,也是导致母牛不育的重要原因之一。

【病 因】 大多数子宫内膜炎因流产、分娩、配种或产后由于细菌等微生物侵入而引起。母牛在难产时的手术及器械助产、截胎术、阴道炎、子宫颈炎、子宫脱、子宫弛缓、恶露滞留、阴道外翻、剥离胎衣时损伤子宫阜与子宫内膜,以及布鲁氏菌病、滴虫病、不合理冲洗子宫方法和药物刺激均可引起子宫内膜炎。

【临床症状】

1. 急性子宫内膜炎 病牛表现食欲不振,泌乳量降低,弓背努责,常做排尿姿势,从阴道排出黏液性、黏液脓性或污红色恶臭的渗出物,卧地时流出的量更多,严重时体温升高,精神沉郁,食欲减退,反刍减少。直肠检查 1 个或 2 个子宫角变大,收缩反应减弱,有时有波动。阴道检查可见子宫外口充血肿胀。

2. 慢性子宫内膜炎 ①慢性黏液性子宫内膜炎。发情周期不正常,或虽正常但屡配不孕,或发生隐性流产。病牛卧下或发情时,从阴道排出浑浊带有絮状物黏液,有时虽排出透明黏液,但仍含有小的絮状物。阴道及子宫颈外口黏膜充血、肿胀,子宫颈口略微开张,阴道底部及阴毛上常积聚上述分泌物,子宫角变粗,壁厚而粗糙,收缩反应微弱。②慢性黏液脓性子宫内膜炎。从阴道中排出灰白色或黄褐色较稀薄的脓液。母牛发情时排出较多,发情周期不正常。阴道检查可发现阴道黏膜和子宫颈内壁充血,往往有脓性分泌物,子宫颈稍开张。直肠检查可发现子宫角增大,子宫壁肥厚,收缩反应微弱,有分泌物积聚时,触摸感觉有轻微波动。冲洗回流液浑浊,其中夹有脓性絮状物。

3. 隐性子宫内膜炎　生殖器官无异常,发情周期正常,但屡配不孕,只有在发情时流出的黏液略带浑浊。发情时阴道流出的黏液中含有小气泡或发情后流出紫色血液。

【诊　断】　临床型子宫内膜炎可通过临床观察、直肠检查、阴道检查和询问畜主等可做出诊断。隐性子宫内膜炎仅通过临床检查难以确诊,需要进行一些辅助诊断。可根据子宫颈口黏液的白细胞检查来确诊。

【预　防】　加强饲养管理,环境应干燥并定期消毒,饲料中营养应平衡。控制产后感染,母牛分娩前应对后躯、外阴等处和分娩环境消毒。助产时应对助产者的手臂和助产器械认真消毒。输精器具应严格消毒,精液稀释、吸取过程应无菌操作。母牛若本交,使用的公牛生殖系统应该没有感染,交配时也应注意清洁卫生。

【中西医简便疗法】

1. 西医治疗

子宫冲洗疗法:选取配制好的冲洗剂(1%碳酸氢钠液,0.9%高锰酸钾液、0.1%雷佛奴尔液)100~150毫升,注入子宫内,将其导出,再灌注,再导出,直到排出液体清亮为止。对慢性及其含有脓性分泌物的病牛,可用0.1%高锰酸钾液,或0.05%呋喃西林液,或3%~5%氯化钠液,冲洗子宫。也可用卢格氏液(碘25克、碘化钾25克,加蒸馏水50毫升溶解后,再加蒸馏水至500毫升,配成5%溶液)20毫升,加蒸馏水500毫升,一次灌入子宫。

抗生素疗法:当无全身症状时,一般采用子宫局部用药。土霉素5克,雷佛奴尔0.5克,加蒸馏水200~300毫升注入子宫,隔日1次,连用2~3次为1个疗程;根据病情可继续使用10%乳酸环丙沙星 50 毫升注入子宫内。或者土霉素 2 克,金霉素 1.5 克,青霉素 100 万单位,链霉素 200 万单位溶于 150 毫升蒸馏水中,一次注入子宫内。

子宫蓄脓症,可一次性子宫腔内注射前列腺素及其类似物2～6 毫克,能获得良好效果。

对纤维蛋白性子宫内膜炎,禁止冲洗子宫,以防炎症扩散。为了消除子宫内渗出物,可用药物促使子宫收缩,并向子宫腔内投入土霉素胶囊。

对于隐性子宫内膜炎,可在母牛发情后,在输精前 2 小时,向子宫内注入青霉素 160 万单位、链霉素 100 万单位、生理盐水 50 毫升;受精后 2 小时,再用药 1 次。

2. 中药治疗

方一 龙胆泻肝汤。龙胆草 50 克,栀子 30 克,黄芩 30 克,泽泻 30 克,车前子 30 克,生地黄 50 克,柴胡 30 克,大黄 30 克,白芷 30 克,乳香 20 克,没药 20 克,甘草 30 克。水煎,候温灌服,每日 1 剂。

方二 易黄汤。山药、椿根皮、巴戟天、白芍、生地黄各 30 克,黄柏、黄芩、龙胆草、车前子、金银花、当归、赤芍各 40 克,共为细末,沸水冲调,候温一次灌服,每日 1 剂。

方三 鸡冠花 15～25 克,黄柏 15～25 克,车前子 10～30 克,山药 15～30 克,茯苓 15～30 克,苍术 10～25 克,土茯苓 15～30 克,生薏苡仁 15～30 克,柴胡 15～30 克,生白芍 15～30 克,生牡蛎 15～30 克。水煎,候温灌服,每日 1 剂。

方四 黄柏车前汤。黄柏 60 克,车前子、党参、云茯苓、白术、鸡冠草、益母草、海螵蛸、甘草各 30 克,红花、赤芍各 20 克。煎汤,温服,每日 1 次。

3. 针灸治疗

方一 氦—氖激光,阴蒂为主穴,配合后海穴,每次 30 分钟,每日 1 次,7 次为 1 个疗程,或照射阴蒂穴和地户穴,每次 30 分钟。

方二　0.25％～0.50％盐酸普鲁卡因注射液 40 毫升、青霉素 160 万单位,后海穴封闭。

方三　后海为主穴,配合百会,每次留针 15 分钟,每 5 分钟运针 1 次,每次 1 分钟。

方四　百会为主穴,配穴选后海或雁翅、肾棚、关元俞;或取双侧肾腧、双侧雁翅穴。任选一组穴,每次通电 30 分钟,每日 1 次,7 次为 1 个疗程。

三、子宫捻转

子宫捻转是引起产道性难产的重要疾病,是指整个妊娠子宫、一侧子宫或子宫角的一部分围绕纵轴发生扭转的疾病。捻转从妊娠后 70 天至分娩的任何时期均可发生,但是多发生在产前。捻转的程度多为 180°～270°,而且向右捻转者居多。

【病　因】　饲养不当及运动不足,尤其长期限制母牛运动,可使子宫及其支持组织弛缓,腹壁肌肉松弛,从而诱发子宫捻转。运动场不平整,有陡坡,主要在春、秋两季清粪垫圈时容易造成;母牛之间相互爬跨或人为地粗暴赶牛,母牛受惊剧烈运动。在妊娠后期,胎儿异常增大,子宫大弯显著向前扩张,子宫孕角前端基本游离于腹腔,位置的稳定性较差。母牛如急剧起卧并转动身体,子宫因胎儿重量大,不能随腹壁运动,就可向一侧捻转。临产时的捻转可能是因为分娩疼痛而急剧起卧所致。

【临床症状】　病牛一般体温正常,少数病牛因子宫颈开张,胎儿死亡,子宫捻转继发形成腹膜炎而使体温升高 0.5℃～1℃;表现出阵发性腹痛及不安,出汗、食欲减退或消失。持续时间稍长,可因麻痹而不再疼痛,但是病情恶化。临产时出现腹痛、分娩症状,从阴道流出带血丝黏液,频繁努责,但是久不见胎儿前置部位,此时可怀疑子宫捻转。阴道内诊可发现阴道壁紧张,越向前越狭窄;子宫颈后捻转时,阴道壁出现螺旋状皱襞。螺旋状皱襞向哪一侧旋转,则子宫就向该方向捻转。阴道壁前端的狭窄代表子宫的捻转程度。捻转不超过 90°时,手可自由通过,皱襞粗大。捻转180°时手勉强伸入;捻转 270°～360°时则手不能伸入、管腔拧闭。直肠检查发现子宫体处有一堆软的实物,韧带一侧在上、另一侧在下,两侧韧带均紧张,静脉怒张。

【诊　断】　根据发病史、临床症状、产道检查和直肠检查即可确诊。

【预　防】　加强饲养管理,尤其是妊娠后期,减少子宫捻转的诱发因素。妊娠后期除了增加营养外,要适当增加运动量,可使子宫、肌肉等活性增加。在妊娠后期,尤其是临产期要做好检查工作,发现子宫捻转要及时治疗。保持妊娠后期母牛所在运动场的宽阔、平整,并让妊娠母牛有适量运动。春、秋季节清粪垫圈时应对该圈牛群圈圈,完工后再赶入。加强牛场管理,避免人为粗暴赶牛,引起妊娠母牛剧烈运动,造成子宫捻转。

【中西医简便疗法】

1. 西医治疗

方一　产道内矫正法:如果分娩过程中发病且捻转不超过90°的患牛,滑润产道后,握住胎儿前置部分转动胎儿。

方二　直肠内矫正:隔直肠推转胎儿的一部分。对轻度捻转的患牛可收效。

方三　翻转方法,也叫间接矫正法。矫正时子宫向哪侧捻转卧于哪侧,垫高后躯、捆住肢蹄,迅速向对侧(包括头)翻转。包括直接翻转母体法和产道内固定胎儿翻转母体法。

直接翻转母体法:子宫向哪一侧捻转,使母牛卧于哪一侧,把前后肢捆住,使后躯高于前躯,两助手站于母牛背侧,分别牵拉前后肢上的绳子,准备好后,同时猛力拉前后肢,急速将母体仰翻过去,在翻转身体同时一人将头部同时翻转,转动如果成功,可摸到阴道前端开大,皱襞消失,无效时则无变化,翻转错误时,软产道变窄,因此每翻转 1 次,须做 1 次产道检查以验证。如颈前捻转需做直肠检查确定子宫阔韧带交叉是否消失,如果第一次不成功,可将母牛体慢慢翻回原位,重新翻转,有时经数次翻转,才能使子宫复原。

产道内固定胎儿翻转母体法:分娩时发生捻转,如果手可伸入子宫内,最好把胎儿的腿抓住,并牢牢固定,翻转母体,矫正更加容易。

方四　剖腹矫正或剖宫产。在上述方法不能奏效时可采用。矫正后除一般护理如加强饲养管理,防治其他疾病外,必须注意分娩过程,临产时发生的捻转,矫正子宫并拉出胎儿后,子宫及子宫颈等处常持续出血,因此手术后数天内应用止血剂,全身和子宫腔(有的腹腔内)用抗生素,防止感染,术后不宜补液,以免子宫水肿的加剧。

四、子宫弛缓

子宫弛缓又称产后子宫复旧不全,是指牛产后子宫恢复至未孕时状态的时间延长的一种常见产科病。

【病　因】　牛在妊娠后期由于饲料饲草单一或日粮比例不合理,钙、磷比例失调或不足,及缺乏与牛繁殖有关的矿物质、微量元素、维生素,牛过肥或过瘦,运动量不足导致肌肉紧张性降低而引起子宫弛缓,产后子宫肌收缩无力。子宫肌收缩无力,多见于牛难产,产双胎,胎儿过大,羊水过多,产程过长,产道损伤等情况下使子宫扩张疲劳、弛缓、收缩无力或胎盘发生充血、水肿,不易脱落。机械性损伤,或其他因素引起早产、流产、死胎、胎衣不下等使子宫内分泌突然失调,也可造成子宫复旧不全。

【临床症状】　母牛产后恶露潴留在子宫内,排出时间延长,卧下时流出较多。阴道检查可见子宫颈口开张,有的病牛在产后7天仍能将手伸入,产后14天还能通过2指。直肠检查子宫体及子宫角柔软松弛,子宫颈稍直,子宫颈薄而软,子宫体积较大、下垂、壁厚而软,收缩反应微弱,子宫积液时有波动感,有时还可摸到未完全萎缩的子叶。

【诊 断】 根据母牛产后胎衣排出时间、恶露排出的快慢及排出量的多少可做出诊断。

【预 防】 科学合理搭配日粮,根据当地饲料资源合理配制日粮,以满足妊娠母牛营养需要,干奶期或妊娠后期母牛一般要按营养标准饲喂。日粮应多种多样,要保证营养的均衡。特别应重视补充适量的维生素A、维生素D、维生素E和微量元素硒。干奶期和妊娠后期的母牛要加强运动。母牛产后立即饮服红糖益母麸皮汤(红糖0.5千克,麸皮1千克,益母草粉0.5千克,沸水冲调)。

【中西医简便疗法】

1. 西医治疗

肌肉注射麦角新碱3~4毫克,或缩宫素60~80单位,连用3次。并配合应用40℃的5%盐水冲洗子宫促进其收缩,加速恶露排出。

2. 中药治疗

方一 加味归芎汤。党参40克,黄芪90克,当归60克,升麻30克,川芎30克,炙甘草20克,五味子30克,半夏30克,白术30克。共为末,灌服,隔日1剂,连用3剂。

方二 黄芪60克,白术30克,陈皮25克,升麻40克,柴胡40克,党参40克,当归40克,香附40克,甘草15克,生姜15克。共为末,沸水冲服,连服3~4剂。

方三 缩宫汤加减。当归60克,川芎40克,益母草60克,三棱20克,莪术20克,蒲黄40克,五灵脂40克,桃仁50克,红花40克,香附40克。兼血热加牡丹皮30克,赤芍30克;气虚加党参

50 克,黄芪 50 克。水煎服,每日 1 剂。

方四　党参 90 克,黄芪 40 克,当归 60 克,升麻 30 克,川芎 15 克,炙甘草 12 克,五味子 25 克,半夏 24 克,白芍(酒炒)40 克。共为末,沸水冲服,连服 3～4 剂。

方五　生化汤加味。当归 60 克,川芎 40 克,桃仁 50 克,炮姜 50 克,炙甘草 30 克,益母草 60 克,党参 60 克,黄芪 60 克,山楂 80 克。水煎灌服,每日 1 剂,连服 2 剂。

3. 针灸治疗

方一　0.25%盐酸普鲁卡因注射液 50 毫升,青霉素 160 万～240 万单位,后海穴位注射。

方二　在输精后,于后海穴内注入垂体后叶素 80～100 单位。

五、胎衣不下

胎衣不下也称胎衣滞留。牛胎衣在产后 12 小时内应排出体外,未排出者称之为胎衣不下。胎衣不下的发生与牛产后子宫收缩无力、胎盘组织结构发生异常、围产期营养代谢紊乱、生殖内分泌激素紊乱、机体免疫状态失调等关系密切。

【病　因】　日粮中钙、磷、镁的比例不当,运动不足,过瘦或过胖,使母牛虚弱和子宫弛缓;胎水过多,胎儿过大等使子宫高度扩张而继发子宫收缩无力;难产后的子宫肌过度疲劳以及雌激素不足等都可导致产后子宫收缩无力。其次是由于子宫或胎膜的炎症而引起胎儿胎盘与母体胎盘粘连而造成胎衣滞留,主要是由于微生物感染而引起的。另外,也与胎盘的结构有关,由于牛的胎盘是结缔组织绒毛膜胎盘,胎儿胎盘与母体胎盘结合**紧密**故易发生本病。有时胎衣虽已脱落,但因子宫颈过早闭锁或子宫角套叠也可导致胎衣排不出来。也可继发于某些传染病,如布鲁氏菌病、结核病等。

【临床症状】　胎衣停滞分为全部停滞与部分胎衣不下两种。

1. 胎衣完全不下 可见少量胎膜悬垂于阴门外；或仅有少量停留在阴道内，只有进行阴道检查时才被发现。病初多无全身症状，仅见患牛稍有弓腰、举尾、轻微努责等现象。如日久胎衣腐败，则流出恶臭、褐红色分泌物，其中混有白色碎块样腐败胎衣。

2. 胎衣部分不下 胎衣大部分悬垂于阴门之外，只有小部分或仅剩孕角顶端的极小部分依然粘连在子宫母体胎盘上。外露胎衣初为浅灰红色，后腐败变为松软而呈不洁的浅灰色，并很快地波及子宫内胎衣，阴道内不断流出恶臭的褐色分泌物。或胎衣大部脱落，仅有极小部分残留在子宫角内的母体胎盘上，不进行胎衣完整性检查是很难发现的；或经过 3～4 天后，排出带有灰红色胎衣块的恶露时才被发现。

【诊　断】　根据临床症状即可确诊。

【预　防】　加强干奶期奶牛的饲养管理。在干奶牛的日粮中要添加足量的维生素和矿物质微量元素，供给干奶牛营养平衡的日粮，尤其注意日粮中钙、磷、硒、维生素 E、维生素 D 等的补充，舍饲牛要适当增加活动时间，产前 1 周减少精料，保持适度的膘情。分娩后让母牛自己舔干犊牛身上的黏液，尽可能灌服羊水，并尽早让仔畜吮乳或挤奶；分娩后立即静脉注射 25％葡萄糖注射液 500毫升，20％葡萄糖酸钙注射液 300～500 毫升，饮喂当归煎剂或水浸液，可防止胎衣不下。奶牛正常分娩过程应尽可能让其自然完成，避免人为地拉出或不必要的助产。

【中西医简便疗法】

1. 西医治疗

增强子宫收缩，促进胎衣排出。可皮下或肌内注射垂体后叶素 50～100 单位，或注射缩宫素 100 单位，或麦角新碱 6～10 毫克；也可用麦角新碱 1～2 毫克，皮下注射；或肌内注射或皮下注射甲基硫酸新斯的明 10 毫克，尽早注射，如分娩超过 24～48 小时，则效果不佳。

促进胎儿胎盘和母体胎盘分离。可于子宫内一次注入10%氯化钠溶液1 000~1 500毫升。或以10%氯化钠注射液1 000~1 500毫升,胰蛋白酶5~10克,洗必泰2~3克混合溶解后,用乳胶管经子宫颈灌注在胎衣与子宫壁之间,待45分钟左右,肌内注射新斯的明2~3毫升,注射1~2小时之后胎衣可自行排出。

防止胎衣腐败和子宫感染。可在牛的子宫黏膜和胎衣之间放置土霉素或复方新诺明原粉3~5克,隔日1次,连用3次。防止胎衣腐败和子宫感染。在子宫黏膜和胎衣之间放置土霉素原粉3~5克,隔日1次,连用3次。

全身疗法。一次静脉注射20%葡萄糖酸钙注射液和25%葡萄糖注射液各500毫升,每日1次;一次肌注氢化可的松125~150毫克,隔日1次共2~3次,或一次静脉注射10%氯化钠注射液300毫升,20%安钠咖注射液10~12毫升,每日1次。

采用上述方法无效的病例,可以考虑进行手术剥离。

2. 中药治疗

方一　炙黄芪90克、党参60克、白术60克、当归60克、陈皮60克、炙甘草45克、升麻30克、柴胡30克、川芎30克、桃仁35克、益母草30克。水煎灌服。

方二　荷叶250克,乌桕叶150克,蓖麻叶150克,蒲葵叶200克。水煎灌服。

方三　地稔子1 500克。将药捣烂,冲米泔水,加食盐适量灌服。

方四　冬葵子60克,红花20克,桃仁10克,乳香、没药(醋炙)各10克,生地黄15克,生甘草10克。水煎,候温,加红葡萄酒200毫升灌服,每日1次,连用2次。虚弱者加黄芪30克,党参30克,减红花10克;兼有高热及粪干燥者加金银花、黄芩各20克,酒大黄50克。

方五　车前子250克(酒炒制干),干生菜籽200克。共研为末,加温水适量,一次灌服。

方六 天仙子 45 克,车前子 35 克,牛蒡子 30 克。共为细末,沸水冲服。

方七 鸡蛋 6～8 个,食醋 2 碗。将鸡蛋去壳后,加醋搅匀灌服。

方八 茯苓 50～200 克,加水约 5 000 毫升,煎 10～60 分钟,加食盐 20～100 克,红糖(或白糖)100～500 克,水煎候温一次灌服。一般一次有效,灌服后 30～60 分钟,即见胎衣排出。

方九 香茅、无娘藤、千斤拔各适量,水煮灌服。

3. 针灸治疗

方一 用圆利针针刺百会、后海。进针深度为百会穴 4～7 厘米,后海穴 2～4 厘米,轻缓捻转提插 20～30 分钟,一般术毕 5～8 小时后可排出胎衣,若术后 8～24 小时未排出,可行重复施术 1 次。

方二 水针 后海穴注射甲基硫酸新斯的明注射液 4～20 毫克或垂体后叶素。

方三 针百会为主穴,配尾根、会阴、后海、尾根等穴。

方四 电针 百会、会阴、尾根等主穴,配合后海穴,通电 30 分钟,一般 1～2 次。还可配合针刺肾门、后三里、六脉等穴。

方五 电针主穴后海,配穴百会或关元俞穴。并配合针刺肾门、后三里、六脉等穴。

六、输卵管炎

输卵管炎是输卵管黏膜的炎症。输卵管炎可致管腔渗出、粘连、阻塞或管外粘连、僵硬,妨碍输卵管送卵功能,而造成不孕。

【病 因】 子宫内膜炎、卵巢炎、流产、胎衣停滞等细菌感染后;人工授精时输精枪插入子宫角方法不当造成子宫内膜损伤;器械消毒不严格,带菌作业或难产时助产不当造成子宫、卵巢及其附近组织损伤感染,炎症蔓延;或者卫生条件差,牛舍潮湿;一些寄生虫侵入子宫、输卵管等均可引起本病。

【临床症状】 输卵管炎症一般为单侧炎症,而双侧炎症特别少见。病牛一般都有正常的性周期,在临床上没有其他全身症状,只是屡配不孕。在输卵管炎症的发病初期,临床上很难做出诊断。随着炎症的进一步发展,直肠检查时子宫大小、卵巢大小,软硬度均无显著变化。但用手触摸输卵管处病变部时,发炎输卵管像一根筷子粗,具有弹性,稍有敏感,可摸到输卵管肥厚、硬结,用手指挤压病变处,患畜表现明显不安。

【诊　断】 本病诊断困难,因此在子宫内膜炎痊愈或无其他异常时,母牛仍屡配不孕,可怀疑此病,应做仔细的直肠检查,触诊输卵管。如输卵管增粗或有硬结块,两侧不对称,可做出诊断。

【预　防】 加强饲养管理,环境应干燥并定期消毒,饲料中营养应平衡,特别是避免微量元素硒、锌和维生素 A、维生素 E 等的缺乏。严格控制产后感染,母牛分娩前应对后躯、外阴等处和分娩环境消毒。助产时应对助产者的手臂和助产器械认真消毒。避免配种污染,输精器具应严格消毒,精液稀释、吸取过程应无菌操作,输精前应先用清水冲洗母牛外阴部,再用消毒液洗净、擦干,插入输精器时避免将污物带入阴道和子宫。

【中西医简便疗法】

1. 西医治疗

急性输卵管炎可用 2% 盐酸普鲁卡因注射液 30 毫升,生理盐水 20 毫升,青霉素 640 万单位,链霉素 400 万单位,先用生理盐水稀释青、链霉素,使其溶解后再吸入盐酸普鲁卡因,让药液充分混合,在子宫颈旁封闭注射。玻璃酸酶 4 000 单位,庆大霉素注射液 160 单位,地塞米松 150 毫克,将药液充分混合,在宫颈旁子宫体肌肉注射。为刺激和活化输卵管的活动和分泌功能,可皮下或肌肉注射脑垂体后叶素 50～100 单位或用缩宫素注射液 10～40 单位,或用苯甲酸雌二醇 5 毫克,肌内注射,每次间隔 2 天。

2. 中药治疗

方一 化瘀汤。败酱草 45 克,丹参 60 克,延胡索 30 克,茯苓 30 克,山药 30 克,黄芪 60 克,川牛膝 30 克,当归 45 克,白芍 30 克,桂枝 30 克,桃仁 30 克。共研细末,沸水冲调,候温灌服。

方二 血竭 10 克,当归 30 克,红花 40 克,炮穿山甲 40 克,郁金 40 克,路路通 40 克,香附 40 克,牡丹皮 40 克,红藤 60 克,败酱草 60 克,茺蔚子 30 克,甘草 15 克。共研细末,沸水冲调,候温灌服。

方三 黄芪 60 克,知母 30 克,山药 45 克,鸡内金 35 克,桃仁 45 克,红花 35 克,三棱 50 克,莪术 60 克,生水蛭 30 克,生山楂 40 克,香附 40 克,延胡索 30 克,白花蛇舌草 60 克,地锦草 60 克,地龙 30 克。共研细末,沸水冲调,候温灌服。

方四 红藤 10 克,败酱草 10 克,蒲公英 10 克,车前子 10 克,紫花地丁 10 克,金银花 10 克,赤芍 10 克,皂荚刺 10 克,加 500 毫升水煎至 150 毫升左右,子宫灌注。

方五 当归 20 克,赤芍 30 克,丹参 20 克,三棱 20 克,莪术 20 克,蒲公英 30 克,紫花地丁 30 克,败酱草 30 克,路路通 20 克。加 800 毫升水煎至 150 毫升左右,子宫灌注。

七、卵巢静止

卵巢静止是卵巢的功能受到扰乱,直肠检查时无卵泡发育,也无黄体存在,卵巢处于静止状态。母牛表现为长期不发情。若长时间得不到治疗则可发展成卵巢萎缩。卵巢萎缩通常是卵巢体积缩小,有时为一侧,有时为两侧。卵巢质地硬化,无活性,性功能减退。

【病 因】 一般是由饲养管理差,饲料单一,蛋白质及能量不足,缺少维生素和钙;母牛体质虚弱,促性腺激素分泌不足,或患有严重子宫疾病,并发全身性严重疾病而引起。该病以冬末春初为多见,尤其多发于 16～27 月龄的育成母牛。

【临床症状】 母牛发情周期延长或长期不发情,发情的外表征象不明显,或仅出现发情征候但不排卵。直肠检查,卵巢形状、大小、质地一般无明显变化,有时较正常小,质地稍硬,表面光滑,既无黄体又无卵泡,有的在一侧卵巢上感觉到有很少的黄体残迹;子宫角较小,子宫弛缓,缺乏弹性。患牛如果得不到及时治疗,卵巢功能长久衰退,则可能引起卵巢组织的萎缩、硬化,其卵巢小如豌豆或小指肚,子宫角细小。

【诊　断】 根据临床表现和直肠检查结果一般即可确诊。必要时分析血浆中的促性腺激素含量。

【预　防】 应改善饲养管理,供给全价日粮,促进母牛体况的恢复。

【中西医简便疗法】

1. 西医治疗

按摩刺激卵巢、子宫,每日 1 次,每次每侧 3～5 分钟,7 天为 1 个疗程。

雌二醇 20 毫克、黄体酮 100～150 毫克,一次肌内注射,隔日 1 次,连注 3～5 次。FSH 100～200 单位,肌内注射,每日 1 次,连用 2～3 次,如 10 日内不出现发情,可再注 1 次。或者将三合激素与促排卵素 3 号(LRH-A3)配合使用。三合激素 3～5 支,一次肌内注射,如不出现发情,可隔 7 天左右再肌内注射 3～5 支,当出现发情时肌内注射 LRH-A3 200～400 单位。也可用促卵泡素(FSH)、促黄体素(LH)各 200～400 单位,每日或隔日一次肌内注射,2～3 日为 1 个疗程。

对于卵巢已经萎缩的病牛,须连续肌内注射 FSH 3 次,观察母牛发情后再肌内注射 LH。

2. 中药治疗

方一　强阳保肾散。淫羊藿、阳起石、肉苁蓉、沙菀子、蛇床子、茯苓、远志各 30 克,胡芦巴、补骨脂、覆盆子各 35 克,五味子、韭菜子各 32 克,芡实 36 克,小茴香 24 克,肉桂 20 克。共为细末,沸水冲调,候温灌服。

方二　羊红膻全草 250 克,研末沸水冲调,一次灌服。连用 5剂,停药 10 天。无效者再连用 5 剂。

方三　鸡血藤 300～550 克,阳起石 70～95 克(或淫羊藿300～600 克),以红糖 350 克为引,水煎 2 次,合并煎液 1 000～1 500 毫升一次灌服。

方四　党参 125 克,熟地黄 85 克,鸡血藤 510 克,山药 85 克,当归 95 克,杜仲 46 克,益母草 98 克,红花 37 克,白术 67 克,阳起石 88 克,红糖 350 克为引。煎汤一次灌服,每日 1 剂,连服 4 剂。

方五　淫羊藿 25 克,王不留行 25 克,益母草 30 克,菟丝子28 克,肉苁蓉 20 克,熟地黄 20 克,当归 14 克,玄参 21 克,何首乌20 克,川芎 14 克,党参 15 克,枳壳 14 克,韭菜子 15 克。共研细末,分成 4 份,每日灌服 1 份,连服 4 天。

方六　鸡血藤 480 克,小茴香 65 克,熟地黄 68 克,干姜 100克,当归 78 克,艾叶 57 克,牛膝 88 克,白术 57 克,阳起石 78 克,红糖 340 克为引。共煎汁一次灌服,每日 1 剂,连服 4 剂。

方七　酸枣树根内皮 2 000 克,瓦松 1 000 克,淫羊藿 50 克,益母草 60 克。共为末分 3 次灌服,每 4 日 1 次,共 3 次。

3. 针灸治疗

方一　艾灸百会穴。将豆酱抹在百会穴上,取乒乓球大小艾绒,用细纤维缠绕固定,点燃后平稳放置于穴位上。10 分钟左右燃烧完毕。每日 1 次,连续 3 天为 1 个疗程。为确保母牛受胎,配种后再做 1 个疗程效果更好。

方二　低功率氦—氖激光照射阴俞穴,每次 20～30 分钟,每日一次,连续照射 5～8 天;

方三　二氧化碳激光照射后海穴和尾根穴 3～5 秒或者用氦

激光直接照射阴蒂 10～15 分钟,光斑直径 15 毫米,距离 10 厘米,每日 1 次,连续照射 5～10 天。

方四　针刺肾俞、百会、阳关、雁翅等穴。电针阳关、百会及后海穴。

八、卵巢功能减退

卵巢机能减退是卵巢的发育或卵巢的功能发生暂时性或长久性的衰退,致使母牛性周期停止,从而表现出不发情或发情停止的疾病。母牛呈现出排卵障碍,如发情而不排卵或排卵延迟,屡配不孕,母牛不发情或发情不完全。

【病　因】　主要与饲养管理不当有关。饲料不足,品种单一,品质低劣,营养不良。日粮不平衡,营养物质比例不当,缺乏或不足;精饲料喂量过多,母牛过度肥胖;运动不足;过度催奶,机体营养随乳汁排出,生殖系统营养不足等;外界不良环境条件的应激,如热、冷、饲料、泌乳应激等;机体本身状况,如老龄,患全身性严重疾病或患子宫疾病;遗传性等,均可引起卵巢功能减退。

【临床症状】　病牛主要表现性周期紊乱,发情及性欲不明显,发情持续时间较短,即使发情也不排卵。直肠检查时,两侧卵巢大小基本一致,形状及质地正常,卵巢上无卵泡和黄体,有时一侧卵巢上有黄体的残迹。卵巢缩小,组织萎缩,质地硬,子宫也伴随之萎缩。

【诊　断】　根据临床表现和直肠检查结果一般即可确诊。必要时分析血浆中的促性腺激素含量。

【预　防】　根据母牛营养状况确定日粮组成。体弱牛,应供应足够的蛋白质、维生素、矿物质、微量元素。冬、春季节,保证优质干草的喂量,并加喂胡萝卜、大麦芽等饲料,过肥牛,应控制精饲料喂量,充分供应优质干草和多汁饲料,使母牛增膘复壮,促使卵巢功能恢复。

【中西医简便疗法】

1. 西医治疗

方一 按摩刺激卵巢、子宫，每日1次，每次每侧3～5分钟，7天为1个疗程。

方二 促卵泡素(FSH)、促黄体素(LH)各200～400单位，每日或隔日1次肌内注射，2～3日为1个疗程。对于卵巢已经萎缩的病牛，须连续肌内注射FSH 3次，观察母牛发情后再肌内注射LH。

方三 FSH 100～200单位，肌内注射，每日1次，连用2～3次，如10日内不出现发情，可再注射1次。

方四 肌内注射三合激素3～6毫升，通常注射后2～4天发情。

2. 中药治疗

方一 参芪归地散。党参、黄芪、当归各45克，熟地黄30克，阳起石60克，益母草150克，肉苁蓉、巴戟天各30克，甘草15克。水煎服或研末灌服，隔日1剂，连服3剂。

方二 复方仙阳汤。淫羊藿、补骨脂各120克，当归、阳起石、枸杞子各100克，菟丝子、赤芍各80克，熟地黄60克，益母草150克。煎服或研末灌服，隔日1剂。该方对卵巢静止和持久黄体效果较好。

方三 淫羊藿25克，王不留行25克，益母草30克，菟丝子28克，肉苁蓉20克，熟地黄20克，当归14克，玄参21克，何首乌20克，川芎14克，党参15克，枳壳14克，韭菜子15克。共研细末，分成4份，每日灌服1份，连服4天。

方四 党参125克，熟地黄85克，鸡血藤510克，山药85克，当归95克，杜仲46克，益母草98克，红花37克，白术67克，阳起石88克，红糖350克为引。煎汤，一次灌服，每日1剂，连服4剂。

方五 鸡血藤300～550克，阳起石70～95克(或淫羊藿300～600克)，以红糖350克为引。共煎汁一次灌服。

方六 淫羊藿、益母草各 60 克,阳起石、菟丝子、补骨脂、当归、熟地黄各 45 克,枸杞子、牛膝、白术各 35 克,何首乌、龟皂刺、川芎、厚朴各 30 克,甘草 15 克。每日 1 剂,连服 3 剂。

方七 鸡血藤 480 克,小茴香 65 克,熟地黄 68 克,干姜 100 克,当归 78 克,艾叶 57 克,牛膝 88 克,白术 57 克,阳起石 78 克,红糖 340 克为引。共煎汁一次灌服,每日 1 剂,连灌 4 剂。

3. 针灸治疗

方一 电针命门、百会、腰胯、肾俞、百会、阳关、雁翅穴。也可电针气门穴、百会穴和后海穴,频率每分钟 100～140 次,每次 20～30 分钟。

方二 氦-氖激光照射阴蒂穴或后海穴,距离 50～80 厘米,每次照射 10～15 分钟。

九、卵泡萎缩及交替发育

卵泡交替发育是指母牛发情时,一侧卵巢上发育的卵泡中途停止了发育,而另一侧卵巢上又有新的卵泡发育。

【病 因】 体内激素作用平衡失调,特别是垂体分泌促黄体素不足是造成排卵延迟或卵泡交替发育的主要原因。气温突变,温度过低或过高,饲料单一,营养不良,犊牛哺乳期过长等均可引起排卵延迟或卵泡交替发育的发生。

【临床症状】

1. 卵泡萎缩 指在发情开始时,卵泡的大小及外表发情征状与正常发情一样,但卵泡发育缓慢,发育到中途停止,保持原状 3～5 天以后逐渐缩小,波动及紧张性也逐渐减弱,外部发情征状逐渐消失,发生萎缩的卵泡 1 个或 2 个以上,也可发生在一侧或两侧。因为没有排卵,卵巢上也没有黄体形成。

2. 卵泡交替发育 是指在发情时,一侧卵巢原来正在发育的卵泡停止发育,开始萎缩,而在对侧或同侧卵巢上又有数目不等的卵泡出现并发育;但不等到成熟又开始萎缩,此起彼落,交替不已。最后结果是其中1个卵泡成熟并排卵,再无新的卵泡发育,停止发情。卵泡交替发育的外表发情症状有时旺盛,有时微弱,连续或断续发情。发情期拖延2～5天,有时长达9天,但一旦排卵,1～2天之内就停止发情。

【诊　断】　根据牛外部发情表现和多次直肠检查结果一般可以确诊。但要注意和初期的卵泡囊肿相区别。

【预　防】　加强饲养,给予正确而合理的日粮,特别应注意供给足够的蛋白质、维生素、大量元素和微量元素。改善管理,合理使役,防止过劳和不运动。哺乳期应添加精料,并适时断奶。搞好安全越冬工作,贮备充足的青饲料以备冬末春初补饲用。及早正确地治疗母牛生殖器官疾病。

【中西医简便疗法】

1. 西医治疗

应在消除病因的同时,用绒毛膜促性腺激素(HCG)1 000～3 000单位,在输精的同时,一次肌内注射。或者黄体酮100毫克,肌内注射。或者促黄体素200～300单位,肌内注射。或者促排卵素2号100～200微克,在配种同时,一次肌内注射。促排卵素3号100～200微克,在配种同时,一次肌内注射。在母牛出现发情表现后15小时左右配种,配前20分钟肌内注射新斯的明20毫升,24小时后,第二次配种,可以获得较好的疗效。也可用采用一次静脉注射HCG 3 000～4 000单位,同时每日上、下午各按摩卵巢1次,每次按摩3～5分钟。

2. 中药治疗

方一　山药30克,山茱萸肉15克,茯苓24克,生地黄30克,白术15克,酒黄柏30克,当归45克,酒茯苓30克,白芍18克,秦艽24克,菟丝子30克,何首乌21克,紫石英15克,甘草15克,生姜为引。研末,沸水冲,待温灌服。发情后第一天开始,连服两剂,于第四天配种。

方二 当归 24 克,川芎 21 克,白芍 18 克,熟地黄 30 克,茯苓 15 克,陈皮 15 克,制香 30 克,吴茱萸 24 克,延胡索 15 克,牡丹皮 12 克,黄芩 15 克。研末,沸水冲,待温灌服,连服 3 剂。

方三 红花 20 克,桃红棵 50 克,淫羊藿 30 克,阳起石 30 克。前药共为末,沸水冲,加红糖 250 克,黄酒 125 毫升,童便 1 盏灌服,隔日 1 剂,连服 4 剂。

3. 针灸治疗

方一 氦-氖激光照射母牛阴蒂穴、后海穴,距离 50~80 厘米,输出功率 30 毫瓦,每次照射 10~15 分钟。照射治疗每日 1 次,7 天为 1 个疗程。

方二 电针雁翅穴和尾根穴,隔日 1 次,频率以每分钟 80~100 次,每次电疗 25~30 分钟,2~3 次为一个疗程。或者电针气门穴、百会穴、后海穴,每次电疗 20~30 分钟,输出电调节由弱至强,以病牛产生明显反应而又能耐为度,频率固定在每分钟 100~140 次。1~2 次为 1 个疗程。

十、卵巢囊肿

卵巢囊肿分卵泡囊肿和黄体囊肿两种,卵泡囊肿是由于卵泡上皮变性,卵泡壁结缔组织增生变厚,卵泡液未被吸收或增多而形成;黄体囊肿是由未排卵的卵泡壁上皮黄体而形成。

【病因】 卵巢囊肿的发病原因尚未完全清楚,一般认为与营养不全有关,或不正确地应用激素,使垂体或其他激素功能失调而引起。

造成卵泡囊肿的主要因素是饲料营养不全,钙磷不平衡,饲料中缺乏维生素 A、维生素 D 或含有多量的雌激素,喂过多精料而又缺乏运动;内分泌功能紊乱,过多地分泌促卵泡素,但黄体生成素不足,使卵泡表面纤维化,使用激素制剂不当,均可以诱发卵泡囊肿。长期子宫蓄脓、积水,急、慢性子宫内膜炎,输卵管炎,卵巢炎等治疗不及时,长期的炎性刺激,使卵巢不能正常排卵,也可引起卵泡囊肿。

造成黄体囊肿的主要原因是内分泌功能紊乱,前列腺素分泌不足,黄体不能消失;子宫蓄脓、积液,子宫内长期积留死胎或部分胎衣,卵巢囊肿久未治愈,形成黄体。输卵管炎、卵巢炎等可继发成黄体囊肿。

【临床症状】 卵巢囊肿,患牛主要表现为发情周期变短,发情期延长甚至持续发情,发情表现强烈,成为慕雄狂。母牛慕雄狂表现为食欲减退,体质瘦削,被毛无光,颈部肌肉逐渐发达增厚,貌似公牛,并且荐坐韧带松软,臀部肌肉塌陷,尾根抬高,阴唇肿胀,从阴门内常有黏液排出。直肠检查,可摸到卵巢上有一个或数个紧张而有波动感的囊泡,其体积大于正常成熟卵泡。

黄体囊肿时,外阴部无变化,母牛长期不发情。直肠检查时,卵巢上的囊状结构壁厚而软,大小与卵泡囊肿差不多,有轻微的疼痛和波动,且持久存在而不易消失。

【诊　断】 主要依据是发情周期紊乱。卵泡囊肿时,发情周期缩短或表现强烈的持续发情;黄体囊肿时则不发情。直肠检查,卵巢上持续存在大于成熟卵泡的囊状结构可做出诊断。

【预　防】 日粮中加入适量的氯化钠、氯化钾和硫酸钴等,补充维生素 A、维生素 D 和维生素 E 等,可防止产科疾病发生。还应做饲草营养成分分析,确保日粮中钙磷比例在 1.5∶1 到 2∶1 之间。不使用含有霉菌毒素的饲料,不饲喂含雌性激素的牧草。及时治疗子宫内膜炎、胎衣不下和其他卵巢疾病,有助于预防卵巢囊肿病的发生。

【中西医简便疗法】

1. 西医治疗

方一　肌内注射促黄体激素(LH)100～200 单位,用药 1 周后症状未见好转,可稍加大药量再用 1 次。

方二　促黄体素释放激素(LH-RH)1.2 毫克,静脉注射。

方三　促黄体素释放激素 1.5～2.0 毫克,肌内注射。

方四　促性腺激素释放激素(GnRH)0.25～1.0 毫克,肌内注射。

方五　在产后 12～14 天给母牛注射 GnRH 可以制止卵巢囊肿的发生,每次 50～100 毫克,每日或隔日 1 次,连用 2～7 次。

方六　对于患黄体囊肿的母牛,可用前列腺素 2～4 毫克,肌内注射,可连注 2～3 次。

方七　氯前列烯醇 0.8 毫克,肌内注射,可连注 2～3 次。也可用促排 3 号 400～600 单位,每日 1 次,肌内注射,可连注 3～4 次。

2. 中药治疗

方一　桃仁 25 克,红花 20 克,三棱 30 克,莪术 30 克,香附 40 克,青皮 30 克,益母草 50 克,陈皮 30 克,肉桂 15 克,甘草 15 克。水煎,候温灌服,或共为研末,沸水冲调,候温灌服。

方二　三棱 60 克,莪术 60 克,桃仁 30 克,红花 30 克,丹参 60 克,穿山甲甲 15 克,当归 60 克,川芎 40 克,赤芍 60 克,益母草 60 克,木通 40 克,黄芪 100 克,白术 50 克,炙甘草 40 克,大枣 60 克。水煎,候温,加白酒 200 毫升灌服。隔日 1 次,连用 4～5 次。

方三　炙乳香 40 克,炙没药 40 克,香附 80 克,三棱 45 克,莪术 45 克,黄柏 45 克,知母 60 克,当归 60 克,川芎 30 克,鸡血藤 45 克,益母草 90 克。研末冲服,连用 3～6 剂。

方四　制大黄 25 克,皂荚刺 25 克,王不留行 80 克,海藻 45 克,桃仁 30 克,土鳖虫 20 克,当归 25 克,川芎 25 克,白芥子 20 克,桂枝 20 克,香附 25 克,茯苓 40 克。共为末,沸水冲调,候温一次灌服,每日 1 剂。

方五　益母草 200 克,艾叶 50 克,当归 80 克,赤芍 60 克,香附 50 克,泽兰 60 克,巴戟天 100 克,黄芪 150 克,枳实 50 克,川厚朴 100 克,红花 60 克,莪术 35 克,金银花 100 克,连翘 60 克,甘草 50 克。水煎,候温灌服,连用 5 天。

方六　三棱 35 克,莪术 35 克,赤芍 35 克,当归 100 克,香附 35 克,丹参 50 克,益母草 100 克,党参 50 克,陈皮 50 克,黄芪 50 克。共末,沸水冲调,候温灌服,每日 1 剂,连用 3 剂。

3. 针灸治疗

6 毫瓦氦－氖激光连续照射母牛地户穴、阴蒂穴,距离 35～40 厘米,每穴每次照射 10 分钟,每日 1 次,12 次为 1 个疗程。

十一、持久黄体

持久黄体也称永久黄体滞留,是指母牛在分娩后或性周期排卵后,妊娠黄体或发情性周期黄体及其功能长期存在而不消失。临床上以产后或 1 个性周期过后,性周期停止,长期不发情为特征。

【病　因】　由于饲养管理失调,饲料营养不平衡,缺少运动和光照;高产牛摄取的营养和消耗不平衡;脑下垂体前叶分泌促卵泡素不足,而促黄体生成素过多,使黄体持续存在,产生孕酮而维持不发情状态;分娩后卵巢黄体持续而不消失,造成子宫收缩乏力和恶露滞留,进一步发生子宫复位不全和子宫内膜炎。此外,子宫疾病,宫内死胎,宫内异物等都可引起黄体不消退,成为持久黄体。

【临床症状】　母牛性周期停止,个别母牛出现隐性发情,但不排卵,不爬跨,不易被发觉。外阴收缩呈三角形、有皱纹,阴蒂、阴道壁、阴唇内膜苍白、干涩,母牛安静。直肠检查,一侧或两侧卵巢增大,卵巢表面上有突出的黄体,黄体体积较大,质地较卵巢实质为硬,有的呈蘑菇状,中央凹陷。有时在一个卵巢上摸到 1～2 个或多个较小的黄体。子宫多数位于骨盆腔和腹腔交界处,子宫角不对称,子宫松软下垂,触诊无收缩反应,有时伴有子宫内膜炎等疾病。

【诊　断】　主要根据临床症状和直肠检查来确诊。根据临床症状和间隔一定时间(10～14 天),经过 2 次以上的检查,在卵巢的同一部位触到同样的黄体,即可诊断为持久黄体。必要时可测定血浆孕酮含量,如孕酮含量连续升高 30 天以上,即可确诊。

【预　防】　改善饲养管理,及时治疗所患其他疾病。舍饲时,要适当运动,饲料、矿物质及维生素等要全价;冬季要防寒,且饲料充足。

【中西医简便疗法】

1. 西医治疗

方一　促卵泡生成激素(PSH)100～200 单位,溶于 5～10 毫升生理盐水中肌内注射,经 7～10 天后直肠检查,如不消失可再进行 1 次,待黄体消失后,可注射小剂量绒毛膜促性腺激素(HCG),促使卵泡成熟和排卵。因为黄体消失后,卵泡就会发育。

方二　注射促黄体生成激素类似物(LRH-A)400 单位;隔日肌注或注射 2 次,经 10 天左右做直肠检查,如仍有持久黄体时,可再进行 1 个疗程。

方三　孕马血清(PMS)皮下或肌注 1 000～2 000 单位。

方四　黄体酮和雌激素配合应用,可注射黄体酮 3 次,每日 1 次,每次 100 毫克,在第二次及第三次注射时,同时注射己烯雌酚 10～20 毫克或促卵泡生成激素 100 单位。

方五　氯前列烯醇 0.2～0.4 毫克,肌内注射,隔 7～10 天做直肠检查,如无效果可再注射 1 次,用生理盐水 5～10 毫升稀释。

2. 中药治疗

方一　阳起石 20 克,淫羊藿 20 克,益母草 50 克,当归 30 克,赤芍 30 克,菟丝子 30 克,补骨脂 30 克,枸杞子 40 克,熟地黄 30 克。水煎后一次灌服,隔日 1 次,3 次为 1 个疗程。

方二　当归 30 克,川芎 20 克,茯苓 30 克,白术 40 克,党参 40 克,白芍 30 克,丹参 30 克,益母草 60 克,甘草 20 克。水煎后一次灌服,隔日1次,3次为1个疗程。

方三　益母草90克,丹参60克,当归、桃仁、牡丹皮、牛膝各40克,红花、泽兰各30克。水煎内服。

方四　仙阳汤。淫羊藿、阳起石、益母草各100克,当归、菟丝子、赤芍、补骨脂、枸杞子、熟地黄各60~80克。水煎,候温灌服,每日1剂,连用3~5剂。

方五　当归、菟丝子、熟地黄各40克,香附60克,益母草60~120克,桃仁30克,红花25克,淫羊藿150克。水煎,候温灌服,每日1剂,连用3~5剂。

方六　补骨脂45克,小茴香30克,麦冬45克,菟丝子90克,淫羊藿30克,吴茱萸25克,肉桂皮20克,益母草60克,川续断30克,熟地黄30克。共研细末加黄酒250克,用沸水调成粥状,候温灌服,用1~2剂即发情。发情配种后4小时再用1剂。

3. 针灸治疗

氦-氖激光照射阴蒂部,或阴蒂部加地户穴,照射距离为40厘米,每日照射1次,每次照射10分钟,10天为1个疗程。或照射后海穴,距离50~60厘米,每日1次,每次8分钟,7天为1个疗程。

十二、乳房炎

乳房炎是指乳房受到机械的、物理的、化学的和生物学因素的作用而引起的炎症过程。按照症状和乳汁的变化,可分为临床型与隐性型两种。临床上以乳房肿胀、敏感、乳汁变质,产乳量减少或停止为特征。

【病　因】　饲养管理不当,如挤奶技术不熟练,造成乳头管黏膜损伤,挤奶前未清洗乳房或挤奶人员手不干净以及其他污物污染乳头等;病原微生物的感染如大肠杆菌、葡萄球菌、链球菌、结核杆菌等通过乳头管侵入乳房而引起的感染;机械性的损伤如乳房受到打击、冲撞、挤压或犊牛咬伤乳头等机械作用而引起的损伤都可成为诱因;也常继发于子宫内膜炎及生殖器官的炎症性疾病。

【临床症状】 乳房炎按临床表现可分为临床型和亚临床型(通常称为隐性乳房炎),临床型又可分为急性型、亚急性型和慢性型。

1. 临床型乳房炎

(1)急性乳房炎 突然发病,乳房发红、肿胀、发热、变硬、疼痛,触诊敏感,乳汁显著异常和减少,出现全身症状。病牛体温升高,食欲减退,反刍减少,脉搏增速,脱水,全身衰弱、沉郁。当病情发展很快且症状严重时为最急性乳房炎,此时可危及患牛生命。

(2)亚急性乳房炎 病牛一般没有全身症状,最明显的异常是乳汁中有絮片、凝块,并呈水样。乳房有轻微发热、肿胀和疼痛。

(3)慢性乳房炎 慢性乳房炎多由长时间持续感染引起,或由于急性乳房炎未及时进行有效治疗而转来。长期保持亚临床型乳房炎,或亚临床型和临床型交替出现,临床症状长期存在。最终可导致乳腺组织纤维化,乳房萎缩、出现硬结,停止产奶。

2. 亚临床型乳房炎 患牛的乳房和乳汁肉眼观察无异常,但乳汁理化性质发生变化,乳汁体细胞数增加。隐性乳房炎患牛是病原携带者,可以感染其他健康牛。

【诊　断】 根据临床症状、乳汁检查即可做出诊断。亚临床型乳房炎通过乳汁中的体细胞数来确定,乳汁中体细胞数达20万个/毫升以上时即可认为是隐性乳房炎。

【预　防】 保持环境卫生和牛体卫生,在挤奶前要清洗/按摩乳房,合理挤奶。防止乳房受外伤或过热(过冷)刺激。加强挤奶卫生,坚持挤奶前、后两次药浴制度。做好挤奶设备的消毒和保养,保持挤奶机运转正常。在停奶时要注意防止干奶期发生乳腺炎,干奶前首先进行隐性乳房炎检测,阴性奶牛方可进行干奶,若干奶期有乳房炎要及时治愈后方可干奶。提倡一次性干奶,乳汁挤净后,向每个乳区注入适量的干奶药。

【中西医简便疗法】

1. 西医治疗

初期对乳房实行冷敷,后期热敷(常用 20％硫酸镁溶液),同时可按摩乳房。

乳房内注入抗菌药是最常用的方法,用前最好先做药敏试验,或使用专用的乳房炎治疗剂。青霉素 80 万～160 万单位,链霉素 100 万单位溶于水后经乳头管注入乳房。或用青霉素 160 万单位,0.5％普鲁卡因注射液 50～100 毫升中经乳头管注入乳房基部分点注入,每日 1～2 次,连用 3～5 天。除此之外,尚可应用庆大霉素、红霉素、头孢噻吩钠等其他抗菌药物。治疗期间,乳汁全弃,不可利用。

对全身性症状比较明显的病牛,可同时采用青霉素 200 万～240 万单位,肌内注射,1 次/6～12 小时;严重时可 1 次/4～6 小时,再根据病情改为 1 次/6～8 小时至 2 次/日。或同时肌内注射链霉素 2～3 克/次,1 次/12 小时。或改用其他抗菌药物。

除乳房内注射与全身治疗外,对浆液性乳房炎、卡他性乳房炎、慢性化脓性乳房炎、乳房脓肿的未成熟期及乳房蜂窝织炎,初期可冷敷;自发病 2～3 天起,可在挤奶后局部涂敷 20％～50％鱼石脂软膏或纯鱼石脂,挤奶前再洗净。对卡他性乳房炎涂敷鱼石脂软膏或纯鱼石脂,或碘软膏(碘 1 克、碘化钾 3 克、凡士林 100克)。纤维蛋白性乳房炎,禁忌按摩乳房。出血性乳房炎,病初禁止乳房按摩、温敷或涂搽刺激性药物;转为慢性时,才可按摩、温敷或涂搽樟脑软膏、鱼石脂软膏等药物,以促进炎症消散。

2. 中药治疗

方一 当归 50 克,蒲公英 50 克,紫花地丁 50 克,连翘 50 克,鱼腥草 50 克,荆芥 50 克,川芎 50 克,薄荷 50 克,青盐 50 克,红花 50 克,苍术 50 克,通草 50 克,甘草 50 克,穿山甲甲 50 克,大茴香

50克。每次加食醋1 000毫升,加水煎汤至800毫升,局部温敷,1剂煎6次,每次温敷30～40分钟。

方二　复方蒲公英汤。蒲公英150克,金银花100克,黄芩100克,板蓝根100克,当归100克,丹参150克。水煎取汁,内服。每日1剂,连用3～5剂。

方三　加味瓜蒌散。瓜蒌50克,当归30克,甘草30克,乳香30克,没药30克,浙贝母15克,生黄芪30克,蒲公英45克,忍冬藤30克,穿山甲甲15克。水煎2次灌服,连用3剂。同时,用手轻揉乳房,慢慢挤出乳汁,再用雄黄散(雄黄15克,白及30克,白蔹30克,龙骨30克,大黄30克。共研细末)调敷肿处。

方四　加味降痈活命饮。生黄芪120～200克,全当归、连翘、瓜蒌各90～120克,益母草120～300克,穿山甲甲、苍术各60～90克,陈皮、青皮、桂枝各45～60克,甘草30～60克。研末灌服。

方五　黄药子30克,白药子30克,知母30克,黄芩30克,浙贝母30克,栀子30克,连翘30克,金银花40克,防风30克,蝉蜕20克,黄芪30克,甘草15克。共研末,加蜂蜜120克,蛋清5个,沸水冲候温灌服,每日1剂。

方六　蒲公英1 000克,车前草1 000克,薄荷500克,芦根500克。水煎服,每日2剂,连用3～5天。

方七　公英紫花地丁汤。蒲公英100克,紫花地丁100克,金银花50克,连翘50克,乳香30克,没药30克,青皮50克,当归50克,川芎50克,通草40克,红花20克。水煎灌汤,每日1剂,连用3天。

3. 针灸治疗

方一　血针两侧滴明穴,放血400～500毫升;或配颈脉、滴水穴、阳明穴。

方二　水针阳明、百会穴,注射青霉素80万～160万单位。或0.5%普鲁卡因注射液100～150毫升,加青霉素40万单位,一次乳基穴注射。

　　方三　氦—氖激光照射滴明穴、通乳穴、阳明穴,照射距离
10～20 厘米,照射 10～15 分钟,每日照射 1～2 次。

　　方四　灸熨,患部,每次 30～60 分钟。

　　方五　TDP,患部照射,每次 60 分钟,每日 1～2 次。

　　急性型以方一,方二为主。

十三、乳房水肿

　　乳房水肿又称乳房浆液性水肿。是指由于乳房、后躯静脉循
环障碍及乳房淋巴循环障碍所致的乳房明显肿胀的病症。其临床
特征是乳房明显肿胀,按压有凹陷,但无热痛感。本病通常发生于
奶牛产前或产后的 2～4 天,初产奶牛、高产奶牛和老龄奶牛多发,
奶牛乳房水肿的发生率在 10% 左右。

　　【病　因】　主要是干奶期饲养管理不当所致。如干奶期精饲
料喂量过多,日粮中食盐用量过大;分娩前,母牛乳房血流量增加,
乳静脉压增高而淋巴液积聚,雌激素分泌增强以及妊娠期过长、胎
儿过大等,皆可引起本病。此外,运动场狭小,牛群饲养密度过大,
导致产前母牛运动不足也可诱发本病。

　　【临床症状】　最初乳房皮肤充血,乳房极度扩大膨胀,充满乳
汁,按压可留下指痕;乳房皮肤增厚,触压坚实,有的可见数条裂
纹,从中渗出清凉的淡黄色液体。轻度水肿发生于乳房基部前缘
和下腹部。严重的水肿可波及胸下,会阴及四肢,乳房下垂,迫使
病牛后肢张开,运动困难,由于运动时摩擦,常见乳房基部与股内侧
溃烂。典型的乳房水肿是 4 个乳区全部被侵害,也有侵害半侧或者
1 个乳区的。乳房乳头出现水肿,皮肤发凉,无痛感,触诊似揿面粉
袋样,乳量少,肉眼可见异常。精神食欲正常,全身反应轻微。

　　【诊　断】　根据临床症状和乳房检查可做出诊断。

　　【预　防】　做好饲养管理工作,适当加强运动,减少精料和多
汁饲料,控制饮水量,增加挤奶次数。

【中西医简便疗法】

1. 西医治疗

轻症患牛按摩乳房,每日 3 次,每次 15～30 分钟即可。重症患牛可用硫酸镁外敷于患病乳房水肿处,连用 3 天,可明显促进水肿的消失;同时,肌内注射氢氯噻嗪 0.25 克,每日 1 次,或肌内注射乙酰唑胺 1 克,每日 1 次。若长期反复发作,病情严重者,可用 50％葡萄糖注射液 200 毫升或 10％葡萄糖 1 000 毫升、氯化钙 200 毫升、硫酸镁 100 毫升、10％安钠咖注射液 20 毫升,一次静脉注射;口服安钠咖 10 克,每日 1～2 次,或皮下注射 20％安钠咖 20 毫升,每日 1～2 次,连用 2～4 天。

2. 中药治疗

方一 参苓白术丸 42 克,放料内自食,连用 5 次,早、晚各服 1 次。

方二 利湿健脾散。黄芪 50 克,白术、党参、赤茯苓、泽泻、木通、猪苓各 30 克,防风、荆芥、羌活、前胡、柴胡、桔梗各 25 克,桂枝、川芎各 20 克,甘草 15 克。上药共为末,沸水冲,候温灌,隔日 1 剂,连用 3～5 剂。

方三 消肿散。瓜蒌 60 克,牛蒡子、天花粉、连翘、金银花各 30 克,黄芩、陈皮、栀子、皂荚刺、柴胡、青皮各 15 克,当归、川芎、益母草各 30 克,木通、路路通各 15 克。共研细末,沸水冲服,每日 1 剂,连服 3～5 天。

3. 针灸治疗

针刺耳尖、尾尖、山根穴出血,穿刺阳明穴,见有水、血、奶混合液体外滴为度。

十四、难 产

难产是指母牛妊娠期满,已出现临产症候,而胎儿不能顺利产出的病症。以初产母牛较多见。如不及时治疗,往往导致胎儿和母牛死亡。

【病　因】　发生难产的原因很多,配种过早,母牛个体小,骨盆和产道狭窄,加之胎儿过大,不能顺利产出;饲养不当,营养不良,运动不足,体质虚弱,老龄或患有全身性疾病的母牛引起子宫及腹壁收缩微弱和努责无力,胎儿难以产出;胎儿过大、畸形、死胎、胎位异常、胎势不正;或羊水胞破裂过早,羊水流尽,产道干涩,使胎儿不能顺利产出,均会导致难产。

【临床症状】　患牛精神不安,卧地不起,频频弓腰努责,回头观腹,呼吸喘促,乳房胀大,或流出少量乳汁,有时浑身出汗,外阴肿胀,并从阴道流出黄色浆液,或露出部分胎衣,或可见胎儿肢蹄或头,但胎儿迟迟不下。若分娩时间太长,则患牛神疲力乏,躺卧于地,努责减弱或消失,不时痛苦呻吟。

【诊　断】　根据临床症状、产道检查和胎儿检查即可确诊。

【预　防】　对妊娠母牛要加强饲养管理,特别是干奶期,饲料配方要科学,严禁喂给过多精料和霉败及不易消化的饲料;舍饲牛栏不得过于拥挤,密度要适中,分群饲养;经常保持环境清洁、干燥;妊娠母牛要适当的运动,以利分娩时胎儿的转位;母牛临产时应对分娩正常与否要做出早期诊断,如果发现胎儿反常,就应进行矫正,避免难产;此外,青年母牛不宜过早配种。

【中西医简便疗法】

1. 西医治疗

以手术助产为主,必要时辅以药物治疗。

手术助产。患牛采取前低后高站立或侧卧保定。先将胎儿露出部分及母牛的会阴、尾根等处洗净,再用药液冲洗消毒。术者手臂也用药液消毒,并涂上润滑剂(如液状石蜡),然后将手伸入产道,检查胎位、产道是否正常及胎儿的生死情况。如胎儿姿势、位置、方向不正引起的难产,应先将胎儿露出部分送回子宫内,再矫正胎儿姿势。如产道干涩,可注入一定量的消毒过的液状石蜡,以滑润产道。然后配合母牛努责,将胎儿拉出。若矫正胎位确有困难,及产道狭窄、胎儿大,必须及时进行剖宫产手术。如胎儿已死,也可用隐刃刀或线锯将胎儿切成几块,从产道分别取出。在助产过程中,要注意严格消毒,细心操作,以防感染和损伤产道。

助产后,对于体温下降、脉搏微弱的病母牛,应采取升温升压措施。用 25%葡萄糖注射液 500～1 000 毫升,右旋糖酐注射液 500 毫升,10%氯化钙注射液 100 毫升,混合静脉注射,同时皮下注射阿托品注射液 10 毫升。升压可用肾上腺素 5～15 毫克,加入输液中静脉注射。

或用 10%葡萄糖注射液 500～1 000 毫升,0.75%细胞色素 C 注射液 4～10 毫克,维生素 B₁ 100～400 毫克,维生素 C 0.5～4.0 克,混合静脉注射(方中小剂量为犊牛,大剂量为成年牛)。

对体温高的母牛,可用青霉素 300 万单位和链霉素 400 万单位,每 8 小时 1 次,连用 3 天。为预防败血症发生,可用氯霉素或四环素 2～4 克,或庆大霉素 80 万～100 万单位,加入 5%糖盐水 500～1 000 毫升,并加氢化可的松 0.2～0.3 克,一次静脉注射。或用磺胺嘧啶钠 10～25 克,加入 5%糖盐水 500 毫升,再加入 40%乌洛托品注射液 5～30 克,静脉注射。

2. 中药治疗

方一 十全大补汤。当归 19 克,川芎 15 克,白芍 18 克,熟地黄 15 克,党参 24 克,白术 24 克,茯苓 15 克,炙甘草 12 克,炙黄芪 24 克,肉桂 12 克。为末冲调,候温灌服。每日 1 剂,连用 3～5 剂。

方二 母牛产时耗损津液较多时,用黄芪 100 克,当归 50 克,陈皮 40 克,白术 50 克,升麻 35 克,柴胡 35 克。研细,沸水冲泡,候温灌服。每日 1 剂,连用 3～5 剂。

方三 对于气血虚弱和气滞血淤所引起的难产,可用丹参 250 克,白酒 200～250 毫升。疼痛者,加延胡索 30～50 克,小茴香 30～40 克,艾叶、川芎各 30 克,当归 50 克。体质瘦弱或者有虚脱危险的病牛加用附片 20～30 克;出血不止者加用炒蒲黄 30～50 克(另包),血竭 30～50 克;努责严重,有脱宫危险的病例,加用枳壳 80～150 克。

十五、产后厌食

产后厌食是指母牛产后少食或不食的病症。临床上以食欲下降,体质渐瘦,反刍次数减少,瘤胃、瓣胃音减弱,粪便干硬为特征。高产奶牛和头胎母牛发病率较高。

【病　因】　妊娠期营养不足或严重营养失衡,或者产前、产后突然加大饲喂量,尤其是过量的饲喂精料,造成母牛前胃弛缓,消化不良。也可因胎衣或恶露滞留,造成恶露不尽、产道感染。胎儿过大,长时间压迫肠道,使得肠蠕动减缓,甚至造成肠麻痹。产前运动不足,产后腹压突然降低,影响消化功能。产犊时间长,元气耗伤、气血两虚、过度疲劳,引起食欲紊乱和不食。

【临床症状】　主要发生于产后数天至 1 个月左右,患牛表现精神委顿,前胃弛缓,食欲减退,顽固性消化不良,异嗜,不时空嚼(磨牙),随着病程的延长而出现进行性消瘦及营养不良如贫血等症状。前胃蠕动次数减少,力量减弱。肠管蠕动音不明显。心音弱,心率减慢,或者心率加快,心音区扩大。

【诊　断】　根据病史、临床症状即可做出诊断,应注意与前胃弛缓、消化不良相区别。

【预　防】　应加强妊娠母牛的饲养管理,饲喂富含营养的饲料、饲草,并添加富含微量元素和 B 族维生素的饲草和饲料。妊娠前期控制饲草饲料特别是精饲料的饲喂量,防止胎儿发育过快过大。临产前 15 天增加奶牛的运动量和活动时间,增强体质锻炼,可减轻产后对消化道的影响。预防产后感染。搞好产前及产后牛舍和运动场所的环境卫生,加强消毒工作,防止有害微生物入侵产道造成产后感染。对难产或胎儿较大的奶牛,要及时助产,防止奶牛产犊时元气耗伤,造成气血两虚,阴血过失。产后饲喂量不宜过多,应逐步增加草料,直至胃肠功能恢复。

【中西医简便疗法】

1. 西医治疗

方一　10%葡萄糖注射液1 000毫升,复方氯化钠注射液500毫升,促反刍注射液500毫升,维生素C、维生素B_1各50毫升,静脉注射。

方二　穿心莲50毫升,庆大霉素50毫升,肌内注射。

方三　维生素B_1片100片,谷维素片100片,口服,连用3～4天。

方四　维生素B_1注射液30～60毫升,10%安钠咖注射液20～40毫升,肌内注射。

2. 中药治疗

方一　加味十全大补汤。党参40克,白术40克,云茯苓30克,甘草20克,熟地40克,当归50克,川芎30克,白芍40克,黄芪40克,肉桂30克,丁香20克,枳壳60克,山药60克,香附100克,生姜10克。研末沸水冲调,候温灌服。

方二　党参60克,五灵脂30克,生蒲黄30克,当归30克,川芎30克,益母草60克。研末,一次灌服。气血虚弱加黄芪,体温高加栀子、黄芩。

方三　四君三仙丁蔻散。党参40克,白术40克,云茯苓30克,甘草30克,焦三仙各50克,滑石100克,槟榔40克,丁香30克,肉豆蔻30克,枳壳60克,当归80克,厚朴50克。研末,温水冲调,灌服。

方四　当归散加减。当归60克,乳香45克,没药45克,丹参45克,川芎35克,五灵脂40克,酸枣仁45克,石斛40克,麦冬40克,白芍40克,白术45克,陈皮35克,甘草35克,茯苓30克,焦三仙各60克。产后有热者,加金银花、蒲公英;水肿甚者,加车前子、泽泻。

方五　荆芥 30 克,防风 30 克,甘草 20 克,白芍 30 克,羌活 30 克,独活 30 克,柴胡 40 克,前胡 30 克,枳壳 30 克,桔梗 30 克,苦参 80 克。研末一次灌服。体温升高加金银花、连翘,兼有恶露不绝者,加桃仁、红花、益母草。

3.针灸治疗

方一　针百会、鬐甲,放三川、垂珠,四蹄(即涌泉、滴水穴)、耳尖出血。

方二　针刺山根、百会、六脉、脾俞、关元俞等穴位。

十六、产后败血症

产后败血症是由局部炎症感染扩散而继发的全身性严重感染性疾病,是由细菌进入血液并产生毒素所致。

【病　因】　牛产后败血症通常是由难产、胎儿腐败或助产不当,软产道受到创伤和感染而发生;也可由某些疾病感染引起,如严重的子宫炎、子宫颈炎、阴道阴门炎、胎衣不下、子宫脱出、子宫复旧延迟以及严重的脓性坏死性乳房炎等。本病的病原菌通常是溶血性链球菌、葡萄球菌、化脓性棒状杆菌和梭状芽孢杆菌等,而且在临床上常混合感染。

【临床症状】　牛产后败血症多呈亚急性经过,急性病例可在发病后 2～4 天内死亡。病初牛体温突然上升至 40℃～41℃,触诊四肢末端及两耳有冷感;病牛精神极度沉郁,常卧地,呻吟,头颈弯于一侧,呈半昏迷状态;反射迟钝,食欲废绝,反刍停止,喜饮水;产奶量骤减;眼结膜充血,且微带黄色,后期结膜发绀,有时可见小出血点;脉搏微弱,每分钟可达 90～120 次,呼吸浅快,临近死亡时,体温急剧下降,且常发生痉挛。同时,患牛往往有腹膜炎的症状,腹壁收缩,触诊敏感。病牛阴道内还有少量带有恶臭的污红色或褐色液体流出,内含组织碎片。阴道检查时,母牛表现疼痛不安,黏膜干燥肿胀,呈污红色。如果见有创伤,其表面多覆盖一层灰黄色分泌物或薄膜。直肠检查可发现子宫复旧延迟,子宫壁厚而弛缓。

【诊　断】　根据病史、临床症状及检查情况可做出诊断。

【预　防】　在母牛分娩接产前,严格消毒各种器械以及术者的手臂和产牛的外阴部,防止损伤软产道。产后要及时进行子宫处理。干奶期要注意观察乳房,发生乳房炎要及时治疗。产房、牛床要卫生并注意消毒。

【中西医简便疗法】

1. 西医治疗

彻底处理生殖道的病灶,可按子宫内膜炎治疗或处理,但绝对禁止冲洗患牛子宫,并尽量减少对子宫和阴道的刺激,以免炎症扩散加剧病情。

为了迅速消灭侵入机体内的病原微生物,可用大剂量的抗生素,直到体温恢复正常为止。5％糖盐水1 500毫升,青霉素1 600万单位,链霉素500万单位,10％安钠咖注射液50毫升,氢化可的松100毫克,混合一次静脉注射,连用4～5天;也可用盐酸四环素4～6克,5％葡萄糖注射液1 000毫升,静脉注射,每日1次,连用3天。或者2％氧氟沙星100毫升,5％糖盐水1 000毫升,混合每日1次静脉注射,连续1～2天。磺胺嘧啶钠,首次剂量60克,用5％糖盐水稀释成2％～3％的注射液静脉注射,以后每次用30克,每日2～3次,连用3～5天;或用青霉素320万单位,链霉素4克,注射用水适量,配成注射液,肌内注射,每日2次。对危重病牛的治疗是很重要的,强心可用安钠咖、樟脑磺酸钠。出现酸中毒时静脉注射5％碳酸氢钠注射液500毫升。

若伴有腹膜炎时,可腹腔注射青霉素或磺胺二甲嘧啶钠注射液,对患有胎衣不下、产后恶露不尽、子宫内膜炎的病牛,应同时进行对症治疗。

2. 中药治疗

方一 六草二藤汤。黄花败酱草、白花蛇舌草、益母草、马鞭草、鸭跖草、车前草各 250 克(以上六草鲜用时剂量加倍),忍冬藤100 克,红藤 80 克,当归 50 克,赤芍、白芍各 50 克,丹参 50 克,牡丹皮 50 克,生地黄 60 克,生甘草 20 克。水煎候温灌服,连用 3～5 剂。

方二 复方十草汤。黄花败酱草、白花蛇舌草、益母草、马鞭草、鸭跖草、白毛夏枯草、紫花地丁、鱼腥草、蒲公英全草各 250 克(十草,鲜用剂量加倍),忍冬藤 100 克,红藤 80 克,当归 50 克,赤白芍各 50 克,丹参 50 克,牡丹皮 50 克,生地黄 60 克,生甘草 20克。水煎候温灌服,连用 3～5 剂。

方三 五草内补散。生地黄 60 克,当归 50 克,白芍 30 克,丹参 50 克,牡丹皮 50 克,赤芍 50 克,生甘草 20 克,益母草 250 克,败酱草 250 克,马鞭草 250 克,鸭跖草 250 克,车前草 100 克("五草"鲜用剂量加倍)。水煎灌服,连用 3 剂。

方四 大枣内补散。当归 50 克,川续断 60 克,丹参 45 克,牡丹皮 45 克,赤芍 45 克,白芍 30 克,五加皮 30 克,陈皮 50 克,苍术30 克,王不留行 45 克,大枣 250 克,甘草 20 克。共为细末,沸水冲调,候温灌服,连用 3～5 剂。

方五 当归 60 克,川芎 50 克,桃仁 40 克,益母草 100 克,败酱草 60 克,红藤 60 克,石膏 160 克,栀子 60 克,连翘 60 克,金银花 100 克,知母 40 克,川贝母 60 克,杏仁 40 克,黄芩 60 克,郁金45 克,黄柏 45 克,甘草 25 克。研末,沸水冲调,候温灌服,每日 1剂,连用 3～4 剂。

3. 针灸治疗

后海穴注射硫酸庆大霉素注射液 40～120 毫克。

十七、子宫内翻及脱出

子宫内翻是指子宫角前端翻入子宫腔或阴道内,子宫脱出则是牛的子宫部分或全部翻出于阴门之外。二者为程度不同的同一个病理过程,多见于分娩之后。

【病　因】　妊娠母牛衰老、营养不良(单纯喂以麸皮,钙盐缺乏等)、运动量不足,阴道受到强烈刺激;妊娠母牛分娩时剧烈努责,腹压增高,容易发生子宫脱出,或胎儿过大、双胎,或产道干燥时强力拉出胎儿等情况,均可引起子宫内翻或脱出。

【临床症状】

1. 子宫内翻　多发生在孕角。如子宫角尖端进入阴道,病牛表现轻度不安,常举尾、努责、减食。产道检查可发现柔软的圆形瘤样物。直肠检查可摸到子宫角套叠在一起。患牛卧下时可看到阴道里内翻的子宫角,继续努责可继发子宫脱出。

2. 子宫脱出　分为不完全脱出和完全脱出两种。当子宫不完全脱出时,母牛弓背站立,垂尾,用力努责,常排尿、排粪,一般无全身症状。完全脱出时可见脱出的子宫悬垂于阴门外,像小麻袋样不规则的长圆形肿胀物,初呈红色,表面横列许多暗红褐色子叶。脱出时间较长时,其子宫壁瘀血,黏膜干燥、小点出血、坏死、发炎,结成污褐色痂皮,并出现全身症状。

【诊　断】　子宫完全脱出时,由于子宫全部外翻露出阴门外,易于诊断。子宫不完全脱出时,可通过阴道检查不完全子宫脱出的程度。

【预　防】　对妊娠母牛加强饲养管理,饲料内要含足够的营养、矿物质与维生素。在母牛妊娠后期要给予适当的运动与充足的日照。助产时操作要规范、牵拉胎儿时不要用力过猛。

【中西医简便疗法】

1. 西医治疗

子宫脱出后以手术整复为主,辅以中药治疗。

手术整复:将患牛前低后高站立保定,用 $1\%\sim3\%$ 温盐水或白矾水清洗脱出的阴道、子宫及阴门周围,去除黏附其上的污物及坏死组织;再用白矾或冰片适量,共研细末,涂抹其上,以使阴道、子宫尽量收缩。若已发生水肿,应用小三棱针乱刺外脱的肿胀黏膜,放出血水。整复时,术者用拳抵住子宫角末端,在患牛努责间隙把外脱的子宫推进产道,还纳入骨盆腔,并把子宫所有皱壁舒展,使其完全复位。另取新砖烧热,垫醋布数层于阴门外,进行热熨,以利恢复,防止再脱,或进行阴唇的纽扣状缝合,即在阴唇两外侧各垫上 2~3 个纽扣,纽扣的下面向外,线通过纽扣孔进行缝合,然后打结固定。子宫复位后注射青霉素 1 600 万单位,链霉素 200 万单位,每日 2 次,连续 3 天。

如子宫脱出时间已久,无法送回,或者有严重的损伤及坏死,整复后如有引起全身感染,导致死亡的危险,可将脱出的子宫切除。整复或手术后,为了防止感染,应给予磺胺类药物或抗生素治疗。

2. 中药治疗

子宫脱出经手术复位后,可以配合中药进行治疗。

方一 千斤拔 200 克,棕树根 150 克,金樱子 100 克。加水同未生蛋的母鸡 1 只共煎,取汁灌服。

方二 十全大补汤。党参 50 克,白术 45 克,茯苓 40 克,当归 45 克,川芎 30 克,白芍 40 克,熟地黄 40 克,附子 30 克,肉桂 30 克,甘草 20 克。水煎服,每日 1 剂,连用 3~5 剂。

方三 加味补中益气汤。炒党参 50 克,炙黄芪 50 克,炒当归 50 克,炙柴胡 15 克,炙升麻 15 克,炙甘草 30 克,醋茯苓 30 克,炒白术 30 克,陈皮 30 克,益母草 30 克,地榆 30 克。共为末,沸水冲,候温灌服,每日 1 剂,连用 3~5 剂。

方四 八珍散。当归 30 克,熟地黄 30 克,白芍 25 克,川芎 20 克,党参 30 克,茯苓 30 克,白术 30 克,甘草 15 克。共为末,沸水冲调,一次灌服。

方五 三白草 150 克捣溶,榨汁冲沸水半桶,待温。先用一半

洗子宫,其余一半加入酸醋 250 克,继续揉洗,子宫即会自行缩回,
或手术送入。

方六　红蓖麻叶 200 克,倒扣草(土牛肚)200 克。捣烂冲温
水灌服。

3. 针灸治疗

方一　针百会、后海、肾门穴。

方二　电针后海、治脱二穴(位于肛门两侧约 2 厘米处,左右
各 1 穴)每日 1～2 次,每次 30 分钟以上。

方三　在后海穴和脱肛穴用 18～20 号针头进针 4.95 厘米左
右,分别注入 0.25%盐酸普鲁卡因注射液 5 毫升。为了控制子宫再
次脱出,取两侧阴脱穴(阴唇两侧,阴唇上下联合中点旁开 2 厘米
处,左、右各 1 穴),各注射 95%酒精 25 毫升,每日 1 次,连用 2 次。

十八、阴道脱出

阴道脱出是指阴道底壁、侧壁和上壁部分组织肌肉松弛扩张,
连带子宫和子宫颈后移,使松弛的阴道壁形成皱襞嵌堵于阴门之
内(又称阴道内翻)或突出于阴门之外(又称阴道外翻),可以是部
分阴道脱出,也可以是全部阴道脱出。

【病　因】　妊娠母牛年老经产,衰弱、营养不良、缺乏钙、磷等
矿物质及运动不足,常引起全身组织紧张性降低;妊娠末期,胎盘
分泌的雌激素较多,或摄食含雌激素较多的牧草,可使骨盆内固定
阴道的组织及外阴松弛,如同时伴有腹压持续增高的情况(胎儿过
大、胎水过多、瘤胃鼓胀、便秘、腹泻、产前截瘫、患严重软骨病卧地
不起、奶牛长期拴于前高后低的厩舍内及产后努责过强等),压迫
松软的阴道壁,均可使其一部分或全部突出于阴门之外。牛患卵
巢囊肿,因分泌雌激素较多,也常继发阴道脱出。

【临床症状】　病初当病牛卧下时,前庭及阴道下壁形成拳头
大、粉红色瘤样物,夹在阴门之间,或露出于阴门之外,母牛起立

后,脱出部分能自行缩回。随着病程的发展,脱出物增多,不能自行回缩,可由阴道壁部分脱出发展成全部脱出。脱出物可达排球大,粉红色,光滑湿润。若脱出的部分长期不能回缩,则黏膜瘀血,变为紫红色,黏膜发生水肿,严重时可与肌层分离,表面干裂,出血,脱出的阴道黏膜破裂、发炎、糜烂或者坏死。严重时可继发全身感染,甚至死亡。病牛精神沉郁,脉搏快而弱,食欲减少。

【诊　　断】　根据临床症状即可确诊。

【预　　防】　加强饲养管理,给以全价日粮,对体弱消瘦的母牛或年老经产母牛,要多喂富含营养的饲料。母牛妊娠期间不要长久卧地不起。不要让母牛长期站立或卧在前高后低的厩舍内。舍饲牛应适当增加运动,防止过度劳役和损伤阴道。避免导致妊娠母牛腹压过高的因素,如胎儿过大、胎水过多、瘤胃鼓胀、便秘腹泻、强烈努责、产前截瘫、卧地不起(软骨),以及前高后低的厩舍等。

【中西医简便疗法】

1. 西医治疗

以手术整复为主,配合补中益气药物内服。

手术整复:先用 1‰～3‰温盐水或 2‰～3‰白矾水或者花椒白矾液(花椒 50 克,白矾 100 克,水 5 000 毫升,混合烧沸 5 分钟即得),冲洗脱出的阴道黏膜,清除污垢,再用小宽针或三棱针点刺水肿部分,挤出水肿液和坏死组织,然后将脱出部分送回。为了防止再脱,可在阴唇外侧,用消毒缝合线进行圆枕减张缝合,压迫固定数日,治愈后拆除缝线。

整复或手术后,为了防止感染,应肌内或静脉注射磺胺类药物或抗生素治疗。

2. 中药治疗

整复后可采用下列处方防止复发。

方一　加味补中益气汤。党参 30 克,黄芪 50 克,白术 30 克,甘草30克,当归30克,升麻30克,柴胡30克,陈皮30克,生姜20克,熟地黄50克。共为末,沸水冲调,候温灌服,每日1剂,连用3天。体温升高者,去生姜、熟地黄,加金银花40克,黄芩40克,连翘30克;瘤胃臌气者,去党参,加莱菔子60克,槟榔20克。

方二　益母草200克,枳实200克。共为末,沸水冲调,加黄酒250毫升,一次灌服,用于产后阴道脱出。

方三　将脱出的阴道整复后,用"水蛭蜜"(取水蛭30条放入500克蜂蜜中,待水蛭体液渗出、虫体干硬后捞出,将余物搅匀装瓶),每日涂擦患部数次,3～5日可愈。

方四　取气味较浓的干花椒40～60克,或新花椒60～100克,放入清洁的锅内,加常水2 500～3 000毫升,煮沸后再煎15～20分钟,二层纱布过滤,滤液冷至38℃～40℃备用。冰片3～6克,研成粉未备用。患牛站立保定,温水清洗患部,除去污物、粪便以及炎性渗出物,用干净的纱布或毛巾擦干。将脱出的子宫浸泡于盆内花椒水中,不停地用手反复浇洗,子宫即随着花椒水的浸、浇洗而自行慢慢向阴门内收缩,此时可用手掌托着子宫下端,轻轻用手向里向上推进,加速子宫内缩的速度。当脱出的子宫按上述方法处理复位后,用手将冰片送入子宫,均匀敷于子宫内膜及阴道壁上。

3. 针灸治疗

在后海穴和脱肛穴(位于阴唇中点旁约2厘米处,左、右各1穴)进针1.5寸左右,3点各注入0.25%盐酸普鲁卡因注射液5毫升。

第六章　常见中毒性疾病

一、青杠树叶中毒

青杠树叶中毒又称"水肿病"，是由于牛过量采食有毒的青杠树叶而引起的季节性和地区性中毒病。以消化障碍和水肿为主要临床特征。

【病　因】　青杠树为壳斗科栎属植物，其植物种类繁多，在我国南方地区分布很广。青杠叶是栎树的枝叶，栎树的叶和花主要有毒成分为一种水溶性没食子鞣酸中多羟基酚鞣酸，嫩叶中含量为28.2%，老叶中含量为25.5%，花中含量为19.6%。春季新发的青杠树嫩叶、幼枝，其鞣酸含量最高，期间对牛的毒性最大，中毒多集中发生于3月底至5月初，具有明显的季节性。青杠树叶并非常用的耕牛饲草，只是在春季饲草匮乏的情况下，牛由舍饲过渡到放牧时被迫采食青杠树叶或种子（采食量占总日粮的50%以上时）即可引起中毒。也有因采集青杠树叶喂牛或垫圈而引起中毒者。

【临床症状】　多在采食青杠树叶5～15天后，出现早期症状。病初表现精神沉郁，食欲、反刍减少，常喜食干草，瘤胃蠕动减弱，肠音低沉。很快出现腹痛不安、磨牙、回头顾腹以及后肢踢腹。排粪迟滞，粪球干燥，色深，外表有大量黏液或纤维性黏稠物，有时混有血液。粪球干小常串联成捻珠状；严重者排出腥臭的焦黄色或黑红色糊状粪便。随着肠道病变的发展，除出现灰白色腻滑的舌苔外，可见其深部黏膜发生豆大的浅溃疡灶。鼻镜多干燥，后期龟裂。

【诊　断】　根据有食青杠树嫩叶的病史、流行病学和临床症状,可做出诊断。在诊断时应与前胃弛缓、肠炎、瓣胃阻塞等疾病相鉴别。

【预　防】　在发病季节里,不在青杠树林放牧,不用青杠树叶垫圈和喂牛。在发病季节可采取半日舍饲半日放牧的办法,控制牛采食栎树叶的量,在日粮中占 40% 以下。放牧前进行补饲或加喂夜草,补饲或加喂夜草的量应占日粮的一半以上。

【中西医简便疗法】

本病没有特效药物,临床上采取中西医结合的方法,对症施治。

1. 西医治疗

立即禁食青杠树叶,促进胃肠内容物的排除,可用 1%～3% 盐水 1 000～2 000 毫升,瓣胃注射。蓖麻油 1 000 毫升或其他油类 1 000～2 000 毫升,及早灌服,一次即可。

小苏打 100 克,内服,每日 1 次,连用 5 天。

发病初、中期病牛可用 20% 葡萄糖注射液 2 000 毫升、5% 碳酸氢钠注射液 200 毫升、10% 硫代硫酸钠注射液 50 毫升、40% 乌洛托品注射液 50 毫升、20% 安钠咖注射液 20 毫升、10% 维生素 C 注射液 20 毫升,混合,一次静脉注射,每日 1 次,连续注射 2～5 次。

2. 中药治疗

发病初期,可用下列方剂治疗。

方一　苍术 30 克,茯苓 20 克,木通 18 克,滑石 24 克,连翘 18 克,枳壳 18 克,防风 21 克,荆芥 18 克,金银花 18 克,茵陈 24 克,麻仁 150 克,甘草 12 克。水煎灌服,连用 3～5 剂。

方二　滑石 300 克,小苏打 100 克,加白酒 200 毫升,半脸盆温水灌服。

方三　生豆浆,每次 2～3 千克,日服 2～3 次。或生鸡蛋,每次 10～20 枚。

方四　用鸡蛋清 10～20 个，蜂蜜 250～500 克，混合，一次灌服。

方五　1%生石灰水 1 000～2 000 毫升，灌服。

方六　知母 30 克，水黄花根 94 克，水冲服，隔 3 小时再灌服 1 次。

发病中期，可用下列方剂治疗。

方一　茯苓 20 克，泽泻 20 克，大戟 15 克，黄连 18 克，大黄 30 克，麻仁 24 克，石膏 20 克，枳实 18 克，厚朴 18 克。先将前药水煎候温，再加入菜油 250 克，灌服。每日 1 次，连用 3～5 次。

方二　菜油 750～1 000 克，芭蕉油 1 面盆，一次灌服。

方三　健胃通便散：知母、石膏、枳壳、厚朴、大黄各 50 克，滑石、山楂各 75 克，麻仁、枳实、麦芽各 100 克，猪油或菜油 1 000 克。共研细末，沸水冲调，候温灌服。

发病后期，可用下列方剂治疗。

方一　补中益气汤加减：党参、黄芪各 100 克，当归、大枣、玄参、白术、陈皮、淮牛膝、猪苓、泽泻、杜仲、苍术、山楂、神曲、厚朴各 50 克，车前子仁、五加皮各 100 克，桑树尖为引。水煎灌服。每日 1 剂，连用 3～5 剂。

方二　党参 30 克，黄芪 30 克，白术 24 克，陈皮 18 克，茯苓 20 克，当归 24 克，熟地黄 18 克，山药 18 克，白芍 18 克，升麻 15 克，神曲 24 克，甘草 12 克。水煎灌服。每日 1 剂，连用 3～5 剂。

3. 针灸治疗

方一　针刺百会、苏气、肺俞、脾俞穴。

方二　血针胸膛、鹘脉、尾尖、耳尖，放血总量 800 毫升。

二、夹竹桃中毒

夹竹桃在我国南北各地均有分布，有红花、白花和黄花几种，以红花夹竹桃毒性最强，牛因误食混有夹竹桃茎叶的青饲料可发生中毒,严重者引起死亡。主要以心律失常、出血性胃肠炎和各组织器官出血为临床特征。

【病　因】　在大多数情况下,牛不会主动采食夹竹桃,多由于在夹竹桃树旁割草,不小心将夹竹桃叶混入草料中,被牛采食而中毒;或者在夹竹桃树旁草地放牧,牛误食夹竹桃落叶或由于饥饿而主动采食了夹竹桃叶,也可发生中毒。或者喝了漂浮过夹竹桃叶的水,也可引起中毒,甚至是用夹竹桃树枝去搅拌煮料也可致毒。

【临床症状】　病牛精神沉郁,目光呆滞,可视黏膜潮红,四肢及耳鼻发凉。瞳孔缩小,肌肉震颤,尤以肘部肌肉最明显。流涎,食欲减退或废绝,反刍、嗳气减少或停止,瘤胃蠕动减弱。腹泻,粪中有黏液气泡、脱落的肠黏膜或胶冻状物。有的粪便有鲜红色至暗红的血液或血块,严重者粪便为煤焦油样,呈黑红色至黑褐色,粪便腥臭。腹痛,呻吟,拱背,头颈伸直,后肢踢腹,或卧地不起。病牛心律失常,心搏动徐缓,每分钟 40 次左右,1 天后即出现心动间歇,心脏每搏动 1～3 次即间歇 3～15 秒,出现二联脉或三联脉。心音减弱,第一心音增强,第二心音减弱或消失,有的发生阵发性心动过速,心悸亢进,在瘤胃部即能听到明显的心搏动音,病后期心跳加快,每分钟达 90～120 次。呼吸浅表急速,呼吸音粗厉,体温一般正常。

【诊　断】　根据病牛有采食夹竹桃的病史,结合心脏节律不齐及出血性胃肠炎等临床症状,可做出初步诊断。剖检时在胃内容物中找出夹竹桃叶碎片并伴有严重的出血性胃肠炎等病理变化可以确诊。

【预　防】　放牧时应防止牛只误食,不在夹竹桃灌木区放牧或割草,不用夹竹桃花、叶垫圈,同时要加强对饲喂人员的宣传教育,饲喂时留心从饲草中捡出混入的夹竹桃花、叶。

【中西医简便疗法】
夹竹桃中毒无特效解毒药,只能依临床症状进行支持疗法。

1. 西医治疗

大剂量活性炭、液状石蜡灌服,促使胃肠道减少对夹竹桃毒素的吸收,或者 0.01% 高锰酸钾溶液 2 000~5 000 毫升,灌服,以灭活残留在胃肠道内的毒素,然后用氯化钾 5~10 克、滑石粉 400克,加水 5 000 毫升灌服。

因夹竹桃中毒属于强心苷中毒,可致心肌细胞内明显缺钾,引起心律失常,故改善心脏功能及调节酸碱平衡系抢救本病的首要任务,在抢救中补钾显得尤为重要,可用 10% 氯化钾注射液 100毫升、5% 葡萄糖注射液 1 000 毫升,静脉缓慢滴注,连用 2~3 天。如有出血性胃肠炎,可给予止血剂、抗生素类药物。务必注意治疗以补钾为主、严禁使用钙制剂。

2. 中药治疗

方一 甘草 100 克,绿砖茶 100 克,绿豆 200 克,玉米粉 200克。置锅中加水适量,水煎,候温,分 2 次灌服。

方二 加味绿豆甘草汤。绿豆 250 克,甘草 100 克,金银花50 克,连翘 50 克,草豆蔻 50 克,茶叶 100 克,淡竹叶 70 克。水煎,加入 5 000 毫升淘米水,分 2 次内服,每日 1 剂,连服 3 剂。

方三 滑石 200 克,土茯苓 150 克,防风 120 克,甘草 100 克,生姜 100 克,党参 30 克,当归 40 克,五味子 60 克,丹参 40 克,白术 30 克,大黄 30 克,黄连 20 克,黄芩 30 克,黄柏 30 克。水煎 3次,混合煎液,分 3 次灌服,每 8 小时 1 次,连用 3 天。

方四 野菊花、合欢花、丹参、天花粉各 150 克,黄芩、大黄、黄连、黄柏各 100 克,牵牛子 70 克,金银花、甘草、茵陈、绿豆衣各180 克。碾碎后以沸水浸泡 30 分钟后取汤汁灌服,2 次/天,连用5 天,药渣可拌入饲料饲喂。

3. 针灸治疗

可针刺尾尖、舌底穴。

三、闹羊花中毒

闹羊花中毒是牛采食闹羊花的花和叶后引起的一种中毒病。临床上以口吐白沫，呕吐，腹痛，皮温低，口、鼻冰凉，共济失调，运动障碍等为特征。

【病　因】　闹羊花又名羊踯躅、黄花草、黄杜鹃、映山黄，为杜鹃花科植物。常见于山坡、石缝、灌木丛中，分布于我国华东、中南、西北地区及内蒙古、贵州等地。闹羊花的花和叶中含有棂梅素、杜鹃花素等有毒成分（特别是花中含毒最多），对牛有强烈的毒性。在早春季节放牧过程中，当牛进入生长有闹羊花的山坡、草地，误食闹羊花的嫩芽和花，可引起中毒。

【临床症状】　在误食闹羊花后4～5小时发病，中毒牛精神沉郁或兴奋不安，发病初期乱冲乱撞，共济失调，步态不稳，形同醉酒状。后期重症时卧地不起，四肢麻痹，皮肤、口鼻冰凉，瞳孔先缩小，后放大，呈昏睡状态。病牛流涎，口吐白沫，磨牙，呕吐，食欲、反刍减少或废绝，肚腹膨胀，腹泻，不安，粪中混有带血的黏液，胃肠蠕动音增强。心跳减慢（每分钟30～50次），心律失常，脉弱。

【诊　断】　根据流行病学调查，结合临床症状可做出诊断。

【预　防】　早春季节应尽量避免到有闹羊花的山坡上放牧，以防止牛闹羊花中毒。

【中西医简便疗法】

1. 西医治疗

方一　硫酸阿托品注射液（1毫克/毫升），10～20毫升/次，必要时1～2小时后重复用药1次。

方二　0.9%氯化钠注射液1 500毫升，5%葡萄糖注射液1 500～2 000毫升，维生素C注射液15～20毫升，10%安钠咖注射液10毫升，静脉注射，每日2次，连用2天。

方三　10%樟脑磺酸钠注射液15～20毫升，皮下或肌内注射,每日 2 次。

2. 中药治疗

方一　五味子(盘柱南五味子)、官桂、麦冬草、钩藤根、皂角、厚朴、胃草(豆科小槐花)、大泽泻、扶芳藤、棒树皮、竹叶椒、木通、生姜各 30～60 克。水煎灌服,每日 1 剂,连用 3～5 剂。

方二　鲜松针叶 1 000～1 500 克,煎汁灌服,每 2 小时服 1 次,待病情好转后改每隔 5 小时服 1 次,直至痊愈。

方三　升麻 60 克,葛根 90 克,防风 60 克,金银花 30 克,连翘 30 克,大黄 60 克,芒硝 120 克,芡实 60 克,滑石 30 克,车前草 120 克,腹水草(吊杆风)120 克,甘草 30 克。水煎灌服,连用 3 剂后减量。

方四　生绿豆 250～300 克,浸泡磨浆灌服或用鸡蛋 20 枚灌服解毒。

方五　鲜乌桕根皮 500 克,煎水取汁,混入绿豆浆 2 500 克,一次灌服。

方六　金银花 250 克,葛根、绿豆各 500 克,煎水取汁,灌服。

3. 针灸治疗

方一　以颈脉为主穴,耳尖、山根为配穴进行放血治疗。

方二　以百会穴为主穴,苏气、肺俞、脾俞为配穴。

四、霉稻草中毒

霉稻草中毒又称蹄腿肿烂病、烂蹄坏履病、苇状羊茅草(酥油草)烂蹄病等。临床上多以耳尖、肢端和尾梢干性坏死、蹄和腿肿烂以及蹄匣和趾(指)骨腐烂脱落为特征。

【病　因】　由于稻草贮存在不良环境条件下(如温度过高、湿度过大、缺乏光照等)污染了镰刀菌(包括三线镰刀菌、木贼镰刀菌、梨孢镰刀菌、雪腐镰刀菌等),在其生长、繁殖过程中产生代谢产物,如丁烯酸内酯和 T-2 毒素等,一旦被牛采食便发生中毒。本病的发生有着严格的季节性和地区性,11 月份至翌年 4 月份发病,其中1～2月份可达发病率高峰。

【临床症状】 突然发病,多在早晨发现,初见步态僵硬,间歇提举患肢,行动困难,特别是在硬地行走时跛行加重,蹄部微肿,发热,系凹部皮肤有横行裂隙,触摸有痛感。数日后,肿胀蔓延至腕关节或跗关节,跛行明显,患部皮肤变凉,有淡黄色透明液体渗出。继而被毛脱落,肿胀,皮肤破烂,出血化脓,坏死,疮面久不愈合,腥臭难闻。病变多发生在蹄冠及系凹部。严重者,蹄匣或指(趾)关节部脱落。大部分病牛常伴发程度不等的耳尖和尾端坏死,甚至脱落。

【诊 断】 根据流行病学调查,结合临床症状可做出诊断。

【预 防】 秋季收获的稻草,应及时晒干堆垛,垛顶要用塑料布遮盖严实,实期检查,防雨渗入。给牛群饲喂稻草时,均要细心检查,对可疑霉败的稻草,用10%纯石灰水浸泡3天,再用清水冲洗并晒干后饲喂较为安全。对已霉败的稻草,不管霉败变质程度如何,绝不可用来喂牛,这是预防本病的关键措施。

【中西医简便疗法】

1. 西医治疗

停食发霉稻草,加强营养和护理。患部用0.1%高锰酸钾或2%鞣酸冲洗、擦干,用鱼石脂软膏或红霉素软膏涂搽。对患肢进行热敷,按摩,适当运动。

硫酸钠300～500克,加水5 000～8 000毫升,一次灌服。用泻剂后,皮下注射新斯的明0.01～0.02克,以促进胃肠内容物的排除。

30%安乃近注射液40毫升、地塞米松注射液30毫克、维生素B_1注射液600毫克、维生素B_{12}注射液300毫克,混合肌内注射,每日1次,连用3天以上。

2. 中药治疗

方一 金银花60克,蒲公英200克,白糖1 000克,清油500

毫升,鸭蛋 20 枚,车前草 200 克,甘草 20 克。将金银花、蒲公英、车前草、甘草煎汤,候温冲白糖,一次灌服,并将鸭蛋去壳,同时灌服,每日 1 剂,连服 2～3 剂。

方二　白酒 200～300 毫升加白胡椒 20～30 克,一次灌服,每日 1 次,连用 2～3 天。

方三　陈石灰 50～100 克、土一枝蒿 30～50 克、通泉草 500～1 000 克。将土一枝蒿、通泉草(均为生药)捣烂和陈石灰调匀,用此药包敷患部,每 1～2 日换药 1 次。

方四　井底淤泥(鲜)200 克,食用淀粉 100 克,白酒 50 毫升,鸡蛋清 1 枚,黄连粉 40 克,黄柏粉 40 克,鲜建竹梢(草药)100 克,"盐卤水"适量。将以上药物混合均匀,研成"药泥",每日用"盐卤水"洗涤患部后,再涂上"药泥"于患肢肿胀部位,必要时用绷带固定即可。每日 1 次,连用 5～7 天即愈;若肿胀部位已破溃者,涂"药泥"时应将中间破溃口留着,以引流破溃口流出的分泌物。

方五　菜油 500 克,花椒 50 克,乳香 1 克,没药 1 克,冰片 1克。将花椒放入菜油中文火煎 1 小时,去掉花椒,将上药研细后加入花椒油中调匀待用。先用 3% 高锰酸钾液洗净溃烂部,用棉球蘸花椒油涂搽。

方六　防风 30 克,甘草 60 克,绿豆(研粉)500 克,白糖 120克。灌服,连用 2～3 剂。

方七　白芷、雄黄、大黄、没药、乳香各 70 克,冰片 18 克。研末,用适量桐油调匀煮沸,将牛患部用温盐开水洗净,连敷 2 次即愈。

方八　生石灰 500 克,加水 5 000 毫升搅匀、澄清。取上清液按药量日分 2 次灌服.连服 3～4 天。

3. 针灸治疗

三棱针刺蹄头穴、蹄叉穴、后三里穴、寸子穴、曲池穴、三空穴。隔日用针 1 次,连用 3 次即可。

五、蕨中毒

牛蕨中毒是由于牛采食或饲喂大量蕨类植物所致的中毒性疾病。在临床上多以高热及全身性出血(血尿、血便、黏膜出血、各内脏出血)为特征,常在发病后1周内死亡。

【病　因】　放牧饲养或靠收割山野杂草饲养的牛,经过冬季的枯草期后,每年早春,其他牧草尚未返青之时,蕨类植物首先大量萌发并茂盛生长,短时期内成为放牧草场上仅有的鲜嫩食物,牛在放牧中喜欢采食蕨的嫩叶导致蕨中毒。每年的3～4月份和8～10月份为本病集中发病期,且症状较重,不同年龄、品种的牛均可发病,犊牛尤为敏感。

【临床症状】　中毒牛出现临床症状前,多有较长的潜伏期(一般2～8周)。病初精神沉郁,食欲下降,粪便稀软,呈渐进性消瘦,步态蹒跚,放牧中常掉队或离群孤立,可视黏膜苍白而带黄染,舌面、舌根有散在出血斑点;呼吸困难(每分钟60次以上),脉搏细弱增数(每分钟80次以上);重症病情急剧恶化时,体温可突然升高达40.5℃～43℃,前胃蠕动微弱或消失,粪便干燥,呈暗褐红色或黑色,腹痛明显。病牛呈不自然伏卧,回头顾腹或用后肢踢腹,阵发性努责,排出稀软红色粪便。严重者仅排出少量红黄色黏液或凝血块,努责加剧,甚者直肠外翻。妊娠母牛可在腹痛和努责下导致异常胎动,甚至流产。若体表擦伤及刺伤后,伤处流血长时间不止。慢性病例的典型症状是血尿。犊牛口、鼻分泌物增多,喉部水肿,甚至呼吸困难,体温升高。

【诊　断】　根据牛有采食蕨类植物的接触史和流行病学、临床症状与剖检变化,即可做出诊断。

【预　防】　加强饲养管理,避免在蕨类植物繁密区放牧,并缩短放牧时间和有专人看管;人工收集草料时,应剔除混入饲草中的蕨叶、幼苗等,减少牛、羊接触蕨及采食蕨的机会是预防蕨中毒的关键措施。

【中西医简便疗法】

本病目前尚无特效解毒药物,当发现牛、羊有中毒迹象时,应立即停止采食蕨类植物,并及时采用中、西药物进行治疗。

1. 西医治疗

方一　内服阿朴吗啡或硫酸铜,以催吐排除胃内有毒物质。抽取健康牛全血 500～1 000 毫升一次性静脉输入病牛体内,每周 1 次。

方二　5%糖盐水 1500 毫升、25%葡萄糖注射液1 000毫升、10%安钠咖注射液 20 毫升,静脉注射,每日 2 次。

方三　鲨肝醇 1 克,溶于 10 毫升橄榄油中,皮下注射,每日 1 次,连用 5 天。

除采用上述方法治疗外,酌情应用止血药、利尿药以及胃肠调理药物等,进行对症治疗。体温升高时可用抗生素和磺胺类药物。犊牛发生喉部水肿时,可用硫酸阿托品。

2. 中药治疗

方一　黄连解毒汤加减。黄连、黄柏、黄芩、栀子、大黄、金银花、连翘、白及、仙鹤草、秦艽、泽泻、薏苡仁、天花粉、贝母、党参、当归、白芍、芦根、山楂、刺梨根、甘草等量。煎水候温灌服,每日 1 剂,连用 3～5 剂。

方二　秦艽、炒蒲黄、瞿麦、车前子、天花粉、黄芩、半枝莲、金银花各 30 克,白花蛇舌草、红花、当归、白芍、栀子、淡竹叶各 20 克,甘草 40 克。先煮沸 10～15 分钟后再加大黄 100 克。水煎候温灌服,每日分上、下午 2 次灌服,连用 2～3 天。

3. 针灸治疗

针尾尖、胸膛放血。

六、马铃薯中毒

牛马铃薯中毒是牛采食了富含龙葵素的马铃薯及其茎叶而引起的疾病。临床上以神经功能紊乱、胃肠炎及皮疹为特征。

【病　因】　马铃薯，别名土豆，其营养价值较高。马铃薯正常情况下也含有极微量的龙葵素，但不能引起中毒。若马铃薯贮存时间过长，阳光下暴晒过久，保存不当而出牙、霉变、腐烂可使马铃薯内龙葵素增加，当牛采食后，就会引起中毒。此外，腐烂的马铃薯还含有一种腐败毒，未成熟的马铃薯含有硝酸盐，都对牛有毒害作用。

【临床症状】　马铃薯中毒病牛主要呈现神经系统和消化系统症状。

轻度中毒，以消化道的变化为主，即胃肠型。其表现为精神沉郁，食欲减少，反刍停止，嗜睡；多数体温在 38℃～39℃ 之间，心跳、呼吸增快，呕吐，流涎，瘤胃鼓胀，腹痛腹泻，粪便中混有血液。有的在口唇、肛门、尾根、乳房部位发生湿疹或水疱性皮炎。

重度中毒，以神经系统症状为主，即神经型。发病开始兴奋不安，继而转为沉郁、痴呆。反应迟钝，后肢无力，走路摇晃，步态不稳。同时，出现剧烈频繁腹泻，稀便带血，呼吸无力，气喘，心力衰竭，如治疗不及时 1～2 天死亡。

也有的病牛出现皮疹型症状：伴有溃疡性结膜炎、口膜炎，腿上起水疱和鳞屑样湿疹。

【诊　断】　根据病牛采食马铃薯的病史、结合临床症状可做出诊断。

【预　防】　加强对马铃薯嫩芽叶的管理，防止耕牛过分饥饿；放牧时应有专人看管，防止偷食马铃薯嫩芽叶；饲喂马铃薯时可行煮熟或加醋煮透后再喂牛；妊娠母牛不能喂马铃薯茎叶和根块，以防流产。

【中西医简便疗法】

目前无特效解毒药,发生中毒时应立即停喂马铃薯,改换其他饲料,同时采用中西医结合治疗。

1. 西医治疗

立即改换饲料,迅速进行洗胃。先用 0.5％高锰酸钾溶液或 0.5％鞣酸溶液 2 500～3 500 毫升洗胃,再将液状石蜡 500 毫升、滑石粉 300 克、硫酸钠 500 克,加水混匀后灌服。伴发肠炎时,内服 1％鞣酸蛋白溶液 2 000 毫升,严重出血时,可用止血敏 2.5 克,肌内注射。

25％葡萄糖注射液 500 毫升,10％葡萄糖注射液 1 000 毫升,0.9％氯化钠注射液 1 000 毫升、地塞米松注射液 20 毫克,维生素 C 注射液 20 毫升,10 ％安钠咖注射液 20 毫升,硫酸镁注射液 60 毫升,混合,一次静脉注射,每日 2 次。

2. 中药治疗

方一 金银花土茯解毒饮。金银花、土茯苓各 100 克,大黄 50 克,山豆根、山慈姑、枳壳、连翘、菊花、龙胆草各 50 克,黄连、黄芩、黄柏、蒲公英各 30 克,甘草 20 克。共研细末,沸水冲调,待凉加蜂蜜 150 克,一次灌服。

方二 黄柏、黄连、黄芩、生地黄、知母、连翘、蒲公英、龙胆草、板蓝根、厚朴各 40 克,大黄 80 克,甘草 20 克。水煎取汁,一次灌服,早、晚各 1 次。

方三 滑石粉 200 克,地榆 50 克,黄连 30 克,黄芩 30 克,黄柏 30 克,甘草 100 克,党参 30 克,丹参 40 克,白术 30 克,大黄 30 克,茯苓 30 克,猪苓 30 克,茯神 30 克,远志 30 克。水煎 3 次,混合煎液,分 4 次灌服,每 6 小时 1 次,连用 3 天。

方四 藜芦根 6 克,煎汤候温灌服。

方五 绿豆 300 克,甘草 60 克,水煎灌服。

方六 食醋 800～1 500 毫升,一次灌服。

3. 针灸治疗

针刺尾尖、胸膛、耳尖、苏气穴。

七、甘薯黑斑病中毒

甘薯黑斑病又称甘薯黑疤病，是由于牛食入了腐烂或有黑斑病的甘薯而引起中毒的一种疾病。临床上以呼吸困难、急性肺水肿、间质性肺气肿、后期引起皮下气肿为特征，故又称为牛喘气病。

【病　因】　甘薯黑斑病其病原是一种霉菌（甘薯黑斑病菌），其侵入甘薯的虫害部分或表皮裂口，则甘薯表皮干枯、凹陷、坚实，出现圆形或不规则的暗黑色斑点，甘臭、味苦。有毒物质为翁家酮、甘薯酮和翁家醇。若牛食入一定量的病薯或病薯酿酒后的酒糟，即可发生中毒。

【临床症状】　突然发病，初期精神沉郁，食欲减少，反刍停止，体温多正常。随着病情加重，食欲废绝，反刍停止；呼吸困难、急促；张口流涎，腹胀、肌肉震颤，尿频；呼吸次数增多达 80～100 次/分以上，呼吸音粗而强烈，如拉风箱音响。肺区叩诊呈鼓音，听诊有湿性罗音；呼气时鼻翼向后上方抽缩，吸气时鼻孔扩大。病初由于支气管和肺泡充血及渗出液的蓄积，可听到啰音。发生皮下气肿，触诊胸前、肩前、背两侧皮下有捻发音。严重时病牛呼吸高度困难，多张口伸舌，头颈伸展，气喘加剧，长期站立，不愿卧地。粪干硬而常带血。妊娠母牛往往发生早产或流产。病牛伴发前胃弛缓，间或瘤胃臌气和出血性胃肠炎。心脏功能衰弱，脉搏增数（可达 100 次/分以上）。可视黏膜发绀，颈静脉怒张，四肢末梢冷凉。最后痉挛而死。

【诊　断】　根据采食霉烂甘薯史、临床症状可初步诊断。应注意与牛巴氏杆菌病、牛肺疫等传染病的鉴别。

【预　防】　预防的根本措施在于防止甘薯感染黑斑病真菌，可用温汤（50℃～90℃温水浸渍 10 分钟）浸种及温床育苗。在收获甘薯时,尽量勿擦伤表皮。贮藏甘薯时地窖宜干燥密闭,温度控制在11℃以下。对于病甘薯及病薯苗不作种用,并集中处理,严防被牛误食。此外,禁止用霉烂甘薯喂牛。

【中西医简便疗法】

1. 西医治疗

目前尚无特效解毒药,多采取对症治疗措施。发病后立即停喂病薯,灌服 0.1%～0.5%高锰酸钾溶液 500～1 000 毫升,每 4 小时 1 次,或 0.5%～1%过氧化氢液 100～300 毫升,内服。硫代硫酸钠 60 克,碳酸氢钠 20 克,加水 3 000 毫升,溶解后一次内服,每 4 小时 1 次。

当病牛体壮、心脏功能尚好时,可静脉放血 500～1 000 毫升,然后输注复方氯化钠注射液 3 000～4 000 毫升,配合 20%～25%葡萄糖注射液 1 000～2 000 毫升,缓慢静脉注射。

5%硫代硫酸钠注射液 200 毫升,10%维生素 C 注射液 100 毫升,1 次/日,静脉注射。为减少液体的渗出,可用 10%氯化钙注射液 100～200 毫升,或 10%葡萄糖酸钙注射液 500 毫升,静脉注射。

2. 中药治疗

方一　茶叶 200 克,绿豆 1 000 克,分别熬水,去渣,混合,加红糖 250 克,让其自饮或灌服。

方二　蚯蚓 12～20 条,黑糖 500 克,待蚯蚓融化后,加水适量,一次灌服。

方三　豆浆 1 000 毫升、甘草、金银花各 50 克(后二者煎汤),一并内服。

方四　鲜鸡蛋清 10 个,生蜂蜜 500 克,混合灌服。

方五　白糖 250 克,蜂蜜 250～500 克,鸡蛋清 10 个,浆水或酸菜水 2 000～3 000 毫升,混合,一次灌服,每日 1 次,连用 2～4 次。

方六　白萝卜4 000克,先将白萝卜打成糊,加入糖,再加适量水使呈稀糊状,一次灌服。

方七　鲜石菖蒲1.5～2千克(干品500～600克),鲜桑白皮1～1.5千克(干品400～450克),煎水或捣烂滤出药液,缓慢灌服,每日1剂,连用4～6天。

方八　芒硝500～600克,溶于4～5升水中,缓慢灌服。

3. 针灸治疗

方一　针刺人中、丹田、苏气、百会、散珠(距尾尖约1.5寸处)、血印。

方二　艾灸肺俞穴。

方三　放舌针、洗口,至紫色血液变淡为止。

八、棉籽饼中毒

棉籽饼(粕)中毒是牛采食棉籽饼(粕)引起的以出血性胃肠炎、全身水肿、血红蛋白尿和实质器官变性为特征的中毒性疾病。

【病　因】　棉籽饼含粗蛋白质25%～40%,是牛的良好精料,但棉籽饼及棉叶中含有毒棉酚称游离棉酚,是一种细胞毒和神经毒,对动物有一定毒性,对胃肠黏膜有强烈的刺激性,并能溶解红细胞。酚毒和酚毒苷为血液毒和细胞浆毒,对神经、血管及实质脏器均有明显的毒害作用,并可侵害胎儿。所以,大量或长期饲喂可以引起中毒。当棉籽饼发霉、腐烂时,毒性更大。但游离棉酚通过加热或发酵,可与棉籽蛋白的氨基结合成为比较稳定的结合棉酚,毒性大大降低,游离棉酚可与硫酸亚铁离子结合,形成不溶性铁盐而失去毒性。

【临床症状】　病牛精神沉郁,衰弱,食欲废绝,反刍极少或不反刍,步态蹒跚,后肢无力,卧地不起,有的出现血尿。呻吟、磨牙、全身发抖,心音增强,心跳加快;眼睑水肿,双眼羞明流泪。瘤胃臌气,初期粪便干燥,以后腹泻,粪中常带血;肺部听诊有啰音或捻发音,呼吸困难,心律失常,心跳较快(每分钟 90～110 次)。病至后期出现神经症状,惊叫乱跑,气喘流涎,下颌间隙、胸腹下和四肢出现水肿。

【诊　断】　根据流行病学调查、临床症状进行诊断。

【预　防】　限量、限期饲喂棉籽饼,防止一次过食或长期饲喂。配合精料时,一般用量为 5%～8%。饲料必须多样化。用棉籽饼作饲料时,要加温到 80℃～85℃并保持 3～4 小时以上,弃去上面的漂浮物,冷却后再饲喂。也可将棉籽饼用 1% 氢氧化钙液或 2% 熟石灰水或 0.1% 硫酸亚铁液浸泡 24 小时,然后用清水清洗后再喂。

【中西医简便疗法】

1. 西医治疗

停止饲喂棉籽饼。用 0.05% 高锰酸钾或 2%～3% 碳酸氢钠也可使用 3% 过氧化氢(加 10～15 倍凉水)溶液,反复洗胃,洗后内服硫酸镁或硫酸钠导泻,同时可用 2%～3% 碳酸氢钠灌肠,尽快排除尚未吸收的毒物。

50% 葡萄糖注射液 300～500 毫升,20% 安钠咖注射液 10～20 毫升,10% 氯化钙注射液 100～200 毫升,静脉注射,每日 1～2 次,以保肝、解毒、强心和制止渗出。

2. 中药治疗

方一　茵陈 60 克,甘草、滑石各 120 克,绿豆 500 克,水煎,候温,一日多次灌服。

方二　甘草绿豆汤(绿豆 10 份、甘草 1 份、金银花 1 份、土茯苓 1 份、红糖 1 份)4 000～5 000 毫升,灌服。

方三　茵陈 60 克,甘草、滑石各 120 克,绿豆 500 克。煎水,1日多次灌服。

方四　生石膏 200～400 克,水煎,灌服。

方五　滑石粉 300 克,甘草流浸膏 250 毫升,加水 3 000 毫升,一次胃管灌服。

方六　大蒜 30 克,生甘草 15 克,酒曲 15 克。捣烂加清油
100 毫升,灌服。

3. 针灸治疗

针刺鹘脉穴,放血量 1 000~1 500 毫升。

九、尿素中毒

尿素中毒是牛采食过量尿素或饲喂不当尿素引起的一种中毒
性疾病,临床上以肌肉强直,呼吸困难,循环障碍,新鲜胃内容物有
氨气味为特征。

【病　因】　因尿素保管不当,被牛大量误食(作为食盐)或偷
吃;饲喂被尿素污染或人为添加尿素的饲料可发生中毒;或者尿素
作为反刍动物蛋白质饲料的补充时,用量没有逐次加大,而是突然
饲喂大量尿素;在饲喂尿素过程中,不按规定控制用量(用量一般
控制在饲料总干物质的 1% 以下或精料的 3% 以下),或添加的尿
素与饲料混合不匀,或用法不当,将尿素溶解成水溶液喂给时,均
可发生中毒。

【临床症状】　症状出现的迟早与食入的尿素量有关。牛食尿
素后 30~60 分钟出现症状。表现沉郁,呆滞,不断呻吟,大量流
涎,有时口鼻流泡沫液体。随后出现兴奋不安和感觉过敏,肌肉抽
搐、震颤,步态不稳,反刍停止,嗳气,反复发作强直性痉挛,呼吸困
难,流涎,出汗,心动亢进,心率达每分钟 100 次以上,后期倒地,瞳
孔散大,肛门松弛,四肢划动,窒息死亡。尿液 pH 值升高,血液氨
浓度达 3~6 毫克分子,红细胞压积增加 10%~15%。

【诊　断】　根据病牛采食尿素的病史,结合临床症状可做出
诊断。

【预　防】　尿素喂牛时用量应严格控制在精饲料量的 1.5%~
2%。初次使用须经过逐渐增量的过程,待提高牛的耐受性后,方能

提高到规定用量,并且充分混匀,如与饲料搅拌不均匀,或将尿素溶解成水溶液饲喂,则易引起中毒。做好尿素和铵盐类化肥的保管,安全使用,防止被牛偷食或误食。

【中西医简便疗法】

1. 西医治疗

在采取药物治疗前应立即停喂尿素,用大量温水反复洗胃和导胃,并立即灌服食醋或1%醋酸3 000毫升,糖250～500克,常水1 000毫升;5%～10%硫代硫酸钠注射液200～300毫升,或10%葡萄糖酸钙注射液200～500毫升,静脉注射。另外可用樟脑磺酸钠注射液10～20毫升,皮下或肌内注射进行强心。对瘤胃臌气的病牛,可进行瘤胃穿刺放气,用鱼石脂10～30克、乙醇50～100毫升溶解,加水500～1 000毫升,灌服。有窒息危险时,可穿刺瘤胃放气。肌肉抽搐的患牛可肌内注射苯巴比妥。呼吸困难可使用盐酸麻黄碱,成年牛50～300毫克,肌内注射。继发上呼吸道、肺感染的病牛,可用抗生素治疗。

2. 中药治疗

方一　立即停喂撒过尿素的青贮饲料,保持病牛安静,首先给病牛食醋1千克和蜂蜜0.5千克,加大量冷水,成年牛一次灌服。

方二　仙人掌250～300克,去皮刺捣烂,加温水适量,混匀灌服。

方三　甘草60克,当归40克,陈皮30克,枳壳30克,厚朴30克,黄连30克,山楂50克,麦芽50克。共为细末,一次灌服。

方四　葛根粉250克,加水,灌服。

方五　绿豆250克,滑石粉150,炙甘草80克。水煎,成年牛一次灌服,每日1剂,连服2剂。

方六　甘草1 000克,绿豆1 000克,水煎2次,候温灌服。

3. 针灸治疗

针尾尖、耳尖、胸膛放血。

十、菜籽饼(粕)中毒

菜籽饼(粕)中毒是牛长期或大量摄入油菜籽榨油后的副产品,由于含有硫葡萄糖苷的分解产物,引起肺、肝、肾及甲状腺等器官损伤,临床上以急性胃肠炎、肺气肿、肺水肿和肾炎为特征的中毒病。

【病　因】　菜籽饼为菜籽榨油后的副产品,菜籽饼中粗蛋白质的含量为 41%～43%,其蛋白质含量等于高粱和玉米的 4～5 倍,且富含赖氨酸、蛋氨酸,硒含量是常用植物饲料中的最高者,磷利用率也较高,可作为蛋白质饲料的重要来源。但菜籽饼(粕)在瘤胃中的降解速度低于豆粕,过瘤胃蛋白质较多,且含有硫葡萄糖苷,硫葡萄糖苷本身无毒,牛长期食入菜籽饼之后,在胃内经芥子酶水解,产生多种有毒物质,对牛有一定的毒性,过量或不当饲喂也可引起中毒。

【临床症状】　病牛多表现为精神沉郁,食欲减退,瘤胃蠕动减弱和腹痛、腹泻或便秘;呼吸加快,具有急性肺气肿和肺水肿的症状。有的还有痉挛性咳嗽,鼻孔里流出泡沫状的液体;排尿次数多,且尿中带血,尿液落地时可溅起多量泡沫为特征;有的出现神经症状,狂躁不安、流涎和长期的视觉障碍。病重者全身衰弱,心力衰竭,虚脱死亡。

【诊　断】　根据发病史,调查采食情况及临床症状、病理变化不难诊断。

【预　防】　在饲用菜籽饼的地区,应在测定当地所产菜籽饼毒性的基础上,严格掌握用量,饲喂量要适当。在饲粮中菜籽饼(粕)用量不宜过多,牛日粮中菜籽饼(粕)用量在 15% 以下。青年母牛日粮中也可少量使用菜籽饼(粕),对犊牛或妊娠母牛,应严加限用或不用。

【中西医简便疗法】

1. 西医治疗

本病尚无特效疗法。牛发病后,立即停喂含菜籽饼的饲料。用2%鞣酸溶液1000~2000毫升洗胃。然后将150~300克淀粉煮成糊状溶液(或蛋清加水),内服以保护胃肠黏膜。为了强心利尿,改善血液循环,稀释毒素,提高肝脏解毒功能,可用10%葡萄糖注射液1500毫升,40%乌洛托品注射液50毫升,10%安钠咖注射液20毫升,维生素C注射液20毫升一次静脉注射。若体温偏低,末梢厥冷,脉搏微弱时,可及时输入右旋糖酐500毫升,维护血浆胶体渗透压,改善末梢循环。同时用重酒石酸肾上腺素6毫克,以升高血压,结合皮下注射阿托品15毫克,以兴奋呼吸中枢和其他生命中枢。

2. 中药治疗

方一　甘草500克,栀子100克,水煎后加醋0.5千克灌服。

方二　甘草80克,绿豆100克,栀子10克。共水煎,加蜂蜜100克内服即治愈。

方三　滑石600克,苏打200克,甘草末250克。加水一次灌服,日服1次,连用3天。

3. 针灸治疗

针刺百会、顺气、巴山、胸膛、尾尖穴。

十一、有机磷农药中毒

有机磷农药是农业上常用的杀虫剂之一,也是引起家畜中毒的主要农药。如使用不当或饲槽、饲料和饮水被污染,均可使牛发生中毒。临床上以毒蕈样症状、烟碱样症状和中枢神经症状为特征。

【病　因】　有机磷农药主要通过消化道、呼吸道、皮肤黏膜进入牛体引起中毒。饲喂或偷吃喷洒有机磷农药后的青草或作物、误饮喷洒农药后的田水、沟水、塘水而中毒。敌百虫、敌敌畏治疗牛虱和疥癣时,用量过大,方法不当,通过皮肤黏膜吸收中毒。偷吃伴有农药的种子而发生中毒。

【临床症状】 有机磷农药进入体内后 0.5～6 小时发病,呈急性经过。

1. 轻度 病牛兴奋不安,对周围事物敏感,流涎,全身出汗,瞳孔缩小,磨牙,呕吐,口吐白沫,肠音亢进,腹痛腹泻,肌纤维震颤。

2. 重度 病牛全身战栗,狂躁不安,向前猛冲,无目的奔跑,呼吸困难,支气管分泌物增多,胸部听诊有湿性啰音,瞳孔极度缩小,视力模糊,抽搐痉挛,粪尿失禁,常在肺水肿及心脏麻痹的情况下死亡。

【诊 断】 根据病史、临床症状和诊断性治疗可做出初步诊断,确诊需要实验室检验。

【预 防】 健全农药的保管使用制度;用农药处理过的种子和配好的溶液,不得随便乱放;配制及喷洒农药的器具要妥善保管;喷洒农药最好是在早晚无风时进行;喷洒农药的地方,应插上"有毒!"的标记,1 个月内禁止放牧或割草;不滥用农药来杀灭家畜体表寄生虫;敌百虫驱虫用量要适当。

【中西医简便疗法】

1. 西医治疗

立即停止接触含毒或可疑含毒的饲草、饲料和饮水。如果是外用有机磷农药而吸收中毒的,可用水彻底清洗用药部位,以防止继续吸收。如果毒物由消化道侵入,采食毒物较多者要立即洗胃,用 3％～5％碳酸氢钠液 4 000～6 000 毫升,利用虹吸作用吸出洗液,重复数次,30 分钟后灌服 50％硫酸镁 2 000 毫升导泻(深度昏迷者改用硫酸钠),然后用 5％糖盐水 2 000～3 000 毫升,以 50 毫升/分速度静脉滴注。

解磷定、氯磷定，每千克体重 15～30 毫克，用生理盐水配成 2.5%～5%注射液，缓慢静脉注射。以后每隔 2～3 小时注射 1 次，剂量减半。根据症状缓解情况，可在 48 小时内重复注射；或用双解磷、双复磷，用量为 7～15 毫克/千克体重，用法同解磷定。还可用硫酸阿托品，首次 60～80 毫克，5%葡萄糖 500 毫升，一次静脉注射，以后每 30 分钟静脉注射 40 毫克，至肺水肿消失、无呼吸中枢抑制、症状改善，改为 40 毫克/小时，症状消失后改为 10 毫克/小时，6～8 小时后无反复，即可停药观察。

对于狂躁不安，用异戊巴比妥钠 2 克，肌内注射；有脑、肺水肿时可强心、利尿剂，脑水肿还可以用 20%甘露醇或 25%山梨醇等脱水剂。

2. 中药治疗

方一　反复洗胃后将番泻叶 1.5 千克，水煎去渣，候温灌服。

方二　雄黄、白矾各 60 克，青黛 25 克，加水灌服。

方三　绿豆 1000 克，甘草末 60 克，先将绿豆加水磨成豆浆，混入甘草末灌服，每日 1 剂，连用 2～3 天。

方四　黄连 30 克，金银花 30 克，连翘 30 克，白茅根 80 克，牛膝 30 克，滑石 80 克，大黄 60 克，绿豆 150 克，甘草 50 克。共为末，沸水冲，候温灌服，每日 1 剂，连用 2～3 天。

方五　洗胃解毒汤。大黄 80 克，甘草 100 克，金银花 40 克，泽泻 30 克，车前子 40 克。水煎去渣，候温洗胃。洗胃结束后将中药绿豆 120 克，大黄、甘草各 60 克，连翘、金银花各 30 克，滑石、白茅根各 80 克，牛膝 20 克。共为末，沸水冲，候温灌服，每日 1 剂。

方六：茶叶 120 克，绿豆 250 克，水煎灌服。

3. 针灸治疗

针刺静脉、尾尖、胸膛、耳尖放血 500～800 毫升。

第七章　犊牛疾病

一、新生犊牛窒息

新生犊牛窒息，又称新生犊牛假死，即刚产出的犊牛呼吸障碍或无呼吸动作，仅有心跳。是牛产科临床中常见的危症之一。

【病　因】　母牛分娩时，由于产道狭窄、胎儿过大或胎位不正，同时助产延迟，强迫胎儿产出，可使新生犊牛窒息。此种情况常发生于青年母牛第一胎产犊或胎儿过大时。

胎儿倒生时，由于产出缓慢或被脐带缠绕或受压迫，以及子宫痉挛性收缩，造成胎儿循环障碍，或者母牛由于产犊时间延长而过度疲劳，发生贫血及大出血，患有某些热性病或严重的全身性疾病，胎盘过早脱离母体，使胎儿严重缺氧，二氧化碳在胎儿体内急剧积聚，刺激胎儿过早发生呼吸反射，吸收羊水等而发生窒息。胎儿产出时鼻端或头颈窝在墙角、或尿沟内不能呼吸，或产出后因气温过低受冻等均可引起窒息。

【临床症状】

1. 轻症型　新生犊牛肌肉松弛，可视黏膜发绀，呼吸不均匀，有时张口呼吸，呈喘气状。口腔和鼻孔内充满黏液，舌脱于口角外。心跳加快，脉搏细弱，肺部有湿性啰音，喉及气管部更明显。

2. 重症型　卧地不动，反射消失，呼吸停止，心脏有微弱而缓慢的跳动，呈假死状态。一般犊牛发生窒息时不能呼吸，但心脏仍在跳动，脉搏减弱，体温比正常犊牛低。

【诊　断】　根据病史、临床症状可做出诊断。

【预　防】　应建立产房值班制度，保证母牛分娩时能及时正确地进行接产和对犊牛的护理。注意观察母牛分娩过程、及时检查胎儿情况,如发现异常应及时助产。

【中西医简便疗法】

1. 西医治疗

首先将犊牛后躯抬高,用纱布或毛巾擦净嘴和鼻中的黏液和羊水,然后将连着橡皮球的胶管插入鼻孔和气管中,吸尽黏液,提起两后肢,拍打犊牛胸部。也可用草秸刺激鼻腔黏膜,诱发呼吸反射,或用浸有氨水的棉花球放在犊牛鼻孔上刺激气管,使它出现呼吸反射。如果配合使用刺激呼吸中枢的药物,如皮下或肌内注射1‰山梗菜碱注射液 0.5～1 毫升,或 25％尼可刹米注射液 1.5 毫升。为了纠正酸中毒,可静脉注射 5％碳酸氢钠注射液 50～100毫升。为防止继发肺炎,可肌注抗生素。

2. 针灸治疗

针刺犊牛人中穴,捻转针柄以刺激呼吸。

二、新生犊牛孱弱症

新生犊牛孱弱症是指犊牛产出后衰弱无力,生活力低下的一种病态。如果本病得不到及时有效的治疗,很快会导致新生犊牛的死亡。

【病　因】　妊娠期间,母牛蛋白质饲料、维生素或矿物质供应不足或缺乏;母牛产前患有某些产科疾病或传染病都致使胎儿发育不良;先天不足母牛早产、双胎等产出的犊牛也常表现孱弱;犊牛出生后由于环境温度过低,未能及时护理而受冻,使犊牛活力受到严重影响而发病。

【临床症状】　犊牛出生后长时间卧地不起,体弱无力,肌肉松弛,动作不协调,站立困难或卧地不起,心跳快而弱或亢进,呼吸浅表而不规则;有的闭目,对外界刺激反应迟钝,耳鼻唇末梢发凉,吸乳反射微弱。

【诊　断】　根据病史、临床症状可做出诊断。

【预　防】　加强妊娠母牛的饲养,应提供足够的蛋白质,矿物质和维生素饲料;保证母牛适当运动,提供良好的干草,控制精料量,防止过肥,脂肪肝。还要保证母牛分娩时能及时正确地进行接产和犊牛护理。接产时应特别注意对分娩过程延滞、胎儿倒生及胎囊破裂过晚等的母牛及时进行助产。

【中西医简便疗法】

1. 西医治疗

首先要立即进入保育室,室内环境温度必须在 38.5℃～40℃ 之间,必要时用覆盖物盖好。然后用氧气袋,鼻腔吸入,氧流量 0.5 升/分左右,直至症状缓解。当患犊心跳快而弱或亢进,呼吸浅表或深而慢时可用西地兰(去乙酰毛花苷)0.2 毫克肌内注射,25% 尼可刹米注射液 1.5 毫升皮下注射。24 小时后根据病情,可用 10% 安钠咖注射液 3 毫升皮下注射,间隔 24 小时可连续应用 3～4 次。也可用 25% 葡萄糖注射液 200 毫升、10% 氯化钠注射液 25 毫升、肌苷 0.2 克、ATP(三磷酸腺苷)20 毫克、辅酶 A 100 单位、混合后缓慢静滴,或 5% 复方氨基酸(18AA)100 毫升缓慢静滴。

2. 针灸治疗

针刺山根穴、命牙穴(承浆)、地仓穴等穴位。

三、佝 偻 病

佝偻病是多种幼龄动物罹患的一种以骨营养不良为基本病理特征的代谢性疾病,犊牛较多见。新生牛犊处于快速生长发育期,此时若维生素 D、钙、磷缺乏或者比例失调,则引起成骨细胞钙化不足,软骨骨化障碍,持久性软骨肥大,管骨的骨骺和肋骨与肋软骨接合部膨大,骨干缩短变粗,骨质疏松而致运动障碍,且易发生骨折。

【病　因】　饲料中维生素 D 含量不足,缺少钙、磷,棚圈日光照射不够,或是因为哺乳犊牛体内维生素 D 缺乏,犊牛消化不良以及寄生虫病所致。妊娠及哺乳母牛饲料中钙不足或钙、磷比例不当,也会引起佝偻病发生。断奶过早或罹患胃肠疾病时,影响钙、磷和维生素 D 的吸收、利用。肝、肾疾病时,维生素 D 的转化和重吸收发生障碍,导致体内维生素 D 不足。

日粮组成中蛋白(或脂肪)性饲料过多,在体内代谢过程中形成大量酸类,与钙形成不溶性钙盐排出体外,导致机体缺钙。

饲养管理不良,牛只缺少运动和日照,圈舍潮湿阴冷,是该病发生的诱因。

甲状旁腺功能代偿性亢进,甲状旁腺激素大量分泌,磷经肾排出增加,引起低磷血症而继发佝偻病。

【临床症状】　患病犊牛精神沉郁或萎靡不振,食欲减退并有异嗜,不爱走动,步态强拘和跛行。随病情的进一步发展,四肢诸多关节近端肿大,肋骨与肋软骨连接处呈念珠状肿,胸廓变形、隆起,四肢长骨弯曲,前肢腕关节常外展呈"O"形姿势,两后肢跗关节内收呈"X"形姿势,脊背弓起。鼻腔狭窄,颜面隆起、增宽,牙齿咬合不全,口裂不能完全闭合,伴发采食、咀嚼不灵活。肌肉和腱的张力减退,腹部下垂。生长发育迟滞,形体羸瘦,被毛粗乱无光泽,换毛推迟。有的病犊牛出现神经过敏、痉挛和抽搐等神经症状。

【诊　断】　本病的早期诊断比较困难,一般可根据病史、临床症状并结合血液学检查结果作为早期诊断的指标,骨骼 X 线检查对佝偻病的诊断,特别是早期诊断具有重要意义。

【预　防】　应改善饲养管理,饲喂全价饲料,保证充足的维生素 D 和钙、磷比例应控制在 1.2∶1~2∶1 范围内。供给富含维生素 D 的饲料,如开花阶段以后的优质干草、豆科牧草和其他青绿饲料,在这些饲料中,一般也含有充足的钙和磷,并按需要量添加食盐、骨粉和各种微量元素。增加户外活动,保证一定的日光照射。保持牛舍干燥清洁、通风良好、光线充足,适当延长哺乳期,应对胃肠炎进行及时有效地治疗。有条件的牛场冬季实行紫外线灯照射 10～20 分钟/日,对预防佝偻病发生具有重要意义。必要时可补充富含维生素 D 和钙、磷的矿物质饲料。

【中西医简便疗法】

1. 西医治疗

10%葡萄糖酸钙注射液 200 毫升,10%葡萄糖注射液 250 毫升,头孢唑林钠 0.5 克×3 支,ATP 20 毫克×3 支,一次静脉注射,每日 1 次,连用 3 天;用维丁胶性钙注射液(维生素 D 1 500 单位,胶性钙 0.5 毫克/毫升),按 0.04 毫升/千克体重,肌内注射,隔日 1 次。同时适量口服鱼肝油。

2. 中药治疗

方一 葫芦巴散。芦巴子 20 克,炙狗脊 20 克,紫河车 50 克,山药 25 克,熟地黄 30 克,炙黄芪 50 克,莲子肉 30 克,党参 20 克,白术 20 克,茯苓 20 克,炙甘草 10 克,炒杜仲 20 克,山茱萸 10 克。共为细末,沸水冲调,候温入黄酒 100 毫升,一次灌服,每日 1 剂,连服 3～5 剂。

方二 益智通关散。益智仁 20 克,肉桂 15 克,干姜 10 克,巴戟天 20 克,炒白术 20 克,广木香 15 克,牡蛎 50 克,当归 20 克,川芎 20 克,红花 15 克,补骨脂 20 克,炙甘草 10 克。共为细末,沸水冲调,候温入黄酒 100 毫升,一次灌服,每日 1 剂,连服 3～5 剂。

方三 牡骨散。制何首乌 30 克,当归 30 克,补骨脂 20 克,牡蛎 50 克,龙骨 50 克,石决明 50 克,炒杜仲 20 克,川续断 20 克,枸杞子 20 克,阿胶 30 克,山药 20 克。共为细末,沸水冲调,候温入黄酒 100 毫升,一次灌服,每日 1 剂,连服 3～5 剂。

方四 茯苓 50 克,牡蛎 60 克,龙骨 60 克,黄芪 60 克,党参 45 克,山药 45 克,神曲 45 克,白术 30 克、合欢皮 30 克、鸡内金 30 克、葛根 25 克、砂仁 25 克、炮姜炭 15 克、甘草 10 克。共为末,沸水冲调,候温灌服。连服3～5剂。

方五 鸡蛋壳500克、当归100克、白芍100克、炒食盐100克、焦三仙各100克。共为细末,每次100克,沸水冲调,候温后加入食醋80毫升,一次灌服,每日1次,服完为止。

3. 针灸治疗

选用百会、肾腧、脾俞、关元腧、后三里穴,用毫针针刺或艾灸温灸,隔日1次,连续5次为1个疗程。

四、犊牛肺炎

犊牛肺炎是由多种病因引起的犊牛细支气管、肺泡与肺间质的炎性病变过程,具有较高的发病率和致死率。2月龄以内,特别是2周龄以内的犊牛多发。临床表现体温升高、呼吸困难、结膜或黏膜发绀以及咳嗽等呼吸道症状,是严重危害犊牛健康的疾病之一。

【病　因】 引起犊牛肺炎的病因比较复杂多样,有的是某一单纯病原感染所致,更多的则是多种致病因素共同作用的结果。首先,妊娠母牛和产后母牛饲养管理不良,尤其是饲料中缺少蛋白质、维生素、矿物质元素或其他营养物质,均会影响胎儿或犊牛的生长发育,降低其抗病力,致使其出生后易发生肺炎。其次,新生犊牛的呼吸器官稚嫩,免疫功能尚不健全,如此时饲养管理不当,遇气候突变,寒冷侵袭,风寒之邪乘虚而入;圈舍潮湿阴冷,光照通风恶劣,空气污浊,致使犊牛呼吸道黏膜受损,加之某些病毒、细菌、支原体等病原侵入呼吸道造成感染而发病。

【临床症状】 病初精神沉郁,倦怠少动,呼吸增数。进而体温升高,可达40℃～42℃,且高热不退,鼻流浆液性或黏液性鼻液,咳嗽,呼吸困难,气促喘粗,鼻翼翕动,鼻镜干燥;角温和口温升高,结膜潮红或发绀。肺部听诊肺泡音粗厉,有干性或湿性啰音,叩诊常出现局部浊音。食欲减退或废绝,瘤胃蠕动因减弱,肠音不整。

心悸亢进,脉搏增数。高热甚者,颈侧皮肤因出汗而潮润。

【诊　断】　依据流行病学和临床症状,进行肺炎诊断并不困难。必要时可分离培养病原,也可用血清学、荧光抗体技术等进行进一步诊断。

【预　防】　加强饲养管理,给牛提供良好的环境条件。牛舍保持干燥、温暖和通风;饲料品质良好,营养全价;合理使役,避免过劳,以促使牛体健康;加强兽医防疫消毒措施,定期检疫,定期消毒,防止传染病的发生。

【中西医简便疗法】

1. 西医治疗

用青霉素80万单位,每日3次,肌内注射;链霉素100万单位,每日2次,肌内注射;磺胺二甲嘧啶20毫克,维生素C注射液1 000毫克,维生素 B_1 注射液4 000毫克,5％糖盐水1 000毫升,混合一次静脉注射。也可根据病原诊断及其药敏试验结果,适当选用头孢菌素类、红霉素或泰乐菌素类以及沙星类抗菌药物。

2. 中药治疗

方一　麻黄汤加味。炙麻黄10克,桂枝15克,白芍15克,细辛5克,干姜10克,五味子15克,清半夏10克,川贝母20克,杏仁15克,茯苓20克,甘草10克,生姜9克,大枣20克。共为细末,沸水冲调,候温入蜂蜜100毫升,一次胃导管灌服,每日1剂,连服3~5剂。

方二　麻杏石甘汤加味。炙麻黄10克,杏仁15克,生石膏50克(打碎先煎),甘草15克,金银花20克,连翘20克,桔梗10克,黄芩20克,栀子20克,板蓝根20克,牛蒡子10克,桑白皮15克。水煎2次,合并滤液,候温入蜂蜜100毫升,一次灌服,每日1剂,连服3~5剂。

方三　苇茎汤加味。苇茎50克,冬瓜仁30克,薏苡仁30克,桃仁15克,黄芩50,栀子30克,清半夏15克,陈皮30克,茯苓30

克,川贝母 20 克,桔梗 10 克,滑石 10 克,木通 10 克。共为细末,
沸水冲调,候温入黄酒 100 毫升,一次胃导管灌服,每日 1 剂,连服
3～5 剂。

方四 清肺散加味。板蓝根 30 克,葶苈子 30 克,浙贝母 20
克,桔梗 15 克,当归 20 克、白芍 20 克、白及 20 克、黄芩 30 克、百
合 30 克、麦冬 20 克、天花粉 20 克、甘草 10 克。共为细末,沸水冲
调,候温入蜂蜜 100 毫升,一次胃导管灌服,每日 1 剂,连服 3～
5 剂。

方五 麻黄 10 克、生石膏 20 克、白前 5 克、莱菔子 5 克、金银
花 20 克、连翘 15 克、胆南星 6 克、杏仁 5 克、黄芩 10 克、紫叶苏子
10 克,葶苈子 10 克,半夏 10 克,陈皮 15 克,甘草 5 克。水煎灌
服,每日 1 剂,连用 5 天。

方六 柴胡 12 克,黄芩 12 克,杏仁 9 克,瓜蒌仁 9 克,川贝母
10 克,百合 12 克,紫菀 9 克,葶苈子 9 克,麦冬 12 克,远志 6 克,黄
芪 12 克,甘草 6 克。水煎 2 次合并药液灌服,每日 1 剂,连服 2 剂。

3. 针灸治疗

可选用风池、肺俞、苏气、胸堂、颈脉、大椎等穴位,施用白针、
火针或水针治疗均可。

五、犊牛便秘

犊牛便秘是指哺乳期牛犊大便干硬,排泄不畅或完全停滞所
引起的肠道阻塞性疾病。本病虽致死率不高,但病牛常常持续消
化障碍,生长发育受阻,生产性能下降,可给养牛业带来较大经济
损失。

【病 因】 新生犊牛因分娩前胎粪的积聚,分娩后发生便秘;
出生后未给予初乳或哺初乳时间过晚,影响犊牛消化功能;大量饲
喂品质恶劣的合成乳或代乳粉,引起消化不良,食糜后送迟滞;先
天性发育不良或早产,体质衰弱的幼犊,由于肠道弛缓,蠕动无力,

也可导致胎粪秘结而发病;母牛妊娠期营养缺乏,如钙、磷缺乏,维生素 A 缺乏等使犊牛体质瘦弱,胃肠功能不健全而发病。

【临床症状】 患犊精神沉郁,食欲减少或废绝,鼻镜干燥或鼻汗不成珠,肠音减弱或消失,排少量干粪球或较长时间不排便。犊牛表现不安、拱背、摇尾、努责,有时踢腹、卧地,并回顾腹部。偶尔腹痛剧烈,前肢抱头打滚,直至卧地不起。有时继发肠臌气而腹围增大。

【中西医简便疗法】

1. 西医治疗

对病牛立即用肥皂水灌肠,使粪便软化排出。若 1~2 小时后还没有排出,可直肠灌注植物油或液状石蜡 300 毫升。也可热敷和按摩腹部减轻腹痛。伴有严重腹痛者,可肌内注射 30% 安乃近注射液 5~6 毫升;若胎粪滞留时间过长,引起肠道炎症者,可配合消炎药和维生素 C 等治疗。

2. 中药治疗

方一 四君子散加味。党参 30 克,白术(炒)30 克,茯苓 30 克,甘草(炙)15 克,当归 30 克,槟榔 10 克,枳实 30 克,香附 30 克。共为细末,沸水 3 000 毫升冲调成糊状,候温入蜂蜜 100 毫升,一次胃导管灌服,每日 1 剂,连服 3 剂。

方二 当归苁蓉汤。当归 50 克,肉苁蓉 50 克,番泻叶 15 克,木香 15 克,厚朴 15 克,炒枳壳 15 克,醋香附 20 克,麦芽 20 克,神曲 30 克。共为细末,沸水 3 000 毫升冲调成糊状,候温入麻油 200 毫升,一次胃导管灌服,每日 1 剂,连服 3 剂。

方三 蜂蜜 150 毫升,大葱白 100 克。常水适量。将大葱白捣碎,后加常水、蜂蜜拌匀一次灌肠。

方四 牵牛子 10 克,大黄 10 克。共研为细末,沸水冲调灌服。

方五 蜂蜜 150 克,大蒜 50 克(捣泥)。加常水适量混匀,一次灌肠,每日 1 剂,连用 2 天。

方六 当归 20 克、肉苁蓉 15 克、大黄 10 克。水煎灌服。

3. 针灸治疗

方一 脾俞、关元、后三里等穴位,白针、火针、水针或电针均有促进胃肠运动,润肠通便的功效。

方二 10%氯化钾注射液 30 毫升或比塞可灵注射液 10 毫升,后海穴注射,以促进肠蠕动引起排粪。

六、犊牛腹泻

犊牛腹泻,是指牛犊由于消化障碍或胃肠道感染所致的以腹泻为主要症状的疾病。一年四季均可发生,而以春、夏季较多见。无特定病原感染的病例不难治愈,但如治疗不及时可能继发肠炎、脱水或心力衰竭而死亡。

【病 因】 引起犊牛腹泻的原因比较复杂,主要的有如下几方面。

饲养失宜,是引起该病的主要原因。母牛妊娠期营养不均衡,钙、磷不足或比例不当,胡萝卜素及其他维生素与矿物质元素缺乏,即可导致初生犊牛体质衰弱,而且严重地影响初乳质量,其中球蛋白、白蛋白、脂肪、维生素及溶菌酶减少,导致犊牛发病。

妊娠母牛产前或产后饲喂蛋白性饲料如豆类过多,乳汁中蛋白质含量也过高,容易引起犊牛牛犊消化障碍而发生腹泻。母乳不足,犊牛过早地采食饲料,或人工哺乳不定时,不定量,或乳温过低等,均可引起本病。

管理不当,如气温降低,大雨浇淋,厩舍潮湿阴冷,以及牛犊久卧湿地等,机体受凉,以及动物分群、长途运输、免疫接种、饲料变更等各种应激因素都是犊牛腹泻的常见诱因。

胃肠道感染,如牛犊舔食粪尿、泥土以及粪尿污染的垫草等;人工哺乳的乳汁酸败,哺乳用具污染不洁;哺乳母牛在患乳房炎、胃肠炎、子宫内膜炎等过程中,由于母乳变质,牛犊吮吸后,容易引起胃肠道感染,而发生腹泻。

在上述不良因素刺激下,容易发生消化障碍或胃肠道感染,促进本病发生。

【临床症状】 轻症病例,患病牛犊精神不振或沉郁,食欲减退,被毛蓬乱,体温、脉搏、呼吸,一般无明显变化,个别的体温稍升高。尿量一般减少,犊牛有时发生瘤胃鼓胀;排淡黄色、灰黄色、粥状或水样粪便,臭味不大或有酸臭味,有的混有未消化的食物。肛门周围、跗部及尾毛等处常有粪汁或粪渣附着。重症患犊,精神沉郁或高度沉郁,食欲大减或废绝,有轻度腹痛,表现不安,喜卧于地。体温升高,达40℃或其以上,排腥臭或有腐败臭味的粥状或水样粪便,内混有乳瓣、黏液、血液或肠黏膜。病至后期,重剧腹泻,则体温可能不高,甚至低于正常。脉搏疾速,呼吸加快,黏膜潮红或暗红。由于重剧腹泻,体液大量耗失,病牛迅速消瘦,眼窝凹陷,皮肤干燥,弹力减退,排尿减少,口腔干燥,血液浓缩。此后病犊逐渐瘦弱,反应迟钝,脉搏细数无力,甚至不感于手,口鼻、耳尖及四肢末端发凉,鼻镜干燥,有时发生痉挛抽搐。

【诊 断】 根据病史、临床症状可做出诊断。

【预 防】 首先满足妊娠母牛各种营养物质的需要,如蛋白质、必需氨基酸、维生素以及矿物质等。但对产前、产后数日的母牛,要防止突然增喂过多的豆类等精料,豆类以占精料的15%左右为宜。对初生牛犊应充分吮吸初乳,增强牛犊的免疫力,人工哺乳要定时定量,乳温要适宜,以25℃~32℃为宜。用牛奶或奶粉喂养时,可按奶、水各半的比例调制,加糖适量,按时哺喂。对牛犊要加强管理,圈舍要清洁卫生,干燥通风。牛犊要适当运动,多晒太阳,防止久卧湿地。随时清扫粪便,防止牛犊舔食污物或垫草。

【中西医简便疗法】

1. 西医治疗

根据个体大小用5%糖盐水500~1 000毫升,10%碳酸氢钠注射液 50～100 毫升,10％安钠咖注射液 5～10 毫升,维生素 C 注射液 10～20 毫升,维生素 B_1 注射液 300～500 毫克,辅酶 A 200～300 单位,三磷酸腺苷二钠 300～500 毫克,肌苷 300～600 毫升,硫酸阿米卡星 8～10 毫升分别静脉注射,每日 1 次,连用 2～3 天;亚硒酸钠—维生素 E 注射液 5～8 毫升,一次肌内注射。

2. 中药治疗

方一　白头翁汤。白头翁 60 克,黄连 30 克,黄柏 45 克,秦皮 60 克。水煎 2 次,合并滤液,候温一次灌服,每日 1 剂,连服 3～5 剂。

方二　乌梅散。乌梅、姜黄各 6 克,诃子、黄连、干柿各 9 克,白头翁 15 克。水煎去渣,灌服。

方三　苍术、猪苓、山楂、神曲各 16 克,白术、茯苓、桂枝各 13 克,陈皮、厚朴、甘草、泽泻各 9 克。水煎灌服(用于寒湿型下痢)。

方四　防己、黄柏、黄芩、槐花各 50 克。水煎冲蜜糖灌服(用于犊牛白痢)。

方五　槐花炭、地榆炭、荆芥炭、黄芩炭、大黄炭、炒白芍各 10～30 克。共为细末,沸水冲服,每日 1 剂,连服 3 剂(用于红白痢疾)。

方六　金樱子、芡实、五味子各 5 克,五倍子、地肤子各 4 克。共为细末,沸水冲服(用于久痢不止)。

方七　连翘、续断、山豆根各 4 克,没药 3 克,地榆、金银花各 10 克,五倍子 8 克。水煎灌服(用于血痢)。

方八　黄连、黄芩、黄柏、猪苓、泽泻、罂粟壳、白芍、地榆、麦芽、党参、甘草各 10 克。水煎,每日分 2～3 次灌服。

方九　胡连、黄连各 30 克,柿蒂、诃子肉各 25 克,乌梅肉 20 克。共为末,沸水冲灌服,每日 2 次连用数天(用于湿热型下痢)。

方十　枳实导滞汤。枳实 30 克,大黄炭 20 克,黄芩 20 克,黄连 20 克,白术 20 克,神曲 30 克,茯苓 30 克,泽泻 10 克。水煎 2

次,合并滤液,候温入食醋 80 毫升,一次灌服,每日 1 剂,连服 3～5 剂。

方十一　苦楝根皮汤。苦楝根皮(鲜)60 克,石榴皮 15 克,槟榔 45 克,使君子 30 克,百草霜 50 克,共入适量水煎灌服。

3. 针灸治疗

可选用后海、脾俞、胃俞、关元俞、大肠俞、小肠俞、后三里等穴位,艾灸、激光照射、白针、火针或水针均有较好治疗效果。

七、犊牛消化不良

犊牛消化不良是由于多种原因导致的哺乳期牛犊以消化机能障碍为基本病理过程的常见多发胃肠疾病。新生犊牛多于吮食初乳不久或经数日后发病,2～3 月龄后发病逐渐减少。该病致死率不高,但严重影响生长发育。

【病　因】　本病的发生与多方面因素有关。

1. 先天不足　妊娠母牛饲料品质不良,营养不全,尤其是蛋白质、维生素、矿物质缺乏,可使母体的营养代谢紊乱,影响胎儿正常发育,使犊牛先天不足,体质虚弱,脾胃功能低下,运化失职而发病。

2. 后天失养　新生犊牛吸食不到足量的优质初乳,容易致发本病。如因某些原因没能吸食到足够的初乳,不能获得健全的脾胃功能;或因母体初乳品质不良,缺少维生素 A 时,可引导起消化道黏膜上皮角化,缺少 B 族维生素时,可使胃肠蠕动功能障碍,缺少维生素 C 时,可减弱犊牛胃肠分泌功能,最终导致犊牛消化不良。

3. 外感所伤　由于饲养管理不良,犊舍温度过低,阳光不足,潮湿阴冷,或闷热拥挤,通风不良,使犊牛感受六淫之邪;母乳中含有某些病原微生物及其毒素,母牛乳头不洁,哺乳器消毒不严时,病原或其他污染物进入犊牛体内,均可促进该病发生。

【临床症状】　精神不振或沉郁,不愿活动,甚则卧多立少,目光呆滞。被毛粗乱欠光泽,形体消瘦,肷窝塌陷,髋骨高耸,弓腰夹尾,臀部常附有粪痂。鼻镜干燥或鼻汗不成珠,饮食欲及反刍减少或废绝,瘤胃蠕动音减弱或消失,肠音不整。肛门松弛,不时排气,大便时干时稀,便臭浓烈,便中混有较多未消化乳凝块和黏液。

【诊　　断】　根据病史、临床症状可做出诊断。

【预　　防】　注意饲养,加强管理,改善卫生条件,保证妊娠母牛全价饲喂,尤其是妊娠后期,增加蛋白质、矿物质及维生素饲料,改善环境卫生,经常刷拭牛体,保持乳房清洁,保证有足够的户外活动,避免应激,新生犊产后1小时内必须吮食到初母乳,哺乳期犊牛的饲喂,必须坚持"三定"(定时、定温、定量),饲养用具勤洗刷,经常消毒。

【中西医简便疗法】

1. 西医治疗

可采取抑菌消炎,恢复消化功能,补充血容量,维护心脏功能,缓解酸中毒以及对症治疗原则。口服呋喃唑酮(痢特灵)1～2克,磺胺脒6克,酵母片20克,每日2次;10%葡萄糖注射液250～500毫升,维生素B_1注射液20毫升,5%碳酸氢钠注射液100毫升,0.5%氢化可的松注射液5毫升,每日1次,连用2～3天,疗效明显。25%葡萄糖注射液100毫升,生理盐水200毫升,5%氯化钙注射液50～100毫升,5%碳酸氢钠注射液100毫升,10%安钠咖注射液5毫升,青霉素320万～640万单位,静脉注射,每日1次,连用2～3次。对瘤胃过度发酵产气性消化不良,可给予制酵剂,口服2%鱼石脂溶液,或75%酒精20～40毫升,松节油5～10毫升。

2. 中药治疗

方一　参芪连肉散。党参20克,炙黄芪50克,莲子肉30克,白术20克,茯苓20克,炙甘草10克,山药25克,熟地黄30克,炒杜仲 20 克,山茱萸 10 克。共为细末,沸水冲调,候温入黄酒 100克,一次灌服,每日 1 剂,连服 3～5 剂。

方二　党参健脾散。党参 20 克,炙黄芪 30 克,炒白术 20 克,茯苓 25 克,陈皮 20 克,炒山药 20 克,炒白扁豆 20 克,砂仁 10 克,炙甘草 10 克。共为细末,沸水冲调,候温入黄酒 100 克,一次灌服,每日 1 剂,连服 3～5 剂。

方三　参苓白术散。党参 20 克,白术 20 克,茯苓 20 克,炙甘草 10 克,山药 25 克,白扁豆 30 克,莲子肉 30 克,薏苡仁 30 克,砂仁 15 克,桔梗 10 克。共为细末,沸水冲调,候温入黄酒 100 克,一次灌服,每日 1 剂,连服 3～5 剂。

方四　枳实导滞散。枳实 20 克,大黄 15 克,白术 20 克,陈皮 20 克,广木香 20 克,茯苓 20 克,泽泻 15 克,神曲 20 克,炒山楂 20克,炒莱菔子 20 克。共为细末,沸水冲调,候温一次灌服,每日 1剂,连用 3 天。

方五　曲麦散。六神曲 60 克,麦芽 30 克,山楂 30 克,厚朴25 克,枳壳 25 克,陈皮 25 克,青皮 25 克,苍术 25 克,甘草 15 克。共为细末,沸水冲调,候温入食醋 100 克,一次灌服,每日 1 剂,连服 3～5 剂。

方六　芩连散加减。黄芩 15 克,连翘 15 克,石膏 20 克,天花粉 15 克,枳壳 15 克,玄参 15 克,知母 15 克,大黄 15 克,地骨皮 15克,建曲 20 克,陈皮 15 克,甘草 10 克。共为细末,沸水冲调,候温一次灌服,每日 1 剂,连用 3 天。

方七　桂心散。肉桂心 15 克,青皮 15 克,白术 15 克,厚朴15 克,砂仁 10 克,益智仁 15 克,干姜 10 克,当归 15 克,陈皮 15克,五味子 15 克,肉豆蔻 15 克,炙甘草 15 克。共为细末,沸水冲调,候温一次灌服,每日 1 剂,连用 3 天。

3. 针灸治疗

可选用脾俞、胃俞、关元俞、大肠俞、小肠俞、后三里等穴位,白针、火针、水针或电针均有促进胃肠功能恢复,加强消化。

八、犊牛癫痫

犊牛癫痫俗称犊牛羊角风,是一种暂时性的脑功能异常,临床以反复发生短时间的意识丧失、阵发性与强直性肌肉痉挛为特征。

【病　因】　牛癫痫是由于大脑皮质或皮质下中枢兴奋性增高,使兴奋或抑制严重紊乱导致该病发作。有时脑肿瘤和脑寄生虫也可引起本病。

【临床症状】　多发生于 8 月龄以内的犊牛。癫痫发生常无定时,发作时精神沉郁,突然倒地,知觉消失,头部上昂,鼻孔开张,口吐白沫,目瞪,眼球震颤,全身肌肉痉挛抽搐,出汗,心跳加快,呼吸浅表,以上症状持续数分钟后,痉挛停止,逐渐恢复,但牛犊呈现疲劳委顿。随之病情发展,发作次数亦趋频繁,严重时 1 天发作数次。发作停止后,病犊自行起立,饮水、吮乳及其他活动恢复正常。

【诊　断】　根据病史、临床症状可做出诊断。

【预　防】　在癫痫高发区,坚持为牛特别是妊娠母牛补磷,补硒,冬、春季节应注意补充维生素 A,可降低发病率,减少死亡。

【中西医简便疗法】

1. 西医治疗

迄今没有特效治疗药物,对症疗法可采用静脉注射 25% 硫酸镁注射液 60～80 毫升,或苯巴比妥,每千克体重 1～2 毫克,每日 2 次。或普里米酮(扑痫酮),每千克体重 10～20 毫克,每日 3 次。或苯妥英钠,每千克体重 30～50 毫克,每日 3 次,或溴化钠注射液 40～60 毫升,肌内注射,每日 2 次。上述药物亦可配合应用。

2. 中药治疗

方一　羚羊钩藤汤。羚羊角粉(可用山羊角粉)20 克,钩藤 30克,桑叶 25 克,菊花 30 克,生地黄 45 克,白芍 30 克,川贝母 20克,竹茹 30 克,茯神 30 克,甘草 10 克。共为细末,沸水冲调,候温入鸡蛋清 2 枚为引,一次灌服,每日 1 剂,连服 3～5 剂。

方二 镇肝熄风汤。怀牛膝 50 克,生代赭石(轧细)30 克,生龙骨(捣碎)50 克,生牡蛎(捣)50 克,生龟板(捣)30 克,生杭白芍 30 克,玄参 30 克,天冬 30 克,川楝子(捣)15 克,生麦芽 20 克,茵陈 20 克,甘草 15 克。共为细末,沸水冲调,候温入蛋清 2 枚为引,一次灌服,每日 1 剂,连服 3～5 剂。

方三 温胆汤加味。制半夏 15 克,陈皮 30 克,茯苓 50 克,乌梅 30 克,竹茹 30 克,枳实 30 克,生姜 20 克,大枣 30 克,石菖蒲 30 克,合欢皮 30 克,胆南星 10 克,甘草 10 克,共为细末,沸水冲调,候温入蛋清 2 枚为引,一次灌服,每日 1 剂,连服 3～5 剂。

方四 一贯煎加味。北沙参 50 克,枸杞子 30 克,麦冬 30 克,生地黄 50 克,当归 30 克,川楝子 15 克,菊花 20 克,怀牛膝 30 克,生龙骨(捣碎)50 克,生牡蛎(捣)50 克,生龟板(捣)30 克,白芍 30 克,炙鳖甲 30 克,甘草 10 克。共为细末,沸水冲调,候温入蜂蜜 100 毫升为引,一次灌服,每日 1 剂,连服 3～5 剂。

方五 钩藤 10 克,天麻 7 克,全蝎 7 克,防风 10 克,远志 10 克,茯神 15 克。共为细末,沸水冲调,候温入蜂蜜 100 毫升为引,一次灌服,每日 1 剂,连服 3～5 剂。

方六 柴胡 30 克,黄芩 30 克,胆南星 15 克,清半夏 15 克,陈皮 30 克,茯苓 50 克,龙骨 50 克,牡蛎 50 克,大枣 30 克,川贝母 20 克,朱砂 10 克,炙甘草 10 克。共研成细末,沸水冲调,加蜂蜜 100 毫升为引,一次灌服,每日 1 剂,连服 3～5 剂。

3. 针灸治疗

选用天门、大椎、百会等穴,采用烧烙、火针、水针或毫针刺激,隔日 1 次,连用 3 次为 1 个疗程。在百会、左右牙关穴注射麝香注射液,每穴 2～4 毫升,隔日 1 次,连用 3 天。针刺耳尖穴,适量放血。

参考文献

[1] 王建华．家畜内科学(第三版)[M]．北京：中国农业出版社,2009.

[2] 宋大鲁,孙宝琏,陈洪涛,等．家畜常见病中兽医诊疗[M]．上海：上海科学技术出版社,1987.

[3] 陈振旅,潘瑞荣,等．《牛病防治》[M]．上海：上海科学技术出版社,1987.

[4] 于匆．《最新实用兽医手册》(第一版)[M]．北京：中国农业科技出版社,1987.

[5] 张泉鑫,朱印生,高叶生．《牛病》[M]．北京：中国农业出版社,2007.

[6] 文传良．《兽医验方新编》[M]．成都：四川科学技术出版社,1991.

[7] 杨胜平,杨光,杨秀祝,等．中西医结合治疗牛蕨叶中毒．黄牛杂志,2004,30(1)：79.

[8] 刘斌英,李永元．清酮解毒汤加减治疗高产奶牛酮病．中兽医医药杂志,2009(3)：69-71.

[9] 张富林,权会芳,孙义．中西医结合治疗奶牛酮病．中兽医医药杂志,2005(3)：48-49.

[10] 金秀英．浅析奶牛骨软症的中西医结合治疗方法．江西畜牧兽医杂志,2009(5)：31-32

[11] 王建华．兽医内科学(第四版)[M]．北京：中国农业出版社,2010.

[12] 中国农业大学、江西省农业大学,等．《兽医临床症状鉴别诊疗技术标准与处方用药规范实用手册》[M]．世图音像电子

出版社,2002.

　　[13] 杨英.《兽医针灸学》[M].北京:高等教育出版社,
2006.